Wissenschaftliche Berater:
Prof. Holger Dette • Prof. Wolfgang Härdle

T0226051

Springer
Berlin
Heidelberg
New York
Barcelona
Hongkong
London
Mailand
Paris
Tokio

Shahram Azizi Ghanbari

Einführung in die Statistik für Sozial- und Erziehungswissenschaftler

 Springer

Dr. Shahram Azizi Ghanbari
Technische Universität Dresden
Fakultät Erziehungswissenschaften
01062 Dresden, Deutschland

Die Deutsche Bibliothek - CIP-Einheitsaufnahme

Azizi Ghanbari, Shahram:
Einführung in die Statistik: Einführung in die Statistik für Sozial- und Erziehungswissenschaftler /
Shahram Azizi Ghanbari. - Berlin; Heidelberg; New York; Barcelona; Hongkong; London; Mailand;
Paris; Tokio: Springer, 2002
(Springer-Lehrbuch)
ISBN 3-540-43118-7

ISBN 3-540-43118-7 Springer-Verlag Berlin Heidelberg New York

---

Mathematics Subject Classification (2000): 62P25

Springer-Verlag Berlin Heidelberg New York
ein Unternehmen der BertelsmannSpringer Science+Business Media GmbH

http://www.springer.de

© Springer-Verlag Berlin Heidelberg 2002
Printed in Germany

Einbandgestaltung: *design& production*, Heidelberg
Satz: Reproduktionsfertige Vorlage vom Autor
Gedruckt auf säurefreiem Papier   SPIN 10863599   40/3142ck-5 4 3 2 1 0

Für meine Mutter

- in großer Dankbarkeit

این کتاب را به مادر عزیزم بانو مریم طباخ تقدیم می کنم.
بدینگونه تشکر کوچکی است، برای محبتهای بیدریغ ایشان که
همواره بزرگترین سرمایه و تکیه گاه زندگی من بوده است.

با احترام فراوان
دکتر شهرام عزیزی قنبری

04. Januar 2002

Danksagung

Dies Buch ist entstanden aus Vorlesungserfahrungen an der Technische Universität Dresden und Lehrerfahrungen an der Universität Hildesheim.

Auf dem Wege der Entwicklung, Abfassung und Fertigstellung dieses Buches haben mir zahlreiche Personen das Vergnügen sachbezogener Diskussionen und - vor allem in Stunden des inneren Zweifels - aufmunternder Hilfestellung bereitet. Dafür danke ich allen, besonderes Alexander Robitzsch und Matthias Abraham. Frau Dana Frohwieser und Herr Uwe Altmann haben sich nicht nur mit Interesse und Verständnis in das Gebiet eingearbeitet, sondern auch ihre Erfahrungen als Tutoren mit den Studierenden meiner Lehrveranstaltung mit viel Engagement und Zeit eingebracht. Sie haben teilweise das Manuskript durchgesehen und mit der realistischen Betrachtungsweise mich auf unklare oder unscharfe Wendungen hingewiesen und so eine Hilfe geboten, die mit dem gleichen Enthusiasmus kaum von anderen hätte geleistet werden können. Dafür danke ich die beiden.

Mein tiefempfundener Dank gilt an dieser Stelle Holger Krause für seinen unermüdlichen Einsatz und seine aufopferungsvolle Unterstützung. Seine Ideen hat er in unzähligen Diskussionen überzeugend eingebracht und mit seiner konstruktiven Zusammenarbeit so entscheidenden Einfluss auf das vorliegende Lehrbuch gehabt.

Beim Springer –Verlag möchte ich Frau Claudia Kehl und Herrn Clemens Heine für die exzellente Zusammenarbeit danken.

Herrn Prof. Holger Dette möchte ich für die herausgeberische Betreuung und Zusammenarbeit meinen Dank aussprechen.

Mit Engagement haben sich Frau Steffi Kästner und Frau Aline Goltsch der Mühe unterzogen, das Manuskript Korrektur zu lesen. Auch Ihnen gebührt mein Dank.

Vorwort

Als ich 1996 den Lehrauftrag für quantitative Methoden der Erziehungswissenschaft an der TU Dresden übernahm, hatte ich nicht mit den Schwierigkeiten bei der Vermittlung des Stoffes gerechnet, die ich nach einiger Zeit beobachtete. Gründe dafür waren in der geringeren mathematischen Vorbildung und auch
teilweise der Abneigung der Studierenden gegenüber langatmigen mathematischen Herleitungen zu suchen. Auch die Erfahrungen, die ich in der mehrjährigen
wissenschaftlichen und unterrichtenden Tätigkeit in Hildesheim und Hannover gesammelt habe, halfen mir anfangs nicht Studierenden die komplizierten Sachverhalte näher zu bringen.

Bei der Suche nach Literatur, die meine Lehrtätigkeit unterstützen sollte, musste
ich feststellen, dass es zwar eine Unmenge Literatur über statistische Themen aus
mathematischer Sichtweise gibt, aber Statistikbücher mit hohem didaktischen Ge-
halt speziell für Studierende der Erziehungswissenschaften und Sozialpädagogik
selten sind, oder aber hauptsächlich auf qualitative Verfahren spezialisiert sind.

Um auf die Wünsche der Studierenden einzugehen, müsste der Statistikkurs an-
wendungsorientierter und mit nachvollziehbaren Beispielen gestaltet werden.

Aus diesem Grund habe ich mich entschlossen, das umfangreiche Lehrmaterial,
das in meiner inzwischen 5-jährigen Arbeit in Dresden entstanden ist, für ein
Lehrbuch über die quantitative Forschung zu verwenden. Ein solches Buch sollte
sich genau an den Bedürfnissen der Studierenden in den Sozial- und Erziehungswissenschaften orientieren.

So ist ein Methodenbuch entstanden, das auch für Studenten mit geringen mathematischen Vorkenntnissen sehr gut zu verstehen ist. Dabei haben wir nicht gänz-
lich auf die Benutzung von mathematischen Formeln verzichtet, sondern führen
den Leser langsam an die Verwendung der grundlegenden Verfahren in der empirischen Forschung heran, um dem Leser die Weiterarbeit mit den Standardwerken
der Statistik zu erleichtern. Neben den Definitionen der Begriffe werden diese
stets durch Beispiele verdeutlicht. Dabei werden immer wieder die wichtigen
Auswertungstechniken vorgeführt, so dass sie der Leser, der erziehungswissenschaftliche Kursleiter oder beispielsweise der studentische Lehramtskandidat ohne
viel Aufwand selbst besser und einfacher verstehen und anwenden kann. Jedes
Kapitel enthält einige Aufgaben und Fragen, so dass der Stoff auch im Selbststu-
dium gut nachvollzogen werden kann.

Wir wünschen dem Leser viel Freude bei der Arbeit mit diesem Buch!

Dresden, den 04.01.2002   Dr. Shahram Azizi Ghanbari

Einführung

Wir begegnen der Statistik täglich und überall. Unser Wissen basiert zum großen Teil auf statistischen Informationen, auf die wir uns in unseren Urteilen stützen. Bei der Anlage, Durchführung und Auswertung empirischer Untersuchungen ermöglicht es die Statistik, Versuche optimal zu planen, so dass mit möglichst geringem Aufwand ein Maximum an Informationen gewonnen wird (Versuchsplanung und Stichprobentheorie). Weiterhin liefert sie Verfahren, um Untersuchungsbefunde quantitativ – auf eine zahlenmäßige Menge bezogen – zu kennzeichnen (beschreibende Statistik) und Hypothesen zu prüfen (beurteilende Statistik).

Die ersten Anfänge der Statistik sind in den Volkszählungen vor und zu Beginn unserer Zeitrechnung zu finden. Jedoch erst im 18. Jahrhundert begann sie sich als selbständige wissenschaftliche Disziplin zu entwickeln, indem sie dazu diente, die Merkmale zu beschreiben, die den Zustand eines Staates charakterisieren. Aus dem lateinischen Wort *status* (Zustand) wurde damals der Begriff Statistik geprägt. Lange war sie auf dieses Arbeitsgebiet beschränkt und erst vor ca. 80 Jahren ging man von dieser ausschließlichen Analyse von statistischen Daten ab und es wurde begonnen, Verfahren zur Prüfung von statistischen Hypothesen auszuarbeiten.

Die Methoden dieser mathematischen Statistik wurden zu einem wirksamen Hilfsmittel in Naturwissenschaft, Geisteswissenschaft und Technik. Das Anwendungsgebiet der Statistik und ihrer mathematischen Verfahren reicht sehr weit. Es erstreckt sich von der Industrie über das Verkehrswesen, Sport, oder Gesundheitswesen bis zur Auswertung der verschiedensten Fragen, welche die Bevölkerungsbewegung betreffen.

In der empirischen Sozialwissenschaft dienen die Methoden und Techniken der Statistik der Auswertung von Ergebnissen empirischer Untersuchungen. Die Statistik ermöglicht die Beschreibung der quantitativen Eigenschaften einer beobachteten und vollständig erfassten Gruppe. Objekte (z.B. Personen, Nationen) haben unterschiedliche Eigenschaften, die in Beziehung zueinander stehen können. Die empirische Forschung der Sozialwissenschaften interessiert sich für diese Objekte, die im Hinblick auf viele Eigenschaften (oder Variablen) variieren.

Durch die Auswertung von empirischen Untersuchungen können die gewonnenen Ergebnisse zusammengefasst und Gesetzmäßigkeiten formuliert werden. Diese Gesetzmäßigkeiten werden in Form von statistischen Gesetzen beschrieben, die unter bestimmten Voraussetzungen empirische Gültigkeit besitzen. Um diese zu überprüfen, sind Hilfsmittel aus der Wahrscheinlichkeitstheorie anzuwenden.

Nur bei einer stabilen relativen Häufigkeit ist es möglich, statistische Gesetze zu finden. Also dürfen die relativen Häufigkeiten von einer Vielzahl von Untersuchungen nur wenig von einer festen Zahl, welche die Wahrscheinlichkeit für das Auftreten des Ereignisses beschreibt, unterscheiden. Diese zufälligen Ereignisse mit einer stabilen relativen Häufigkeit heißen stochastische Ereignisse. Weiterhin lassen sich statistische Gesetze nur auf die Gesamtmenge von Teilergebnissen anwenden und beschreibt auch nur diese genau. Statistische Gesetze erlauben keine exakten Vorhersagen, sondern geben nur eine Wahrscheinlichkeit für des Eintreten des Ereignisses an.

Die Statistik stellt Methoden für viele Wissenschaften bereit, um die inhaltlich verschiedensten Probleme lösen zu können. Trotz der Verschiedenheit lassen sich im Ablauf statistischer Überprüfungen vier formale Schritte voneinander abgrenzen. Zuerst steht die Formulierung des Problems, daran schließt sich die Planung und Durchführung der Untersuchung an, als drittes erfolgt die Beschreibung und Zusammenfassung der Untersuchungsergebnisse und als vierter Schritt folgt die Verallgemeinerung der Untersuchungsergebnisse.

Alle Wissenschafts- und Forschungsbereiche bedienen sich in ihren Bemühungen bestimmter Anwendung von Forschungsmethoden, um verallgemeinerbare Prinzipien und Prozesse in der Natur bzw. der Realität zu explorieren.

Hypothesen, welche empirisch untersucht werden sollen, müssen dem Anspruch der *operationalen Definierbarkeit* gerecht werden, d.h. die zu untersuchenden Merkmale müssen erhebbar und in irgendeiner Form mathematisch erfassbar sein. Die empirischen Forschungsmethoden der Sozialwissenschaften greifen auf Verfahren des Forschungsarrangements, Verfahren der Datenerhebung (z.B. Beobachtung, Befragung, Test) und statistische Methoden zurück, die eine Auswertung empirischer Untersuchungsergebnisse unter entsprechenden Fragestellungen ermöglichen (vgl. Gudjons 1995, S.63).

Gegenstand der Statistik sind also Methoden zur Gewinnung, Zusammenfassung, Darstellung und Analyse von Daten, ebenso wie die Entwicklung von Strategien für vernünftiges Schließen und Entscheiden auf der Grundlage dieser Daten.

Das vorliegende beschäftigt nahezu ausschließlich mit *deskriptiver Statistik*, welche sich mit der Aufbereitung, Beschreibung von Datenmengen und deren Verteilungen befasst.

In Kapitel 1 beschäftigen wir uns mit dem gegenwärtigen Wissenschafts- und Forschungsbegriff, Untersuchungsformen, Datenerhebungstechniken, Auswahlverfahren und einem Einblick in den sozialwissenschaftlichen Forschungsprozess. Zum Abschluss wird noch auf den Messbegriff eingegangen, der die „Datenqualität" eines gemessenen Merkmals charakterisiert.

Das Kapitel 2 befasst sich mit *empirischen Häufigkeitsverteilungen*, dabei werden verschiedene Häufigkeitsverteilungen, deren Eigenschaften und graphische Darstellung dargestellt. Außerdem werden in Klassen eingeteilte Merkmale näher betrachtet, da diese aus praktischen Gesichtspunkten eine große Relevanz besitzen.

Zur mathematischen Beschreibung von eindimensionalen Verteilungen dienen sogenannte *Maßzahlen* von diesen, die wir in Kapitel 3 kennen lernen werden, z.B. *Mittelwert*, *Median* und *Modus* sowie sogenannte *Streuungsparameter*.

Als Erweiterung der Behandlung eindimensionaler Verteilungen stellen wir dann in Kapitel 4 *Maßzahlen zweidimensionaler Verteilungen* dar. Dabei werden diese hinsichtlich der unterschiedlichen Messniveaus betrachtet.

Zuletzt wird der lineare funktionale Zusammenhang zweier Variablen in Kapitel 5 bei der *linearen Einfachregression* durchgeführt. Dabei gehen wir auch auf die zugrundeliegende *Methode der kleinsten Quadrate* ein.
Darüberhinaus befasst sich die deskriptive Statistik auch mit der Charakterisierung von Untersuchungen mit mehr als zwei Variablen (z.B. Maßzahlen, graphische Darstellungsmöglichkeiten, multiple Regression), wobei wir uns mit diesen allerdings im Rahmen dieses Buches nicht beschäftigen. Für eine Vertiefung sei dabei auf weiterführende Literatur verwiesen.

Außerdem kann der Leser auch die sogenannte *beurteilende Statistik* nachfolgend studieren, welche die gewonnenen Aussagen aus der deskriptiven Statistik mit Methoden der Wahrscheinlichkeitsrechnung verbindet und versucht, über spezielle Wahrscheinlichkeiten konkrete Aussagen und Hypothesen zu prüfen oder zu beurteilen.

Zu jedem Kapitel gibt es Beispiele, Zusammenfassung und Übungsaufgaben. Dabei hat der Leser die Möglichkeit, das erwobenen Wissen strukturiert zu überprüfen und durch die Kontrollaufgaben, eigene Fähigkeit unter Beweis zu stellen.

Im Anhang befinden sich mehrere Klausuren mit deren Lösungen, die ich in den letzten Jahren auch in der Lehre an der Technischen Universität Dresden benutzt habe. Bitte beachten Sie dabei, dass einige Inhalte in den Theorie-Teilen der Klausuren etwas über die Inhalte dieses Buches hinaus gehen können. Die rechnerischen Aufgaben der Klausuren basieren aber auf dem Inhalt dieses Buches.

Inhalt

1 Grundlagen

In diesem Kapitel lernen Sie, welche gesellschaftlichen Aufgaben die Forschung hat, welche größeren Richtungen es gibt und was eigentlich unter empirischer Forschung zu verstehen ist. Nachher sollen Sie in der Lage sein, Geisteswissenschaften, empirische Wissenschaften und Technikwissenschaften zu unterscheiden und einzelne Wissenschaftsgebiete diesen Richtungen zuzuordnen. Sie werden wichtige Prinzipien und Untersuchungsformen empirischer Wissenschaften betrachten. Der Leser erhält dabei einen Eindruck von der Arbeitsweise eines Empirikers, und lernt die wichtigsten Datenerhebungstechniken und Auswahlverfahren kennen.

1.1 Geisteswissenschaften und empirische Wissenschaften heute

Forschung im allgemeinen hat die wichtige gesellschaftliche Aufgabe, Informationen über die Struktur und Funktion der Umwelt zu sammeln, weiterzugeben und nutzbar zu machen. Bis heute haben sich nicht nur unterschiedliche Bereiche entwickelt, in denen wissenschaftliche Betrachtungen durchgeführt werden, sondern auch unterschiedliche Auffassungen darüber, wie wissenschaftliche Forschung erfolgen sollte; z.B. über die Frage "ob und wie die Welt erkennbar ist".

Üblicherweise werden Wissenschaften nach den Gegenständen eingeteilt, mit denen sie sich beschäftigen. Viele wissenschaftliche Richtungen lassen sich aber auch nach den Methoden zusammenfassen, die hauptsächlich benutzt werden.

In der heutigen Wissenschaftswelt sind zwei Standpunkte vorherrschend: Geisteswissenschaften und empirische Wissenschaften.

Bei den *Geisteswissenschaften* liegt das Hauptgewicht auf der Entwicklung und Weiterentwicklung von a priori - Aussagen (a priori = lat., "vom Früheren", aus dem Denken, aus der Vernunft her, ohne Erfahrungsgrundlage). Die Methoden bewegen sich dabei um die Hauptinformationsquellen, das geschriebene Wort. Dazu zählen Literaturrecherchen (oftmals die gesamte Literatur über ein bestimmtes Thema), Textanalysen usw.

Empiriker sind Erfahrungswissenschaftler. Ziel des wissenschaftlichen Mühens ist es, Modelle, Theorien oder ganze Theoriegebilde zu finden, die in der Lage sind, den gemessenen Teil der Realität so widerzuspiegeln, dass sie mit den Messungen übereinstimmen. Häufig werden dabei formale Sprachen benutzt, wie z. B. die mathematische oder chemische Formelsprache.

Die *Technikwissenschaften* beherbergen Wissenschaftler, die sich zum Ziel gesetzt haben, die wissenschaftlichen Erkenntnisse der „reinen" Wissenschaften in der Praxis umzusetzen (von manchen Wissenschaftlern auch als Techniker und nicht als Wissenschaftler bezeichnet). Hier geht es oft nicht um die eigentliche Weiterentwicklung der Wissenschaften, sondern um die Anwendung der Möglichkeiten, welche die Fachwissenschaften bieten. Die Technikwissenschaften haben inzwischen aber noch eine weitere Funktion: Sie werfen Probleme und Fragen auf, die Klärung seitens der Fachwissenschaften verlangen. Auf diese Weise werden auch die Fachwissenschaften durch die Entwicklung der Technikwissenschaften gefordert und gefördert.

Kap. 1 - Tabelle 1.

Geisteswissenschaften	Empirische Wissenschaften	Technikwissenschaften
Philosophie	Physik	Informatik
Kunstwissenschaften	Chemie	Ingeneurwissenschaften
Geschichte	Biologie	Verkehrswissenschaften
Rechtswissenschaften	Astronomie	Erziehungswissenschaften
Mathematik		
Soziologie, Sozialwissenschaften		
Germanistik, Amerikanistik, Anglistik, u. a. ... istiken		

Die Zuordnung von unterschiedlichen Wissenschaftsrichtungen erscheint problematisch: Die Medizin könnte als Technikwissenschaft oder als empirische Wissenschaft angesehen werden, in der Geographie und einigen anderen Wissenschaften werden geisteswissenschaftliche und empirische Methoden gleichermaßen benutzt. Interessant ist die Zuordnung der Mathematik zu den Geisteswissenschaften (obwohl seit der Entwicklung der Rechentechnik empirische Methoden immer mehr an Bedeutung gewinnen, z. B. in der experimentellen Mathematik).
Die Soziologie und Sozialwissenschaften wurden seit einiger Zeit ebenfalls durch empirische Strömungen bereichert. Durch die große Komplexität und Kompliziertheit des Gegenstandsbereiches werden diese Bemühungen allerdings manchmal abgelehnt. Trotzdem haben sich diese Methoden als fester Bestandteil vieler ehemals reiner Geisteswissenschaften etabliert.
Gerade aus diesem Grund ist es wichtig, dass sich die Wissenschaftler dieser ehemals geisteswissenschaftlich orientierten Wissenschaften mit den Methoden der empirischen Forschung auseinandersetzen.

1.2 Grundmethoden der empirischen Wissenschaften

1.2.1 Untersuchungsformen

Im empirischen Forschungsprozess kann man zwischen qualitativen und quantitativen Methoden unterscheiden. Während in der qualitativen Forschung verbale bzw. nicht-numerische Daten interpretiert und verarbeitet werden, greift man in der quantitativen Wissenschaft auf die statistische Analyse von Messwerten zu-

rück. Bei qualitativ erhobenen Daten besteht jedoch die Möglichkeit der späteren Quantifizierung und der quantitativen Weiterarbeit.
Die folgende Tabelle führt Beispiele für beide Methoden anhand von Gegensatzpaaren auf.

Kap. 1 - Tabelle 2. Vergleich von quantitativen und qualitativen Forschungsmethoden

Quantitativ	Qualitativ
Naturwissenschaftlich	Geisteswissenschaftlich
Laboruntersuchungen	Felduntersuchungen
Erklären	Verstehen
Messen	Beschreiben
Stichprobe	Einzelfall

Dies sollte jedoch nur einen kurzen Überblick über eine wichtige Unterscheidung im empirischen Forschungsprozess geben. Der eigentliche Inhalt dieses Gliederungspunktes behandelt die Untersuchungsformen: Einzelfallstudie, Sekundäranalyse und Netzwerkanalyse.

Einzelfallstudien

Die Einzelfallstudie, welche in der Literatur auch unter dem Namen case study, Fallstudie oder Einzelfallanalyse behandelt wird, hat zwar ein Objekt zum Untersuchungsgegenstand, was allerdings nicht heißt, dass dieses Objekt zwingend eine einzelne Person sein muss. Es wird lediglich das Kriterium gestellt, dass nur eine Untersuchungseinheit betrachtet wird (der Begriff Untersuchungseinheit wird im Gliederungspunkt 1.2.3 Auswahlverfahren S.15 erläutert). Diese Untersuchungseinheit kann zwar einzelne Personen zum Gegenstand der Analyse haben, es ist jedoch ebenso möglich Gruppen, Organisationen, Gesellschaften und Kulturen als einzelne Untersuchungseinheiten zu analysieren und zu erforschen.
„Einzelfallstudien können somit auf der Auswahlebene und auf der Analyseebene auf ein Individuum als Gegenstand zurückgreifen oder auf der Auswahlebene mehrere oder gar sehr viele Individuen umfassen, die jedoch im Hinblick auf das Untersuchungsziel als eine Einheit gefasst werden." (Schnell / Hill / Esser, S.236) Gegenüber den Stichproben zeichnet sich die Einzelfallanalyse durch eine „...bessere Überschaubarkeit des Untersuchungsfeldes und damit durch eine bessere Kontrollierbarkeit von potentiellen Störvariablen aus." (Bortz / Düring, S.542) Oft greift man auf Fallstudien zurück, wenn sich die zu untersuchenden Objekte durch eine besondere Einzigartigkeit oder Seltenheit aus der breiten Masse hervorheben. In diesen Fällen würden Stichproben auch gar keinen Sinn machen.

> Als Beispiele könnte man Personen benennen, welche ähnlich seltene Ämter wie der Präsident der Bundeszentralbank bekleiden; Gruppen wie den deutschen Bundesrat; Organisationen wie das Kinderhilfswerk oder sogar die gesamte deutsche Gesellschaft benennen.

Es kann jedoch auch vorkommen, dass aus ungünstigen finanziellen Bedingungen heraus auf die Erstellung einer Stichprobe verzichtet, und als billigere Alternative auf die Einzelfallstudie zurückgegriffen wird. Dies heißt, dass zwar mehrere Untersuchungseinheiten zur Verfügung stehen, jedoch nur eine davon analysiert wird. In diesem Fall ist es wichtig zu wissen, dass sich Mängel hinsichtlich der Verallgemeinerungsfähigkeit der erhaltenen Forschungsergebnisse ergeben können. Man will damit sagen, dass Einzelfallstudien nicht verallgemeinert werden sollten.

Wenn man dennoch auf die Fallanalyse von einer Gruppe / Gemeinde zurückgreift, obwohl mehrere Objekte zur Auswahl stehen würden, so kann dies unter Umständen sogar von Vorteil sein und eine Art Voruntersuchung (=Vorbereitung für eigentliche Untersuchungen) haben.

> In den Sozialwissenschaften benutzt man die Einzelfallanalyse um z.B. einen Hypothesentest zu beschreiben oder sie „...dient der Hypothesengenerierung". (Schnell / Hill / Esser, S.238)

Sekundäranalysen

Die Auswertung von bereits vorhandenen Daten zur Überprüfung von Hypothesen nennt man Sekundäranalyse. Diese Untersuchungsmethode weist sowohl Vor- als auch Nachteile auf. Ein ganz klarer Vorteil ist die Einsparung der finanziellen Mittel für die Datenerhebung. Im Gegenzug ist die Datenbeschaffung jedoch teilweise mit großen Problemen behaftet. Dies trifft besonders zu, wenn bisher ungeprüfte Theorien anhand von Daten bewiesen oder widerlegt werden sollen, welche ursprünglich erhoben wurden, um eine andere Theorie zu testen. Das gleiche Problem tritt auf, wenn die Datenerhebung für einen unterschiedlichen Blickwinkel auf die Theorie erfolgte (es ist immer möglich Theorien von unterschiedlichen Seiten zu beleuchten).

In den beiden Fällen müssen Indikatoren gefunden werden, welche die Theorie beweisen könnten. Darüber hinaus ist es sehr wichtig, dass das bei der Auswahl benutzte Verfahren grundsätzlich überhaupt die Art von Daten liefert, welche der Wissenschaftler für seine Sekundäranalyse benötigt.

> Wurde so zum Beispiel bei einer Quotenauswahl das Merkmal „über 30 Jahre" zur Voraussetzung für die Stichprobe gemacht, so werden die erhobenen Daten bei einer Sekundäranalyse über Teenager (10 - 19 Jahre) vollkommen unbrauchbar sein.

Statistische Ämter, staatliche- oder halbstaatliche Einrichtungen, internationale Organisationen, kommerzielle Institutionen und sozialwissenschaftliche Datenarchive stellen dem Forscher, welcher eine Sekundäranalyse durchführen möchte, Daten aus den unterschiedlichsten Erhebungen zur Verfügung. Man sollte dazu wissen, dass diese Einrichtungen über zwei zusätzliche Datenquellen (Aggregatdaten und prozessproduzierte Daten) verfügen.

Aggregatdaten

„ Unter 'Aggregatdaten' (oder analytischen Merkmalen) versteht man solche Merkmale von Mengen der Untersuchungseinheiten, die aus Merkmalen der einzelnen Untersuchungseinheiten abgeleitet sind." (Schnell / Hill / Esser, S.239)

Man darf bei der Untersuchung jedoch nicht den Fehler machen, Interpretationen über den Zusammenhang von einzelnen Variablen innerhalb der Aggregatdaten auf der Ebene der Individuen zu beobachten. Beobachtet man z.B. den Zusammenhang zwischen der Wahlbeteiligung pro Fakultät, bei den Fachschaftsratswahlen und der Studentinnenanzahl mit Kindern, so folgt aus einer hohen Anzahl von studentischen Müttern nicht, dass es niedrige Wahlbeteiligungen gibt, weil die Mütter keine Zeit hatten zur Wahl zu gehen.

Dieser Fehlschluss von Zusammenhängen auf Aggregatebene auf Zusammenhänge auf individueller Ebene nennt man ökologischen Fehlschluss. Aufgrund dieses ökologischen Fehlschlusses ist das Analysieren von Aggregatdaten, mit dem Ziel individuelle Zusammenhänge zu erklären, ungeeignet.

Prozessproduzierte Daten

In statistischen Ämtern, Datenarchiven usw. entsteht noch eine weitere Quelle von Daten, welche prozessproduzierte Daten genannt werden. Diese Daten entstammen Organisationen, wo sie in den jeweiligen Arbeitsbereichen gesammelt werden (z.B Daten über Krankenkassenbeiträge im Rahmen der AOK). Besonders im Bereich der Gerichtsakten sind solche Daten von großer Wichtigkeit, da im Falle von Revisionsverfahren oft auf Sekundäranalysen zurückgegriffen werden muss.

Aufgrund von Ermessensspielräumen, welche bei dieser Art von Datenerhebung eine nicht unwichtige Rolle spielen, ist es von größter Wichtigkeit, Kenntnisse über den Entstehungsprozess der Daten, d.h. Kenntnisse über die Operrationalisierungen und Messungen , aber auch über die Güte der Messungen zu erlangen.

Auch Verknüpfungen von Datensätzen sind möglich. In diesem Falle spricht man von „record-linkage". Diese Methode kann Korrelation zwischen verschiedenen Variablen, aus verschiedenen Datensätzen ermöglichen. Es ist jedoch unumgänglich, mindestens eine gemeinsame Variable zur Identifikation des Versuchsobjektes zu finden. So könnte man z.B. anhand des Namens oder der Telefonnummer (Identifikationsvariable) einen Zusammenhang zwischen den Krankenkassenbeiträgen und dem Vermögen der Frau X herstellen. Dazu müsste man die prozessorientierten Daten ihrer Krankenkasse und ihrer Bank einsehen können.

Da jedoch nur bestimmte Menschen oder Berufsgruppen privilegiert sind, Zugang zu derartigen Akten zu haben, wäre es unter Umständen sehr schwer in meinem Beispiel Zugang zu den entsprechenden Akten gewährt zu bekommen. Derartige Akten fallen oft in den Schutzbereich des Datenschutzgesetzes.

Netzwerkanalysen

Die Netzwerkanalyse ist „... eine bestimmte Forschungsstrategie, deren Anliegen in der Beschreibung und Erklärung von sozialen Beziehungen und daraus resultierenden Handlungen besteht." (Schnell / Hill / Esser, S.241)
Die Teilchen oder Einheiten eines Netzwerkes werden im allgemeinen als Knoten bezeichnet. Verbindungen zwischen den einzelnen Knoten stehen für die vorherrschenden Beziehungen, was folglich heißt, dass ein Knoten mit vielen Verbindungen gut in das soziale Netzwerk eingebunden ist.
Bei dieser Forschungsstrategie strebt der Wissenschaftler die Erfassung aller im Netzwerk enthaltenen und dieses Netzwerk bildenden Teilchen an und möchte die Relationen zwischen den Teilchen erfassen. Solche Netzwerke können zum Beispiel Freundschaften, Familien, Firmen, Schulklassen, aber auch auf größerer Ebene ganze Gesellschaften sein.
Soziale Netzwerke werden durch das Aufeinandertreffen von verschiedenen Interessen und Charakteren gekennzeichnet. Durch die Verschiedenartigkeit innerhalb des Systems haben das Benehmen, die Einstellungen und Interessen der Individualcharaktere Auswirkungen auf andere Systemteilchen oder das Gesamtsystem.
Bei der Analyse von Netzwerken kann der Forscher jedoch auch mit nicht zu unterschätzenden Problemen konfrontiert werden. So stellt sich oft zu Beginn der Untersuchung die Frage nach der Abgrenzbarkeit von Netzwerken. Dies kann mitunter sehr schwer werden, da häufig verwischte Grenzen bestehen, so dass bei einer Beschränkung wichtige Teile des Netzwerkes ausgeschlossen werden könnten. Des weiteren kann man Netzwerke im Regelfall nicht nach dem Zufallsprinzip auswählen. Letztlich ist es noch erwähnenswert, dass wichtige Einheiten auch wirklich für die Informationserhebung zur Verfügung stehen müssen. „Verweigern Personen ihre Mitarbeit, dann kann durch diese Ausfälle bzw. fehlenden Werte die Struktur des 'Restnetzwerkes' von der tatsächlichen stark abweichen." (ebd., S.241)
Will man über das Netzwerk Daten erheben, so ist dies auch über die Einzelteile möglich. Beziehungen innerhalb des Netzwerkes können nach formalen und inhaltlichen Kriterien unterschieden werden. Während die inhaltlichen Eigenschaften privater, freundschaftlicher oder z.B. rechtlicher Art sein können, sind die Symmetrie und die Bewertung von Beziehungen die wichtigsten formalen Eigenschaften. Die Bewertung von Beziehungen geschieht dabei nach den Kriterien Stärke oder Intensität der Beziehung .
Wenn die Symmetrie zwischen Beziehungen ermittelt werden soll, geht es lediglich darum, eine Beziehung festzustellen, die Richtung der Beziehung ist jedoch ohne Interesse.

> Wollte man so z.B. die Beziehung von Frau X zu ihrer Bank erläutern, so wäre nicht von Interesse ob Frau X der Bank Geld gibt (Einzahlungen) oder ob sie Geld von der Bank empfängt (abhebung). Für die Eigenschaft Symmetrie wäre lediglich von Interesse, ob Frau X überhaupt bei dieser Bank ist.

Netzwerke können des weiteren unterschieden werden zwischen

- totale Netzwerke (alle beinhaltenden Beziehungen werden aufgegriffen) und
- partielle Netzwerke (beziehen sich auf wenige Beziehungen nach speziellen Kriterien).

Partielle Netzwerke sind nochmals nach dem Kriterium uniplex und multiplex unterscheidbar. Hierbei werden uniplexe Netzwerke nach verschiedenen Beziehungstypen untersucht, wogegen man sich bei uniplexen Netzwerken einen Beziehungstyp auswählt.

Des weiteren ist es möglich, zwischen ego-zentrierten und Gesamtnetzwerken zu differenzieren. Bei der ego-zentrierten Betrachtungsweise werden die Daten, welche das Netzwerk betreffen, aus den Blickwinkeln einer Einzelperson erhoben. Dabei ist zu beachten, dass ego-zentrierte Netzwerke immer die subjektiv wahrgenommene soziale Umgebung des Betrachters widerspiegeln.

Betrachtet man die Bezugspunkte für Datenerhebungen von Gesamtnetzwerken, so fällt der große Arbeitsaufwand auf, der sich aus der Erhebung aller Einheiten und aller ihrer Verknüpfungen (Betrachtungsweise von Gesamtnetzwerken) ergibt. In Verbindung mit multiplexen Untersuchungen kann sich eine gigantische Masse von Daten ergeben, welche leicht unüberschaubar werden kann. Aus diesem Grunde greift man in der Forschungspraxis häufiger auf uniplexe Netzwerke zurück, die aus der Gesamt- oder Ego-Perspektive erhoben wurden.

1.2.2 Datenerhebungstechniken

Die „Zuordnung von beobachtbaren Phänomenen zu Begriffen nennt man Operationalisieren" (Huber, S.77). Man will damit sagen, dass man das Ziel verfolgt einen empirisch beobachtbaren „Indikator für einen Begriff" (ebd.,S.77) zu finden. Datenerhebungstechniken werden auch häufig als Operrationalisierungstechniken d.h. Methoden zur Zuordnung von beobachtbaren Phänomenen bezeichnet. In der empirischen Forschung unterscheidet man zwischen den 3 Grundtechniken der Datenerhebung:

1. Befragung
2. Beobachtung
3. Inhaltsanalyse

Die Auswahl der Erhebungstechnik erfolgt nach mehreren Kriterien. Als erstes Kriterium müsste man darüber nachdenken, ob der Einsatz der fraglichen Erhebungstechnik unerwünschte Reaktionen oder Veränderungen der ‚Untersuchungsobjekte hervorruft und so eine Verfälschung der Untersuchungsergebnisse riskiert. Besonders wenn Daten im direkten Kontakt mit den Versuchspersonen erhoben werden, ist das Kriterium der Reaktion sehr wichtig, da der Proband nicht nur auf die ihm gestellten Fragen sondern auch auf den Fragesteller reagiert. Man sollte sich also immer genau darüber im klaren sein, welche Erhebungstechnik für eine bestimmte Art von Erhebung am wenigsten negative Reaktionen bei der Versuchsperson auslösen könnte.

> Im folgenden (erdachten) Beispiel möchte ich eine Studentenbefragung über den Beschluss des Landtages zum Wegfall der BAföG – Unterstützung durchführen und habe mir die Studenten ausgewählt, welche bis zu dem Inkrafttreten dieses Beschlusses den Förderungshöchstsatz erhalten haben. Als Datenerhebungstechnik wähle ich das Gruppeninterview, das von einem Vertreter des Landtages durchgeführt wird, der nebenbei seinen eigenen Reichtum (teure Kleidung, viel Schmuck, großes Auto) zur Schau stellt. Ich brauche mich dann nicht zu wundern, wenn ihm keine Sympathien entgegen gebracht werden. In diesem Falle wäre ein anonymer Fragebogen angebrachter.

Darüber hinaus sollte man sich im klaren sein, ob und in welchem Maß eine Standardisierung der Erhebungsinstrumente erfolgen kann. So ist beispielsweise ein Fragebogen viel stärker standardisiert als ein Face-to-Face - Interview.

Oftmals kommt es auch vor, dass die Entscheidung über die Erhebungstechnik automatisch zu Gunsten des, in der empirischen Wissenschaft als „Königsweg" bezeichneten, Interviews ausfällt. Diese Bevorzugung rührt aus dem Vorurteil, dass der Entwurf eines Fragebogens und die Durchführung einer Befragung eine relativ einfache Methode zur Datenerhebung sei.

Trotzdem die Wahl der Erhebungstechnik dem Wissenschaftler verschiedene Optionen anbietet, sollte man immer das eigentliche Ziel der Forschung vor Augen behalten und die Angemessenheit der Technik im voraus genau auf seine Vor- und Nachteile hin untersuchen.

Befragung

Wie bereits erwähnt, ist die Befragung eine der wichtigsten Datenerhebungstechniken. Befragungen umfassen gegenwärtig (Stand 1994) 50% aller empirischen Untersuchungen[1]. Der Überbegriff Befragung kann nochmals in die einzelnen Techniken mündliche Befragung, standardisiertes Interview, Telefoninterview und schriftliche Befragung unterteilt werden.

Bevor diese Techniken jedoch detailliert erläutert werden, ist es wichtig, den Begriff Befragung zu definieren. „Befragung bedeutet Kommunikation zwischen zwei oder mehreren Personen. Durch verbale Stimuli (Fragen) werden verbale Reaktionen (Antworten) hervorgerufen: Dies geschieht in bestimmten Situationen und wird geprägt durch gegenseitige Erwartung. Die Antworten beziehen sich auf erlebte und erinnerte soziale Ergebnisse, stellen Meinungen und Bewertungen dar." (Atteslander ,S.132)

Besonders in der Markt- und Meinungsforschung ist die Befragung seit Mitte der 30er Jahre zu einer unverzichtbaren Methode geworden. Wie jedoch später bei der Beobachtung erläutert werden wird, kann man auch bei der Befragung zwischen alltäglichen und wissenschaftlichen Techniken unterscheiden.

---

[1] vgl. (Kuckartz, S.555)

Während die wissenschaftliche Befragung mit einem erheblichen Arbeitsaufwand, systematischer Vorbereitung und zumindest grundlegenden empirischem Wissen verbunden ist, findet die Alltagsbefragung bei nahezu jeder Art von verbaler, und zum Teil auch bei durch Mimik erzeugter nonverbaler Kommunikation statt. Wie bereits in der Definition erwähnt, geschieht dies auf der Frage – Antwort – Ebene.

> Auf der nonverbalen Ebene kann auch ein Kopfschütteln oder Nicken als Antwort gedeutet werden, wogegen ein fragender Blick als Frage interpretiert werden könnte.

Zur alltäglichen Befragung kann man noch ergänzend hinzufügen, dass es sich dabei um einen zielgerichteten, sozialen Vorgang handelt.

Mündliche Befragung / Standardisiertes Interview

Das standardisierte Interview ist, wie bereits erwähnt, in der Literatur oft als „Königsweg" der empirischen Sozialforschung betitelt.
Bei dem Interview ist die in der Einführung erwähnte Frage-Antwort-Konstellation besonders offensichtlich, da sich Forscher und Untersuchungsperson direkt gegenüber sitzen. Wenn ich von Untersuchungsperson rede, so heißt das nicht immer, dass es nur einen Probanden geben muss. Das standardisierte Interview kann auch in Form einer Gruppenbefragung oder sogar Gruppendiskussion erfolgen. Sollte man sich für die Befragung als Datenerhebungstechnik entscheiden, so ist bereits im Vorfeld eine Entscheidung über den Strukturierungsgrad der Interviewsituation nötig. Gudjouns[2] unterscheidet hierbei zwischen der ungelenkten und der standardisierten Form.
Die ungelenkte, oder wenig strukturierte Interviewsituation liegt vor, wenn sich der Interviewer ohne einen Fragebogen auf den / die Befragten einstellen kann und ihm / ihnen auch den Gesprächsverlauf weitgehend überlässt. Diese Technik bietet sich besonders in der Frühphase der Untersuchung an, um sich einen genauen Überblick über den Forschungsgegenstand zu verschaffen. Darauf können später standardisiertere Formen wie die teilstrukturierte oder stark-strukturierte Interviewsituation aufbauen.
Bei teilstrukturierten Befragungen arbeitet der Forscher mit vorgefertigten Fragen, welche im Verlauf des Interviews abgearbeitet werden müssen. Die Reihenfolge der zu stellenden Fragen kann der Wissenschaftler jedoch aus dem Befragungsverlauf heraus festlegen. „In der Regel basiert ein solches Interview auf einem Gesprächsleitfaden (‚Leitfadengespräch‘)." (Schnell / Hill / Esser, S.300)
Dem Strukturierungsgrad folgend sind Gruppen- und Einzelinterviews die stärkste Interviewsituation. Der hierbei verwendete standardisierte Fragebogen enthält für alle Befragten die gleichen Formulierungen und die selbe Reihenfolge der Fragen. Der Interviewer ist in der stark strukturierten Interviewsituation weitestgehend neutral und fungiert oftmals lediglich als Übermittler der Fragen.
Sowohl bei teilstrukturierten, als auch bei stark strukturierten, und erst recht bei den schriftlichen Formen der Befragung, ist die richtige Konstruktion des Frage-

---

[2] vgl. (Gudjouns, S.65)

bogens von größter Wichtigkeit. Hierbei muss vor allem die Art der Informationen und die formale bzw. inhaltliche Struktur von Fragen- und Antwortvorgaben beachtet werden.

Man sollte die Fragen folgenden Kategorien zuordnen:
- Einstellungen,
- Meinungen,
- Überzeugungen,
- Verhalten und
- Eigenschaften.

Man unterscheidet bei Interviewfragen außerdem nach offenen und geschlossenen Fragen. Während bei den offenen Fragen die Formulierung der Antwort in der Hand der Untersuchungsperson liegt, verlangen geschossene / auch multiple-choice-questions vom Untersuchungsobjekt, sich zwischen zwei oder mehreren Möglichkeiten zu entschließen. Die Antworten (im Falle der geschlossenen Frage) können als Mehrfachvorgaben, Hybridfragen und Mehrfachnennungen angegeben werden oder in einer Rangordnung, welche sich auf Häufigkeiten, Wahrscheinlichkeiten, Intensitäten oder Bewertungen bezieht.

Bei der Frage- und Antwortformulierung ist es besonders wichtig, dass:
- keine komplizierten Worte verwendet werden,
- die Fragen und Antworten kurz und präzise formuliert sind,
- die Fragen keine anstößigen Worte enthalten,
- die Meinung des Forschers sich nicht in der Art der Fragen widerspiegelt,
- „Was wäre wenn?" – Fragen vermieden werden,
- doppelte Negation nicht in den Fragen vorkommen und
- der Befragte nicht überfordert wird.

Darüber hinaus sollte der Fragebogen in Fragenkomplexe (ggf. mit Überleitungsfragen) unterteilt werden.

Auf die Methode des Interviews kann man jedoch nur dann zurückgreifen, wenn der Proband zur Kooperation gewillt ist, die „Existenz einer ‚Norm der Aufrichtigkeit' in Gesprächen mit Fremden " besteht und wenn es eine „gemeinsame Sprache" zwischen Interviewer und befragter Person gibt (siehe Diekmann, S. 377).

Telefonische Befragung

Eine weitere Methode zur Erhebung von Daten ist das Telefoninterview. Was noch vor einigen Jahren als „quick and dirty" (Diekmann, S.429) galt, hat sich in der heutigen Gesellschaft aufgrund der technologischen Entwicklungen und der großen Telefonanschlußdichte zu einer allgemein anerkannten Methode der Datenerhebung entwickelt. Besonders in nordamerikanischen und europäischen Gebieten erfreut sich diese Methode zunehmender Beliebtheit. Gründe für diesen Zuspruch sind unter anderem die steigenden Kosten bei mündlichen Interviews.

Über aktuelle Telefonverzeichnisse, welche auf CD-Rom verfügbar sind, kann auf unkomplizierte Art und Weise eine beliebig große Gruppe von Probanden ermittelt werden (z.B. durch Karteiauswahl). Man kann jedoch auch auf die etwas weniger moderne Methode der Listenauswahl aus dem Telefonverzeichnis zurückgreifen. Es brauchte jedoch erst einmal eine gewisse Zeit, bis sich diese Methode zur Datenerhebung etablieren konnte. Frühere gegen das Telefoninterview geäußerte Bedenken sind heute nicht mehr haltbar. So kann man ohne Bedenken sagen, das diese moderne Form der Datenerhebung den konservativen Erhebungen weder im Hinblick auf die Ausschöpfungsquote, Dauer oder Komplexität, noch hinsichtlich der Qualität unterlegen ist.

Natürlich ist es notwendig, die Fragen, Antworten und Skalen der Kommunikationsform anzupassen. Dies wirft aber keine größeren Probleme auf. Mit Hilfe eines im Computer programmierten Fragebogens wird das Interview letztlich computerunterstützt durchgeführt. Im Vorfeld der Befragung sind jedoch bestimmte Prätests und Interviewerschulungen nötig. Allerdings gilt dies auch für die herkömmlichen Methoden der Befragung.

Schriftliche Befragungen

Schriftliche Befragungen können unter zweierlei Gesichtspunkten betrachtet werden. Zum einen spricht man von schriftlicher Befragung, wenn Untersuchungspersonen in Anwesenheit eines Versuchsleiters Fragebögen ausfüllen. Diese Form der Befragung unterscheidet sich von der anderen gebräuchlicheren Variante, bei welcher den Versuchspersonen ein Fragebogen zugesendet wird. Die Methode der „postalischen Befragung" erfolgt ohne die Anwesenheit eines Interviewers. Der entfallende Personalaufwand kann sowohl positiv, als auch negativ gewertet werden. Einerseits geht die Einsparung von Personal mit einer Kostenverringerung und mit dem Wegfall des Interviewers als mögliche Fehlerquelle einher. Auf der anderen Seite geht mit der Person des Interviewers jedoch auch die Kontrollinstanz verloren[3]. Des weiteren kann man davon ausgehen, das die Versuchspersonen, in der zugesicherten Anonymität ehrlicher und überlegter antworten. Man muss jedoch bedauerlicherweise zugeben, dass die Ausfallquoten bei schriftlichen Befragungen entschieden höher als bei Interviewbefragungen sind.

Wie bereits bei den Interviewbefragungen erwähnt, gibt es bestimmte Kriterien ,welche an die Konstruktion eines Fragebogens gestellt werden. Die Anforderungen an schriftliche Befragungen sind mit denen für Interviewbefragungen weitestgehend identisch. Da die Untersuchungsperson jedoch im Falle der postalischen Befragung nicht auf Ratschläge und Tipps eines Interviewers zurückgreifen kann, sollte man bei der Konstruktion von Fragebögen für diese Zwecke noch sorgfältiger vorgehen.

Die Durchführung der Befragung erfolgt im allgemeinen, nachdem der Fragebogen beim Empfänger angekommen ist. Man sollte jedoch nicht mit sofortiger Rückantwort rechnen und sich evtl. darauf vorbereiten, dass es notwendig werden könnte den Probanden, über wiederholte Benachrichtigungen an den Fragebogen zu erinnern. Überhaupt ist es sehr wichtig den Empfänger einer postalischen Befragung auf die Nützlichkeit und die Relevanz der Untersuchung hinzuweisen sowie die Wichtigkeit der Teilnahme des Einzelnen an der Untersuchung für den

---

[3] vgl. (Atteslander, S.167)

Erfolg nahezulegen und dem Probanden die absolute Diskretion und Anonymität zuzusichern.

Beobachtung

Wenn man sich mit empirischer Wissenschaft auseinandersetzt, sollte man sich mit der Frage: „Was ist überhaupt zu beobachten?" beschäftigen. „Keine Datenerhebungsmethode kann auf Beobachtung verzichten, da empirische Methoden definitionsgemäß auf Sinneserfahrung (Wahrnehmung / Beobachtung) beruhen." (Bortz / Düring, S. 240)

> Egal ob man jetzt erforschen möchte, ob sich althergebrachte Umgangsformen (z.B. dass der Mann der Frau die Autotür aufhält) in der jugendlichen Generation zurückentwickeln, oder ob sich das Studentenwerk der TU Dresden für die Lebenssituation von Studenten mit Kindern in den Wohnheimen der Hochschulstrasse interessiert - bevor etwas gezählt und ausgewertet werden kann, muss es erst einmal erkannt und beobachtet werden. Aus eigener Erfahrung kann ich berichten , dass sich mein Thema für die Befragung in den empirischen Methoden für Erziehungswissenschaftler aus der Beobachtung heraus entwickelte, dass die mitunter schlechte Finanzsituation von Studenten mit Kindern sich auf ihre Teilnahme an Veranstaltungen des Studentenwerkes niederschlägt.

Zuallererst muss man sich jedoch darüber im klaren sein, dass sich die wissenschaftliche Beobachtung von der im regulären Sprachgebrauch benutzten Idee von Beobachtung (Alltagsbeobachtung) unterscheidet. Nicht nur die Tatsache, dass der Wissenschaftler ein Daten- oder Materialteil als „item of data" (Travers, S. 134) bezeichnet, gestaltet die wissenschaftliche Beobachtung gegenüber der Alltagsbeobachtung komplizierter. Sie weist auch einen viel komplexeren Vorgang auf (genaue Planung, besondere Kriterien an die Datenerhebung, eventuelle Geräte - z.B. in der medizinischen Beobachtung) und bedingt deshalb die Aufwendung z.T. enormer finanzieller Mittel. Man kann also sagen, dass das Verfahren der wissenschaftlichen Beobachtung „...kontrolliert und systematisch abläuft und Beobachtungsinhalte systematisiert werden", wogegen die „...alltägliche, naive Beobachtung...fallweise bei Interesse oder Notwendigkeit eingesetzt wird." (Schnell / Hill / Esser, S. 358)
Hieraus folgt, dass man die wissenschaftliche Beobachtung meint, wenn man von Beobachtung im Sinne einer Datenerhebungstechnik spricht.
Beobachtungen können sowohl zur Ermittlung von Hypothesen dienen, welche im Verlauf der Untersuchung getestet werden, als auch ergänzendes Datenmaterial zu bereits durch andere Methoden ermitteltem Material liefern oder bei deskriptiven Studien als Methoden zur Datensammlung fungieren. Besonders im sozialwissenschaftlichen Bereich kann diese Datenerhebungstechnik von besonderem Nutzen sein. Dies trifft immer dann zu, wenn andere Methoden zur Erhebung von Daten nahezu unmöglich sind. Da es jedoch relativ schwer ist, ein Schema für eine Beo-

bachtung zu erarbeiten und die Beobachtung durchzuführen, greift man soweit es möglich ist lieber auf Experimente, Befragungen oder Datenanalysen zurück. „Die Beobachtung macht gegenwärtig rund 10 % der empirischen Sozialforschung aus." (Kuckartz, S. 555) Stellt man sich eine Untersuchungssituation vor, bei welcher mit der Methode der Beobachtung gearbeitet wird, so fällt auf , dass sich die Beobachtung analysieren lässt anhand folgendes Komponenten:

1. Beobachtungsfeld
2. Beobachtungseinheit
3. Beobachter
4. Beobachtete

1. Das <u>Beobachtungsfeld</u> wird als: „...derjenige räumliche und / oder soziale Bereich bezeichnet..., in dem die Beobachtung stattfinden soll."(Friedrichs & Lüdtke, S. 51) Das Beobachtungsfeld kann also mit der Beantwortung der Fragen nach dem: Wo wird beobachtet?; Wann wird beobachtet? und Unter welchen Bedingungen wird beobachtet? definiert werden.
Informationen über das Beobachtungsfeld sollten schon vor Beginn der Datenerhebung vorliegen. Da z.B. Forschungen über soziales Verhalten in einem Jugendklub schwerlich allein in den frühen Morgenstunden eines Wochentages sinnbringend wären. Man sollte daher mit einem großen Blickwinkel an die Beobachtung herantreten, weil ansonsten dass für das Untersuchungsziel relevante Verhalten möglicherweise nicht erfasst werden kann, da es im festgelegten Beobachtungsfeld nicht auftritt[4]. Folglich ist ein Beobachtungsfeld mit wenigen oder gar keinen Verbindungen zu anderen Netzwerken einfacher zu erfassen, als ein stark anderweitig vernetztes Forschungsfeld. „Grundsätzliche Unterschiede lassen sich zwischen Feldbeobachtung und Laborbeobachtung feststellen." (Atteslander, S. 98) Im Gegensatz zur natürlich belassenen Feldbeobachtung läuft die Laborbeobachtung unter künstlich hergestellten Bedingungen ab.
2. Die <u>Beobachtungseinheiten</u> bezeichnen „...denjenigen Teilbereich sozialen Geschehens, der konkreter Gegenstand der Beobachtung sein soll." (Atteslander, S. 99) Da jedoch nur selten alle Beobachtungseinheiten auf einem Forschungsfeld untersucht werden können, muss eine repräsentative Stichprobe für die Untersuchung ausgewählt werden. Die Auswahl folgt den Theorien über das Beobachtungsfeld oder beruht auf Informationen, die bereits über das Forschungsfeld erworben wurden (z.B. in früheren Untersuchungen oder sog. Pre-Untersuchungen).
3. <u>Beobachter</u> müssen nach dem Status, welchen Sie in der Beobachtung einnehmen unterschieden werden. Im erziehungswissenschaftlichen Kontext wird oftmals zwischen teilnehmender Beobachtung und nichtteilnehmender Beobachtung unterschieden. Ist der Beobachter in die Gruppe (das Beobachtungsfeld) involviert, so nennt man dies teilnehmende Beobachtung. Ein Beispiel dafür wäre ein Mitglied des Jugendklubs, welches beobachtet. „Der teilnehmende Beobachter hat gleichzeitig zwei Haltungen zu realisieren, nämlich Engagement und Distanz. Ohne Engagement lässt sich die Realität und deren Deutung nicht erfahren. Und ohne Distanz wird die Deutung der anderen Beteiligten nicht als Deutung erkennbar." (Beck / Scholz, S. 678)

---

[4] vgl. (Atteslander, S. 98)

Der nichtteilnehmende Beobachter steht außerhalb der Gruppe und beobachtet aus einer reinen Forscher- oder Beobachterrolle. Die Dimension Teilnahme wird in aktive und passive Teilnahme untergliedert. Hierbei entspricht die nicht teilnehmende Beobachtung dem Merkmal passive Teilnahme und teilnehmende Beobachtung der aktiven Teilnahme. Sowohl die Teilnehmerrolle als auch der Außenseiterposten haben Vor- und Nachteile.

So kann der außenstehende Beobachter zwar evtl. nicht bis ins kleinste Detail beobachten, er bleibt jedoch mit großer Wahrscheinlichkeit dem Forschungsziel treu. Dagegen kann es bei dem in die Gruppe involvierten Beobachter zu einer zu großen Nähe zu den Versuchspersonen kommen, was seine Loyalität der Forschung gegenüber in Frage stellen kann. Ein Beispiel dafür wäre das Einbringen des Beobachters in bestimmte kriminelle Machenschaften (z.B. Drogenhandel, Prostitution). Da der Beobachter in diesen Fällen das Vertrauen der Gruppe oder von Einzelindividuen missbrauchen könnte, kann nicht mehr für die Genauigkeit der Beobachtungsdaten garantiert werden.

Der Beobachter kann ferner systematisch oder unsystematisch vorgehen. Dieses Kriterium geht der Frage nach, wie ausführlich das Beobachtungsschema strukturiert ist. So spricht man von einer unstrukturierten Beobachtung (z.B. Hospitation im Unterricht) wenn nur eine relativ ungenaue Anweisung bezüglich der Beobachtungsinhalte zugrunde liegt. Letztlich kann man, im Bezug auf den Beobachter, noch die Frage nach der Kenntnis der Beobachteten, über die Tatsache, dass sie beobachtet werden, stellen. Sind die Beobachtungsobjekte über die Existenz eines Beobachters informiert, so spricht man von offener Beobachtung. Von verdeckter Beobachtung redet man, wenn sie unwissend (dafür aber im hohen Masse natürlich) sind. Mitunter kann die verdeckte Beobachtung zu größeren Forschungserfolgen führen, da sich die Beobachteten völlig ungezwungen bewegen. Die Beobachteten sind die Beobachtungseinheiten, welche innerhalb eines Forschungsfeldes ausgewählt wurden und damit Gegenstand der Untersuchung sind. Je unauffälliger die Tatsache ist, dass sie beobachtet werden, desto ungezwungener und natürlicher werden sich die beobachteten Probanden innerhalb des Forschungsfeldes bewegen. Natürlich kann man die Tatsache einer Beobachtung nur im Falle einer Feldbeobachtung verschleiern.

Beobachtungsfehler

Fehler, welche in der Beobachtungssituation auftreten, nennt man Beobachtungsfehler. Hierzu gehört die Verzerrung der Wahrnehmung, die in mangelnder Objektivität und damit in der Person des Beobachters begründet ist.

Ein Beispiel ist die durch Entstehung von persönlichen Gefühlen (Sympathie, Antipathie, Freundschaft, Mitleid, Feindschaft...) zurückgehende objektive Wahrnehmung des Beobachters. Eine weitere Verzerrung von Beobachtung ist die Interpretation. Dies kann häufig bei interpretativen Beobachtungen durch die Vortäuschung falscher Gegebenheiten durch das Untersuchungsobjekt, oder durch die Fehlinterpretation von Seiten des Beobachters geschehen. Ein Grund für den ersten Fall könnte auch differenziertes Verhalten zum Normalverhalten, aufgrund der Anwesenheit des Forschers sein. Der Wissenschaftler registriert dann das Verhalten objektiv, aber er erfasst etwas völlig Untypisches. Letztlich können die Ursachen von Beobachtungsfehlern auch in methodisch unzureichenden Kategoriensystemen liegen.

Die Inhaltsanalyse

Die dritte in den empirischen Wissenschaften genutzte Methode zur Datenerhebung ist die Inhaltsanalyse. Wenn sich der Forscher für diese Art der Datenerhebung entscheidet so sollte er sich von vornherein darüber im klaren sein, dass sich die Inhaltsanalyse in wesentlichen Punkten von Beobachtungen und Befragungen unterscheidet, da hier der direkte Kontakt zu den Versuchspersonen fehlt.

Die Inhaltsanalyse ist eine Methode, welche sich mit „...der systematischen Erhebung und Auswertung von Texten, Bildern und Filmen" (Diekmann, S.481) befasst. Ein besonderer Vorteil dieser Analyse ist das oft in großer Vielzahl vorliegende Material. Dieses muss dann „nur noch" mit Hilfe von einer der vier gebräuchlichen Formen zur Datenanalyse bearbeitet werden.

Die erste dieser vier Formen ist die so genannte Frequenzanalyse. Hierbei werden die Textelemente klassifiziert und die Häufigkeit ihres Vorkommens wird ausgezählt.

Bei der zweiten der Formen, der Valenzanalyse werden die Inhalte schon differenzierter beschrieben. Dies geschieht durch Bewertungen, welche in Verbindung mit den als wichtig angesehenen Begriffen stehen.

Die dritte Form befasst sich zusätzlich zu der Bewertung mit der Intensität in welcher sie auftreten. Diese Form heißt Intensitätsanalyse.

Und letztlich überprüft die Kontingenzanalyse das Auftreten bestimmter sprachlicher Ausdrücke im Zusammenspiel mit weiteren Begriffen.

1.2.3 Auswahlverfahren

Auswahlverfahren sind ein Konkretisierungsschritt, welcher dazu dient, durch "Angabe von Untersuchungseinheiten" (Kromley, S.247) die Merkmalsträger herauszufiltern. Dabei müssen die nach Vorstellung des Wissenschaftlers wichtigen Daten mit eigenen Datenerhebungsverfahren und "in Betracht kommenden Untersuchungseinheiten"(ebd.) abgestimmt werden. Es stellen sich damit für den Forscher Fragen wie:

- Wer wird von mir befragt?
- Wie kann ich meine Daten am besten erheben?
- Wie viele Probanden möchte ich überhaupt nutzen?

Die letzte Frage zielt darauf ab, die Grundgesamtheit einer empirischen Forschung zu definieren. An dieser Stelle sollte man überlegen, ob es zweckmäßig ist, eine Voll-, oder Totalerhebung durchzuführen oder ob es angebrachter wäre eine repräsentative Teilerhebung zu nutzen. "Werden die Daten aller Elemente einer Grundgesamtheit erhoben, so spricht man von einer "Vollerhebung", wird nur eine Teilmenge der Grundgesamtheit untersucht, handelt es sich um eine "Teilerhebung". Werden die Elemente der Teilerhebung durch vor der Untersuchung festgelegte Regeln bestimmt, wird die Teilerhebung "Auswahl" oder "Stichprobe" genannt.

Stichproben sind sehr wichtig in der empirischen Forschung, da die "Aussagekraft empirischer Untersuchungen neben der Qualität der theoretischen Grundlagen von der Quantität der Stichprobe abhängt." (Treumann, S.67)

Durch diese Stichproben ist es möglich Verallgemeinerungen für die Grundgesamtheit aufzustellen und "generelle Hypothesen zu entwickeln oder deskriptive Aussagen für die Grundgesamtheit" (Kromley, S.248) zu formulieren. Man erhält einen Repräsentationsschluss. Des weiteren redet man von einem Inklusionsschluss, wenn anhand von einer Auswahl eine Hypothese oder eine Theorie getestet werden soll.

Stichproben haben gegenüber Vollerhebungen die Vorteile, dass sie schneller Ergebnisse vorweisen und damit aktuellere Ergebnisse liefern als Totalerhebungen. Darüber hinaus sparen sie sowohl Zeit, als auch Geld und Arbeitsaufwand. Aufgrund von besseren Kontrollmöglichkeiten und intensiveren Auswertungen weisen sie eine größere Genauigkeit auf und in manchen Fällen ist es sogar dringend nötig auf Stichproben zurückzugreifen, da eine Vollerhebung "den Untersuchungsgegenstand entscheidend verändern oder sogar zerstören würde (z.B. Qualitätskontrolle von Industrieproduktion)" (Kromley, S.249)

Trotz ihrer Vorteile können Stichproben nur dann auf die Grundgesamtheit verallgemeinert werden, wenn die Untersuchungsergebnisse auch nur für diese repräsentativ sind (siehe Bortz / Düring, S.472). Eine Stichprobe heißt repräsentativ, wenn sie genauso zusammengesetzt ist wie die Gesamtheit aller Untersuchungsobjekte.

> Wenn ausgewählte Erstklässler einer Schule anhand von Montessori-Materialien sehr gut lernen, kann man daraus noch lange nicht schlussfolgern, dass z.B. alle Schüler der 1.Klasse in ganz Deutschland ebenso gute Lernergebnisse erzielen würden.

Dieses Beispiel zeigt, dass bestimmte Anforderungen an Stichproben gestellt werden müssen. Dazu gehören:

1. Die Stichprobe muss ein verkleinertes Abbild der Grundgesamtheit hinsichtlich der Heterogenität der Elemente und hinsichtlich der Repräsentativität der, für die Hypothesenprüfung relevanten Variablen sein.
2. Die Einheiten oder Elemente der Stichprobe müssen definiert sein.
3. Die Grundgesamtheit sollte beschreibbar und empirisch definiert sein.
4. Das Auswahlverfahren muss beschreibbar sein und Forderung (1) erfüllen. (Friedrichs, S.127)

Des weiteren ist zu beachten, dass die Einheiten (Erhebungs-, Untersuchungs- und Aussageeinheit), welche einer Untersuchung zugrunde liegen sollen, definiert sind. Hierbei ist die Erhebungseinheit die Einheit, die der "Stichprobe zugrunde gelegt wird, auf die sich die Auswahl bezieht" (Friedrichs, S.126)

Wenn man so z.B. eine Schülerbefragung durchführen möchte, so wären die Schulen die Erhebungseinheit, während die einzelnen Schüler die Untersuchungseinheit darstellen würden, auf welche sich die Untersuchung bezieht. Es ist somit ersichtlich, dass der Weg der Forschung über die Erhebungseinheit zur Untersu-

chungseinheit führt. Besteht die Erhebungseinheit aus mehreren Untersuchungseinheiten so spricht man von Klumpen von Elementen.
Die Ergebnisse und Aussagen einer Untersuchung bilden die Aussageeinheit. In
vielen Untersuchungen ist eine Unterscheidung zwischen den drei Einheiten jedoch nicht nötig, da sie sich decken.

Arten von Auswahlverfahren

Wenn man sich einen Überblick über die Typen der einzelnen Auswahlverfahren
verschaffen möchte, so kann man erst einmal grob zwischen nicht zufallsgestreuten und zufallsgestreuten und Stichproben mit bzw. ohne Schichtung unterscheiden. Hierbei spiegelt eine geschichtete Stichprobe "die Verteilung in der Population auf einer bestimmten Variablen wieder" (Hubert, S.104)
Wie der Name schon sagt, wird die Stichprobenauswahl beim nicht-
zufallsgesteuerten Verfahren nicht dem Zufall überlassen. Die Auswahl bei diesem Verfahren werden meist über die Repräsentativität "bestimmter Merkmale der
Erhebungseinheit und evtl. ihrer Verteilung in der Grundgesamtheit als Auswahl-
kriterien getroffen" (Kromley, S.260) Da es bei diesem Auswahlverfahren bereits
eine Art Vorauswahl der Merkmale gibt, können die Stichproben auch nur Reprä-
sentativität im Hinblick auf diese Merkmale aufweisen. Bei zufallsgesteuerter
Auswahl erreicht man eine tendenzielle Repräsentativität im Hinblick auf die
Merkmale, da der Forscher keinen Einfluss auf diese kontrollierten
Zufallsauswahlen hat.
Man darf allerdings von keinem dieser zwei Auswahlverfahren eine 100%ige
Stichprobengenauigkeit im Hinblick auf die Definition (Stichprobe = verkleinertes
Abbild der Grundgesamtheit) erwarten, da es selbst bei hochgradig empirischen
Forschungen immer noch eine gewisse Fehlerwahrscheinlichkeit gibt.
Die bereits erwähnten Auswahlverfahren können noch weiter untergliedern wer-
den.

Nicht zufallsgesteuerte Auswahlverfahren

Die nicht zufallsgesteuerten Auswahlverfahren unterteilen sich nochmals in will-
kürliche und bewusste Auswahlverfahren. So wäre im erziehungswissenschaftli-
chen Bereich die Befragung von Kindern, in einem aufs Gratewohl ausgewählter
Kindergarten, über ihre Freundschaften mit anderen Kindern eine willkürliche
Auswahl. Dabei ist die Aufnahme eines Probanden der Grundgesamtheit in die
Stichprobe unkontrolliert und liegt durch lokale Entscheidungen in der Hand des
Auswählenden.
Diese Art von Auswahlverfahren wird jedoch nur selten für die eigentlichen, em-
pirisch wertvollen Forschungen genutzt, da weder die Grundgesamtheit angegeben
wird, noch die Elemente der Stichprobe genau definiert sind.
Folglich werden die bei Jürgen Friedrichs (S.127) benannten Anforderungen an
Stichproben nicht erfüllt, was willkürliche Auswahlverfahren für „statistisch-
kontrollierte wissenschaftliche Aussagen wertlos macht" (Kromley, S.262)
Unter Umständen könnte man die so genannte Gelegenheits- oder Ad-hoc Stichprobe als eine Ausnahme ansehen. Wenn man z.B. bei populationsbeschreibenden

Untersuchungen, aus Kostengründen auf die Ziehung einer reinen Stichprobe verzichten muss, so erscheint die Gelegenheitsstichprobe eine geeignete Alternative darzustellen. Ad-hoc Stichproben werden z.b. aus den häufigen Aushängen einer psychologischen Fakultät, bei welchen Probanden für verschiedene Untersuchungen gesucht werden, erstellt. Bei diesem Verfahren hat der Forscher keine direkten Auswahlmöglichkeiten im Hinblick auf seine Probanden, da diese sich freiwillig für die Untersuchungen zur Verfügung stellen.

Wie bereits erwähnt gehört auch die bewusste Auswahl zur Gruppe der nicht zufallsgesteuerten Auswahlverfahren. Bei ihr wird jedoch - im Gegensatz zur willkürlichen Auswahl - eine gezielte Selektion, wenn auch nach dem Gutdünken des Forschers vorgenommen. Das heißt die Auswahl erfolgt „...nach Kriterien, die dem Forscher für bestimmte Zwecke sinnvoll erscheinen" (Kromley, S.262)

Dies geschieht immer dann, wenn keine Chancengleichheit für alle Elemente der Grundgesamtheit besteht und wenn es nicht möglich ist genau zu definieren mit welcher Wahrscheinlichkeit jedes einzelne Element in die Stichprobe aufgenommen werden kann.

Bei dem bewussten / gezielten Auswahlverfahren geht der Forscher von einer „Kombination von Merkmalen, einem Merkmal oder den Ausprägungen eines Merkmals aus" (Friedrichs, S.131)".

Dabei können Merkmale (Variablen = Menge von Werten, die eine Klassifikation bilden) wie folgt zugeordnet werden:

1. Absolute Merkmale: Aus der Grundgesamtheit der Studentenschaft in Dresden wird eine Stichprobe gezogen.
2. Verteilungen: Aus der Studentenschaft in Dresden wird eine Stichprobe anhand der Variablen finanzielle Unterstützung vom Staat gezogen, so dass sowohl BAföG erhaltende Studenten, als auch Wohngeld und Sozialhilfeempfänger, DAAD-Stipendiaten usw. eingeschlossen sind.
3. Struktur: Aus der Grundgesamtheit der Studentenschaft in Dresden werden nur diejenigen Studenten ausgewählt, welche mit ihrer Familie (min. Partner und ein Kind) in einem Studentenwohnheim leben.
4. Zugehörigkeit: Aus der Studentenschaft in Dresden wird eine Stichprobe der Studenten gezogen, welche sich in Fachschaften engagieren oder zu einem Uni-Sportverein gehören.
5. Sonderfall Extremgruppen: Aus einem Studiengang werden nur diejenigen Studenten zu einer Stichprobe herangezogen, welche ihr Vordiplom mit einem Notendurchschnitt bis 1,2 gemacht haben.
6. Sonderfall seltene Fälle: Aus 2. werden alle diejenigen Studenten herausgesucht, welche ein monatliches Einkommen von über 1500,- DM haben.
7. Sonderfall Quota-Stichproben: Aus der Studentenschaft der TU Dresden wird „eine Auswahl mehrerer, zumeist absoluter und auf Verteilung beruhender Merkmale bezogen."(Friedrichs, S. 132)

Die bewusste Auswahl wird noch einmal unterschieden in die Unterstufen:
  Auswahl nach dem Konzentrationsprinzip,
  Auswahl extremer Fälle und
  Auswahl typischer Fälle.

Die Auswahl nach dem Konzentrationsprinzip eignet sich besonders gut bei speziellen und beschränkten Fragestellungen, da bei diesem Verfahren eine Auswahl derjenigen Fälle getroffen wird, bei denen ein interessierendes Merkmal so stark ausgeprägt ist, dass diese Fälle nahezu die gesamte Verteilung in der Grundgesamtheit bestimmen.

„Die 'Auswahl extremer Fälle' besteht aus der Selektion derjenigen Fälle, die in bezug auf ein bestimmtes Merkmal eine 'extreme' Ausprägung besitzen." (Schnell / Hill / Esser, S. 278)

> Ein Beispiel dafür wäre das Verhältnis zwischen täglicher Zeit zur Nacharbeitung von Unterrichtsstoff bei Schülern und ihrer Leistung. Betrachtet man dabei allein die Schüler mit einem Notendurchschnitt von 1.3, so kann der eventuell ermittelte hohe Zusammenhang nicht auf einen durchschnittlichen 3.0 Schüler übertragen werden. Erfahrungsgemäß ist es nämlich viel einfacher, sich von einer 3 auf eine 2 zu verbessern, als von einer schlechten 1 auf eine sehr gute 1 aufzusteigen. Während der Durchschnittsschüler nämlich eventuell 3 Stunden mehr Zeit zum Nacharbeiten und Lernen des Unterrichtsstoffes benötigt, wird für 15 Zensurenpunkte eine überdurchschnittliche Leistung erwartet. Wobei der Schüler dabei auch sehr weit über die Grenzen des Unterrichtsstoffes hinaus schauen muss. Dies entspricht folglich einem unproportionalen Anstieg. Aufgrund der Tatsache, dass eine „neue" Grundgesamtheit entsteht, ist die Auswahl extremer Fälle nicht als generelles Auswahlverfahren geeignet. In der BRD wird dieses Verfahren besonders in den „gesamtgesellschaftlichen Elitenuntersuchungen" (Schnell / Hill / Esser, S. 278) angewandt.

Letztlich gibt es noch die Auswahl typischer Fälle. Hierbei ist es die Aufgabe des Forschers, Fälle aus einer Grundgesamtheit auszuwählen, welche besonders markant oder charakteristisch für diese Grundgesamtheit sind. Dieses Verfahren ist jedoch nicht sehr geeignet, da es schwer ist, die typischen Fälle von den nicht ausgewählten Fällen zu unterscheiden.

Ein bei Meinungsumfragen häufig angewandtes bewusstes Auswahlverfahren ist die Quota-Stichprobe. Sie ist eine Stichprobe ohne Zufallsauswahl (siehe Tabelle „Typen von Stichproben"), aber mit Schichtung. Das heißt, es wird ein Rahmen von Daten vorgegeben, meist demographische Angaben wie beispielsweise Alter, Größe, Wohnort, Geschlecht. So könnte man z.B. sagen: ich befrage ausschließlich Männer aus Dresden zwischen 25 und 30 Jahren, die mindestens 1.70 m groß sind. Damit ist bereits im Vorfeld eine bewusste Auswahl getroffen worden. Hat man jetzt allerdings 100 Probanden, welche zu diesen Kriterien passen, benötigt aber lediglich 20 Männer um die Repräsentativität der Stichprobe zu gewährleisten. Somit liegt es im Ermessen des Interviewers jene 20 Männer auszuwählen. Infolge dessen kommt zu der bewussten Auswahl der Variablenkombination (25-

30 Jahre, mindestens 1.70 m, männliche Dresdener) die willkürliche Auswahl des Interviewers hinzu, was das Quota-Auswahlverfahren zu einer Kreuzung zwischen gezielter und Auswahl aufs Gratewohl macht.

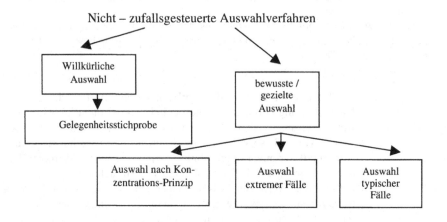

Kap.1.2 Abbildung 1: Nicht- zufallsgesteuerte Auswahlverfahren

Zufallgesteuerte Auswahlverfahren

Wie bereits zu Beginn der Unterscheidung nach Arten von Auswahlverfahren erwähnt, gibt es neben den nicht zufallsgesteuerten auch zufallsgesteuerte Auswahlverfahren. „Bei einem Zufallsverfahren hat jedes Element der Grundgesamtheit (Population) die gleiche Chance, in die Stichprobe aufgenommen zu werden." (Huber, S. 102)

Es ist verständlich, dass derart groß angelegte Untersuchungen sehr zeit- und kostenaufwendig sind und dass es noch zusätzlich unheimlich aufwendig ist, überhaupt erst einmal eine Auflistung der gesamten Population (z.B. Namen der wahlberechtigten Personen in der BRD) zu bekommen. Die zufallsgesteuerten bzw. Wahrscheinlichkeitsauswahlen haben jedoch den nicht unwesentlichen empirischen Vorteil, dass innerhalb berechenbarer Fehlergrenzen eine Repräsentativität für „alle Merkmale und Merkmalskombinationen sichergestellt werden kann, ohne dass Kenntnisse über die Struktur der Grundgesamtheit vorhanden sein müssen" (Kromley, S. 273) Dies wird durch eine kontrolliert zufällige Auswahl der Untersuchungsobjekte erreicht, welche jedem Untersuchungsgegenstand die gleiche „von null verschiedene" (Diekmann, S. 330) Wahrscheinlichkeit einräumt, Bestandteil der Stichprobe zu werden. Natürlich steigt die Chance, von bestimmten Merkmalen in die Stichprobe zu gelangen, je häufiger sie in der Grundgesamtheit vertreten wird (dies gilt auch für Merkmalskombinationen). Man sollte noch zusammenfassend erwähnen, dass eine Stichprobe die größte wirkliche Übereinstimmung mit der Population aufweist, wenn sie größtmöglich und mit geringer

Streuung der Merkmalsausprägungen versehen ist. Folgend dem sogenannten „Gesetz der großen Zahl" (Kromley, S. 275) treten Ergebnisse, welche in nur kleiner Anzahl in der Grundgesamtheit vorliegen, auch nur selten in der Stichprobe auf (= Aussage über das Auftreten einzelner Ereignisse). Überdies geht man der „Wahrscheinlichkeitsaussage über Eigenschaften der Stichprobe" (Kromley, S. 275) folgend davon aus, dass die relative Häufigkeit, dass ein Merkmal beträchtlich von der wirklichen Anzahl in der Grundgesamtheit abweicht, mit der Größe der Beobachtungsserie abnimmt. Mit Hilfe dieser Aussage kann ein ziemlich genauer Wert ermittelt werden. Dennoch geht man in der deskriptiven Statistik immer noch von einer gewissen Standardabweichung, welche für die Variation der einzelnen Werte um den Stichprobenmittelwert steht, aus.

Die zufallsgesteuerten Auswahlverfahren untergliedern sich in die einfache und komplexe Wahrscheinlichkeitsauswahl. Bei der einfachen Wahrscheinlichkeitsauswahl (auch einfache Zufallsstichprobe) wird wiederum zwischen Kartei- und Gebietsauswahl unterschieden. Wenn man über ein Verzeichnis sämtlicher Elemente der Grundgesamtheit verfügt, kann ohne Probleme eine Kartei- oder Listenauswahl herangezogen werden. Hierbei kann nach reiner Zufallsauswahl und systematischer Zufallsauswahl unterschieden werden. Man spricht von einer Zufallsauswahl wenn: „... jedes einzelne Element der Stichprobe unabhängig durch einen Zufallsprozess aus der Erhebungsgesamtheit 'gezogen' wird." (Kromley, S. 277) (z.B. das Erzielen eines Gewinnes aus der Lostrommel). Dagegen wird bei der systematischen Zufallsauswahl nur der erste Fall zufällig bestimmt. Die darauffolgenden in die Stichprobe einzubeziehenden Elemente werden systematisch ermittelt.

> Das heißt, wenn man eine Grundgesamtheit von 10 000 Leuten zur Verfügung hat und aus dieser eine Stichprobe vom Umfang von 100 Probanden ermitteln soll, so könnte man eine beliebige Zahl zwischen 1 und 100 durch das Zufallsprinzip ermitteln. Dies könnte beispielsweise Nr. 37 sein. Nun addiert man zu dieser Zahl immer 100 und kommt somit auf 137, 237, 337... . All die Probanden mit den entsprechenden Nummern werden nun in die Stichprobe aufgenommen.

Bei der Gebietsauswahl geht man von „räumlichen Einheiten aus, welche geeignet sind die interessierenden Erhebungseinheiten zu bestimmen" (Kromley, S. 281) In die Auswahl einbezogen werden definierte und abgegrenzte Flächen, die bebaut und bewohnt sind. Stadtteile, Wohnblöcke, Waldstücke, Strassen, landwirtschaftliche Flächen usw. können bei baulichen und soziologischen Untersuchungen eine Identität von Auswahl- und Erhebungseinheit darstellten, während bei räumlichen Auswahleinheiten (z.B. Planquadraten) Unterschiede zu den Erhebungseinheiten (z.B. Haushalte) aufweisen (vgl. Definition von Auswahl- und Erhebungseinheit). Stadtpläne und Landkarten werden vor Auswahl des Gebietes hinzugezogen. Auf den ersten Blick erscheint dem Laien diese Methode sehr einfach. Man darf jedoch nicht davon ausgehen, dass alle Personen die eine Wohnung in einem bestimmten Gebiet haben, auch wirklich dort wohnen (Problem Hauptwohnsitz -

Nebenwohnsitz). Schließlich knüpft daran auch die Frage, was mit den Minderheiten geschieht, die nicht über einen solchen festen Wohnsitz verfügen[5].

Die Gebiets- oder auch Flächenauswahl kann ebenso in einfache und systematische Zufallsauswahl unterteilt werden. Dies geschieht nach dem gleichen Prinzip wie bereits bei der Karteiauswahl erläutert. Zufallsgesteuerte Auswahlverfahren bestehen neben der einfachen Wahrscheinlichkeitsauswahl aus der komplexen Wahrscheinlichkeitsauswahl. Hierzu gehören die klumpengeschichtete- und mehrstufige Auswahlverfahren. Alle diese Gruppen können, wie am Beispiel der Karteiauswahl erläutert in reine und systematische Zufallsauswahl unterschieden werden.

Beginnend mit den mehrstufigen Auswahlverfahren sollte man bemerken, dass es nicht immer möglich ist „direkt an die gewünschte Aussage- und / oder Untersuchungseinheit heran zukommen" (Friedrichs, S.141) In diesem Fall muss man auf eine Zufallsauswahl, welche sich über mehrere Ebenen hinzieht zurückgreifen. Dies heißt, dass die Grundgesamtheit in Untergruppen (Primäreinheiten) unterteilt wird, aus welchen dann eine Zufallsstichprobe der Sekundäreinheiten gezogen wird.

„Mehrstufige Auswahlverfahren bestehen also aus einer Reihe nacheinander durchgeführten Zufallsstichproben, wobei die jeweils entstehende Zufallsstichprobe die Auswahlgrundlage der folgenden Stichprobe darstellt." (Schnell / Hill / Esser, S.264)

> Ein Beispiel wäre eine zufällige gesamtdeutsche Studentenstichprobe. Man könnte dabei die Namen aller deutschen Hochschulen (Universitäten, Fachhochschulen...) in einen Lostopf werfen. Für unser Beispiel gehen wir jetzt davon aus, dass ca. 500 Namen in dem Topf sind. Nun werden zufällig 25 Zettel gezogen. Auf der zweiten Stufe der Auswahl würden dann nach dem gleichen Prinzip 500 Studenten pro, auf der ersten Stufe, ausgewählten Hochschule ausgelost. Damit hätten wir einen Stichprobenumfang von 25 mal 500. Dies entspricht letztlich 12500 Studenten.

Diese Art der Auswahl wird meist verwendet wenn es zwar Listen über zusammengefasste Elemente der Grundgesamtheit, jedoch keine Aufzeichnungen über alle Einzelteile der gesamten Population gibt. Sowohl Klumpen als auch geschichtete Auswahlen sind Spezialfälle der mehrstufigen Auswahl. Zusätzlich sollte man noch erwähnen, dass bei mehrstufigen Zufallsstichproben die „....Auswahlwahrscheinlichkeit auf jeder Ebene kleiner als eins ist." (Diekman, S.336)

Bei geschichteten Stichproben wird die Grundgesamtheit, anhand von einem oder mehreren Merkmalen, in Schichten unterteilt. Dies ist besonders dann von Nutzen wenn die Varianz innerhalb der Population sehr hoch ist, da in einer geschichteten Stichprobe das Fehlerintervall reduziert werden kann.

---

[5] vgl.(Travers, S. 231-233)

Wenn man z.B. den durchschnittlichen Intelligenzquotienten von 1000 Schülern der 4.Klasse ermitteln möchte so kann es sein, dass es einige überdurchschnittlich intelligente Kinder und viele normal, durchschnittliche Schüler gibt. Da der arithmetische Mittelwert (welcher in diesem Fall gesucht wird) jedoch sehr anfällig gegenüber Ausreißern ist (in diesem Fall die sehr intelligenten Kinder), könnte es ohne eine Schichtung der Stichprobe zu einer Verschiebung des Mittelwertes nach oben kommen. Das gleiche würde im umgekehrten Fall (viele normal begabte und einige weniger intelligente Kinder) in die entgegengesetzte Richtung passieren. Solchen Verfälschungen kann man mit Hilfe eines gewissen „Vorwissens bezüglich der Merkmalsverteilung in der Population" (Diekman, S.337) vorbeugen. So wäre es in unserem Beispiel ratsam die Intelligenz der Schüler in 3 Schichten zu untergliedern (1. überdurchschnittlich;   2.durchschnittlich;   3.unterdurchschnittlich). Dabei müsste im Vorfeld die Schichtbreite der durchschnittlichen Intelligenz definiert werden, um davon ausgehend auf die anderen zwei Gruppen schließen zu können.

Geschichtete Stichproben weisen den deutlichen Vorteil auf, dass es besonders bei unterschiedlichen Streuungsdichten eines interessanten Merkmals innerhalb der Schichten zu genaueren Schätzungen kommt, als wenn man auf die einfache Zufallsstichprobe zurückgreifen würde. Darüber hinaus können geschichtete Stichproben kostengünstiger sein. Normalerweise wird eine „Wahrscheinlichkeits-Stichprobe aus den Elementen der einzelnen Schichten gezogen." (Friedrichs, S.140) Diese Stichproben können proportional („Umfang jeder Schicht-Stichprobe proportional zur Größe der Schicht" (Diekman, S.337)) oder disproportional (aus Schichten mit unterschiedlichen Größen wird jeweils die gleiche Anzahl von Elementen gezogen) sein. Möchte man Rückschlüsse auf die Population ziehen so müssen die Werte , welche in den Schichten gefunden / ermittelt wurden (z.B. Mittelwerte, Prozentwerte, Varianzen) mit „.... dem tatsächlichen Anteil dieser Elemente an der Grundgesamtheit gewichtet werden." (Friedrichs, S.140)
Wie bereits erwähnt gehört das Klumpen-Verfahren in die Gruppe der mehrstufigen Auswahl-verfahren. Hierbei geht man davon aus, dass die Population in Untereinheiten / Klumpen untergliedert werden kann, welche ihrerseits wieder zahlreiche Elemente beinhalten. Anhand eines Merkmals (z.B. Wohnort) werden die Klumpen gebildet. Es muss jedoch beachtet werden dass jedes Element der Grundgesamtheit, bezüglich des Merkmales nur zu einem Klumpen gehören kann.

Das heißt, wenn sich unsere Forschung auf die in einem bestimmten Wohnblock lebenden Menschen bezieht, so wäre das Haus der Klumpen und die in ihm lebenden Menschen die Elemente. Wohnt in diesem Block der 8jährige Paul, welcher die 3. Grundschule in Dresden besucht so gehört er innerhalb des Merkmals Grundschüler in den Klumpen der 3.Grundschule. Beide Klumpen beziehen sich jedoch auf unterschiedliche Untersuchungen und haben nichts miteinander zu tun.

Zusammenfassend kann man über Klumpen-Auswahlverfahren sagen, dass sich diesen Auswahlverfahren „...nicht auf einzelne Untersuchungseinheiten, sondern auf Teilkollektive - Schulklassen, Arbeitsgruppen..." (Kromley, S.286) beziehen. Allerdings sind nicht die Klumpen (Schulklasse, Wohnblock) die Erhebungseinheiten, sondern die „...Bestandteile der Klumpen (z.B. die einzelnen Schüler)" (Kromley, S.286) Bemerkenswert an diesem Auswahlverfahren ist, dass alle Einheiten des Klumpens auch Erhebungseinheiten sind. Das heißt, man müsste beim Cluster / Klumpen „Klasse 4a" alle Schüler befragen und dürfte nicht nur eine zufällige Teilmenge der Schüler auswählen. Klumpenstichproben können auch als „... Kartei oder Gebietsauswahlen konstruiert werden." (Kromley, S.287)
Weil es beim Klumpenauswahlverfahren von Vorteil ist auf natürliche Klumpen (z.B. bei Gebietsauswahlen Stimmbezirke oder Gemeinden) zurückzugreifen, steht man als Forscher oft vor dem Problem eine sehr große Untersuchungseinheit bewältigen zu müssen. Ein Ausweg wäre die Untergliederung der natürlichen Klumpen und die Durchführung von sogenannten mehrstufigen Cluster - Auswahlverfahren (siehe mehrstufige Zufallsauswahl).

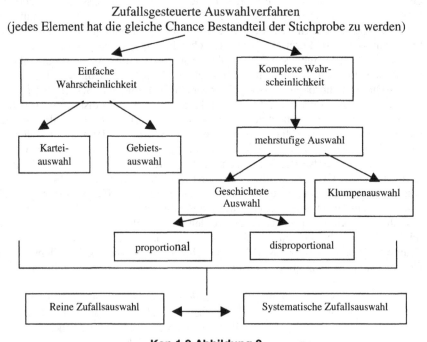

Kap.1.2 Abbildung 2

1.3 Ablauf empirischer Sozialforschung: Der Forschungsprozess

In diesem Kapitel lernen sie die grundlegenden Schritte bei der statistischen Auswertung empirischer Untersuchungen kennen.
Ein Forschungsprozess beschränkt sich nicht auf die Datenerhebung und Auswertung, sondern besteht aus einer Vielzahl verschiedener Schritte zur Vorbereitung, Durchführung und Nachbereitung einer Untersuchung.

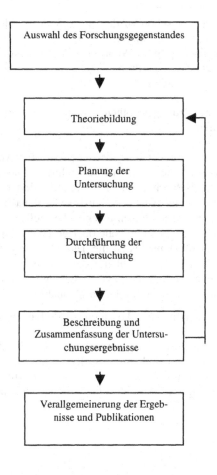

Kap.1.3 Abbildung 1 - Phasen des Forschungsprozesses

1.3.1 Auswahl des Forschungsgegenstandes

Am Beginn eines Forschungsprozesses steht immer die Frage: Was soll untersucht werden? Ein Forschungsprojekt kann auf verschiedene Art und Weise zustande kommen. Ein Wissenschaftler kann sich für ein aktuelles Problem interessieren und dieses aufgreifen. Oder es gibt zu einer Fragestellung bereits Theorieansätze und den Wissenschaftler interessiert, welcher Theorieansatz der Fragestellung angemessen ist. Letztlich gibt es Auftragsforschungen, bei denen das Thema bzw. Forschungsproblem durch einen Auftraggeber vorgegeben wird.

Das Forschungsproblem muss dann genau, d. h. klar und eindeutig, formuliert werden. Zum Forschungsproblem werden Forschungsfragen erarbeitet, die vorerst unabhängig von Theorie-ansätzen sind. Beispiele für derartige Forschungsfragen sind:

- Was genau will ich untersuchen?
- Welche Meinungen gibt es schon zu dem Forschungsproblem, und welcher würde ich unter Umständen zustimmen?
- Benötige ich Versuchspersonen? – Wenn ja – Woher bekomme ich eine repräsentative Anzahl an passenden Probanden?
- Möchte ich qualitativ oder quantitativ arbeiten?
- Wo bekomme ich Daten her?
- Kann ich die gesamte Grundgesamtheit erheben, oder sollte ich auf eine Auswahl zurück greifen?

> Wenn ich so z.B. etwas über die Lebenssituation von Studenten mit Kindern wissen möchte, ist meine Zielgruppe noch sehr groß. Sie bezieht sich bis hierhin auf alle immatrikulierten Studenten weltweit, welche Kinder haben. Es wird weder danach differenziert, ob die Kinder bei den Studenten leben (oder vielleicht bei den Großeltern), noch gibt es eine regionale oder geschlechtsspezifische Unterscheidung. Darüber hinaus ist die Tatsache das jemand immatrikuliert ist noch lange kein Indikator dafür, dass er / sie auch wirklich studiert (vielleicht sind die Semestergebühren auch nur einfach billiger als eine Jahreskarte für die Straßenbahn).

Folglich muss die Gruppe der in Frage kommenden Probanden genau überdacht und spezialisiert werden.

Sagt man so z.B. „Ich möchte erforschen wie eine durchschnittliche Studentin mit einem Kind, in einem Studentenwohnheim, in welchem Sie ca.500.-DM Miete im Monat bezahlt, in den neuen Bundesländern lebt und ob Sie aufgrund des Kindes Probleme bei der Bewältigung ihres Studiums hat." So ist dies schon viel genauer.

1.3.2 Theoriebildung

Wenn entschieden wurde, was untersucht werden soll, folgt die Phase der Theoriebildung. Nun liegen zum Problembereich entweder schon Theorien vor, oder diese müssen erst entwickelt werden.

Am Beginn der Theoriebildung sollte immer eine umfangreiche Literaturanalyse stehen. Zum Thema existierende Fachliteratur, insbesondere Zeitschriftenaufsätze, muss gesichtet und bewertet werden, um einen Überblick über den aktuellen Wissensstand und bisherige Forschungsergebnisse zu erhalten.

Es ist wichtig, im vorangegangenen Schritt die Forschungsfragen möglichst präzise aufzustellen, um für die Literaturanalyse problemrelevante Begriffe spezifizieren zu können. Oft ergeben sich mehrere theoretische Zugänge zum Problem, so dass ein theoretischer Bezugsrahmen ausgewählt werden muss. Dieser muss genau dokumentiert werden, um die Transparenz der nachfolgenden Untersuchung zu sichern.

Aus den Forschungsfragen werden nun innerhalb des theoretischen Bezugsrahmens mit Hilfe der Ergebnisse der Literaturanalysen Hypothesen formuliert.

> Zum Beispiel: Wenn Studentinnen Kinder haben – Dann haben sie weniger Zeit. Daraus folgt: Wenn Studentinnen weniger Zeit haben – Dann können sie nicht so oft in die Bibliothek gehen und können nicht genauso gut studieren wie ihre Kommilitonen, welche mehr Zeit haben. ODER: Wenn Studenten Kinder haben, benötigen sie mehr Geld (um z.B. eine größere Wohnung bezahlen zu können).

1.3.3 Planung der Untersuchung

In den Sozialwissenschaften sind Theorien oft ungenau formuliert und Begriffe nicht exakt definiert(Siehe 1.4.1 Was ist ein Student?). Am Beginn der Untersuchungsplanung ist hier Präzisierung nötig. Es muss genau geklärt werden, welcher Aspekt eines theoretischen Begriffes bei der Prüfung der Theorie berücksichtigt werden muss. Diesen Schritt bezeichnet man als *Konzeptspezifikation*.

Anschließend müssen die theoretischen Begriffe in messbare Merkmale überführt werden (*Operationalisierung*). Es wird entschieden, welche Erfassungs- und Analysemethoden verwendet werden sollen. Die Untersuchungsform (siehe Kapitel 1.3.1) wird ausgewählt. Dann werden die Messinstrumente konstruiert, z. B. Fragebögen, Beobachtungskategorien. In Voruntersuchungen (Pre-Tests) wird das Messinstrument getestet.

Zur Vorbereitung des Forschungsprojektes wird das Untersuchungsdesign und ein Forschungsplan erstellt. Nicht zuletzt muss die Durchführbarkeit des Forschungsvorhabens geklärt werden. Die Betrachtung bereits durchgeführter Untersuchungen kann bei der Entscheidungen helfen, ob und wie das Forschungsprojekt durchzuführen ist.

Wenn der Forschungsplan soweit feststeht, muss noch entschieden werden, ob alle Elemente des Gegenstandsbereiches oder nur einige ausgewählte Elemente untersucht werden sollen. Ersteres wird in der Praxis selten möglich sein. Das bedeutet, nachdem die Merkmale festgelegt wurden, müssen nun die Merkmalsträger ausgewählt werden, die untersucht werden sollen (Untersuchungseinheiten). Dies können Personen, Personengruppen oder ganze Institutionen sein, die im Rahmen der Untersuchung befragt, beobachtet oder getestet werden sollen.

Will man nur einige Elemente aus einem exakt definierten Gegenstandsbereich untersuchen, benötigt man ein Auswahlverfahren (siehe Abschnitt 1.3.3).

1.3.4 Durchführung der Untersuchung (Datenerhebung)

Die sich nun anschließende Phase des Forschungsprozesses ist die eigentliche Datenerhebung. Auch hier gibt es eine Reihe von Methoden (siehe Abschnitt 1.3.2). Je nach Erhebungstechnik sind dann unterschiedliche Arbeiten nötig.

Bei einer Befragung müssen z. B. Fragebögen gedruckt werden, Interviewer ausgewählt und geschult werden. Dieser Schritt kann einen erheblichen Aufwand bedeuten, der nicht unterschätzt werden darf. Vor allem muss genug Zeit zur Durchführung eingeplant werden. Datenerhebungen erfolgen oft in mehreren Wellen, die sich über mehrere Jahre erstrecken können.

Ergebnis dieses Schrittes ist dann eine mehr oder minder große Sammlung von Rohdaten.

1.3.5 Beschreibung und Zusammenfassung der Ergebnisse

Die Datenmenge als solche ist wenig aussagekräftig. Die Daten müssen nun niedergeschrieben, gespeichert und aufbereitet werden. Methoden dafür sind der Inhalt dieses Lehrbuches (siehe Kapitel 2.1). Auch die Codierung der Daten gehört zu diesem Arbeitsschritt (Datenschutz).

Um Untersuchungsergebnisse von einer Stichprobe auf die Grundgesamtheit verallgemeinern zu können, müssen die Daten zuerst ausführlich analysiert werden. Diese Analyse besteht in den empirischen Sozialwissenschaften vorwiegend aus statistischen Methoden, wie sie im weiteren Verlauf des Buches ausführlich erklärt werden. Die Datenanalyse ist in der Regel mit großem Aufwand verbunden und bei realen empirischen Untersuchungen mit oftmals großen Datenmengen nur durch den Einsatz von Computern zu bewältigen.

Mit Hilfe statistischer Verfahren sollen die eingangs aufgestellten Hypothesen überprüft werden. Lassen sich zum Beispiel vermutete Zusammenhänge zwischen den Merkmalen durch Zusammenhänge zwischen den gemessenen und ausgewerteten Daten wirklich zeigen? Die Ergebnisse dieser Analyse können demnach auch zu einer zumindest teilweisen Revision einer Theorie führen. Dann erfolgt eine Rückkopplung mit der Phase der Theoriebildung.

1.3.6 Verallgemeinerung der Ergebnisse und Publikation

Hat die Analyse der Daten die eingangs aufgestellten Hypothesen bestätigt, können die Ergebnisse verallgemeinernd auf die Grundgesamtheit interpretiert werden. Die Ergebnisse eines Forschungsprojektes müssen genau wie die einzelnen vorangegangenen Arbeitsschritte ausführlich schriftlich fixiert werden, damit sie später überprüft werden können. Dann sollten sie veröffentlicht werden, um wirklich zum wissenschaftlichen Fortschritt oder praktischer Veränderung beizutragen. Bei Auftragsforschungen geschieht dies in der Regel durch einen Endbericht an den Auftraggeber. Aber auch hier sind Buch- und Zeitschriftenveröffentlichungen üblich. Diese dienen der Dokumentation des Erkenntnisgewinns oder auch als Grundlage weiterer Forschungen.

Vom ersten Schritt der Festlegung des Untersuchungsgegenstandes bis zur Publikation der Ergebnisse vergeht in den Sozialwissenschaften in der Regel eine Zeit zwischen 6 Monate und mehrere Jahre.

Zusammenfassung Kapitelergebnisse: Trotz der Verschiedenheit möglicher Fragestellung empirischer Untersuchungen konnten wir diese vier wesentlichen Schritte des Untersuchungsprozesses deutlich voneinander abgrenzen.

1.4 Einführung in die Forschungsstatistik

In diesem Kapitel lernt der Leser grundlegende statistische Begriffe, Gesetzmäßigkeiten und Symbole kennen.

Nach der allgemeinen Einführung in die Methodik der empirischen Forschung soll das Augenmerk nun auf das eigentliche Thema dieses Buches gerichtet werden: *die Statistik.*

Die Statistik ist ein Teil der Methodenlehre und kann wie folgt definiert werden:

Kap.1 Definition 1:
Statistik ist eine auf Methoden ausgerichtete Wissenschaft, die nicht in dem Sinn, wie z. B. die Erziehungswissenschaft, die Soziologie, die Psychologie, die Physik, die Medizin usw. einen eigenen Gegenstandsbereich hat, sondern die bei der Lösung unterschiedlichster Probleme in Wissenschaft, Wirtschaft und Technik angewendet wird.

Die Statistik bietet dem Sozialwissenschaftler Methoden an, mit deren Hilfe die Ergebnisse empirischer Untersuchungen ausgewertet werden können. Sie lässt sich in zwei Teilgebiete aufgliedern:

- die deskriptive Statistik und
- die Inferenzstatistik (auch schließende oder beurteilende Statistik).

Die *deskriptive Statistik*, die Thema dieses Buches ist, dient der Beschreibung quantitativer Merkmalsdaten, wohingegen die *Inferenzstatistik* Verallgemeinerungen und Generalisierungen von Stichprobenergebnissen (Analyseresultaten) zulässt.

1.4.1 Statistische Gesetzmäßigkeiten

Statistische Methoden können nur angewendet werden, wenn die Untersuchung viele Einzelergebnisse (Werte) liefert. Die notwendige Menge von Einzelergebnissen wird in empirischen Untersuchungen dadurch gewonnen, dass bei *Untersuchungsobjekten* (vgl. 1.5.1) der interessierende Sachverhalt gemessen wird. Solche Mengen von Ergebnissen können auf zwei Wegen zustande kommen:
Bei *einem* Untersuchungsobjekt werden *viele gleiche* Beobachtungen eines Merkmals durchgeführt.

> Messung des Gewichtes bei einem Patienten an 30 aufeinanderfolgenden Tagen

Bei *vielen* Untersuchungsobjekten wird *je eine* Beobachtung eines Merkmals durchgeführt.

> Messung der Körpergröße bei 30 Schülern einer Klasse

Durch die Anwendung statistischer Methoden sollen die Ergebnisse zusammengefasst werden, um so Gesetzmäßigkeiten in Form *statistischer Gesetze* beschreiben zu können.

> Beim Werfen eines idealen Würfels lässt sich das Ergebnis (Augenzahl 1 bis 6) nicht vorhersagen. Die erzielte Augenzahl nennt man Ereignis. Da dieses Ereignis nicht vorhersagbar ist, handelt es sich um ein zufälliges Ereignis. Wird der Würfel jedoch sehr häufig geworfen, zeigt sich gewisse Stabilität, eine Gesetzmäßigkeit, die als statistisches Gesetz folgendermaßen interpretiert werden kann: „Wird ein idealer Würfel häufig geworfen, so tritt in etwa einem Sechstel der Fälle die Augenzahl 1, in einem Sechstel der Fälle die Augenzahl 2 usw. auf."

Im vorangegangenen Beispiel handelte es sich um *zufällige, nicht vorhersagbare Einzelergebnisse*, die jedoch bei einer Vielzahl von Beobachtungen eine *Gesetzmäßigkeit* zeigen.
Statistische Gesetze gelten nur unter den Voraussetzungen, unter denen sie gewonnen wurden. Doch gerade in den Sozialwissenschaften hängen Gesetzmäßigkeiten in der Regel von vielen sich verändernden Bedingungen ab und sind in ihrer Gültigkeit zeitlich stark begrenzt. Eine Veränderung des Bedingungsgefüges führt meist zu einer neuen statistischen Gesetzmäßigkeit.

In zahlreichen Untersuchungen über die Chancengleichheit von Frauen an Hochschulen zeigte sich immer wieder, dass Frauen geringere Chancen haben, eine wissenschaftliche Karriere zu machen als Männer. So gab es zum Beispiel 1996 an der Technischen Universität Dresden nur 5,1% Frauen unter den Professoren gegenüber 94,9% Männern und nur 14,7% Dozentinnen und Assistentinnen gegenüber 85,3% Dozenten.

Auch hier handelt es sich um eine statistische Gesetzmäßigkeit, wobei nichts ausgesagt werden kann über das Einzelergebnis, z. B. die Chancen von Frau M. an der TU Dresden Professorin zu werden.

Doch das Bedingungsgefüge, dass zu einer derartigen statistischen Unterrepräsentiertheit von Frauen geführt hat, kann sich innerhalb weniger Jahre ändern, indem zum Beispiel Bemühungen unternommen werden, weiblichen wissenschaftlichen Nachwuchs stärker zu fördern.

Zusammenfassend lassen sich folgende Aussagen über statistische Gesetze treffen:

1. Zur Gewinnung statistischer Gesetze ist eine Vielzahl zufälliger (stochastischer) Einzelergebnisse nötig.

2. Statistische Gesetze gelten nur für die Gesamtheit der Ereignisse und innerhalb desselben Bedingungsgefüges.

3. Statistische Gesetze lassen für den konkreten Einzelfall keine sicheren Vorhersagen zu. Sie erlauben nur die Angabe einer Wahrscheinlichkeit für das Eintreten dieses Ereignisses.

1.4.2 Grundlegende statistische Begriffe

Sozialwissenschaftler interessieren sich für die Eigenschaften von Objekten bzw. für Beziehungen zwischen den Eigenschaften. Objekte mit einer uns interessierenden Eigenschaft werden *Untersuchungseinheiten* oder *Merkmalsträger* genannt.

Untersuchungseinheiten können zum Beispiel sein:

1. *Individuen*, Versuchspersonen (Vpn) wie Schüler einer Klasse, Studenten einer Universität, Mitarbeiter eines Betriebes usw.,

2. *Organisationen* wie Gewerbebetriebe einer Stadt, Schulen eines Bezirkes, Sportvereine eines Landkreises, Familien, Privathaushalte usw.,

3. *Sonstige Einheiten* wie Nachrichtensendungen, Schulstunden, Bücher usw.

Als *Grundgesamtheit* wird die Menge G aller Merkmalsträger bezeichnet, auf die sich die Untersuchungsergebnisse beziehen sollen. Andere Begriffe dafür sind: Population, Universum, Grundmenge.

Statistische Kenndaten oder Masse, die sich auf eine Population beziehen, werden *Parameter* genannt. Parameter können Masse der zentralen Tendenz oder Lage (z.B. Mittelwert), Variabilitätswerte, Korrelationskoeffizienten u.ä. sein.

Aus zeitlichen, ökonomischen oder anderen Gründen ist es jedoch selten möglich, eine vollständige Population zu erfassen. Totalerhebungen wären oft zu aufwendig oder sind prinzipiell unmöglich oder mit unsinnigen Konsequenzen verbunden. Dann ist man auf einen mehr oder weniger großen Teil der Grundgesamtheit, auf sogenannte Stichproben, angewiesen. Als *Stichprobe S* wird die Menge aller Merkmalsträger bezeichnet, die Gegenstand der Untersuchung sind, oder genauer: als die Menge aller Merkmalsträger, deren Messungen in der Untersuchung benutzt werden.

Beispiele:

1. Schulärzte möchten einen Richtwert ermitteln zur Körpergröße von Schülern im Alter von 10 Jahren in Mitteleuropa. Die Grundgesamtheit bildet die Menge aller Schüler im Alter von 10 Jahren in Mitteleuropa. Zur Untersuchung wird eine Stichprobe von 1000 10-jährigen Schülern aus 5 mitteleuropäischen Ländern herangezogen, bei denen die Körpergröße gemessen wird. Eine Totalerhebung wäre hier viel zu umfangreich und mit hohen Kosten verbunden.

2. In einem Gewerbebetrieb mit 100 Mitarbeitern werden 25 Mitarbeiter zufällig ausgewählt und über ihre Zufriedenheit mit den Arbeitsbedingungen im Betrieb befragt. Die Grundgesamtheit bilden alle 100 Mitarbeiter des Betriebes, die Stichprobe bilden die 25 Befragten.

3. Ein Autohersteller kontrolliert mit einem Crash-Test die Sicherheit der Autoinsassen bei Frontalzusammenstößen. Hierfür wird natürlich nur ein kleiner Bruchteil der produzierten Autos verwendet, da der Crash-Test die Zerstörung des zu untersuchenden Produktes bedeutet.

Die *Variable* oder das *Merkmal* ist dann die den Forscher interessierende Eigenschaft der Untersuchungseinheiten.

Kap. 1 - Tabelle 3. Beispiele von Untersuchungseinheiten und interessierender Merkmale

Untersuchungseinheit	mögliche Merkmale
Schüler einer Klasse	Körpergröße, Schulnote
Studenten einer Universität	Geschlechtszugehörigkeit, Alter
Privathaushalte	Nettoeinkommen, Anzahl der Mitglieder
Mitarbeiter eines Betriebes	Zufriedenheit, Dauer der Betriebszugehörigkeit

Die *Werte / Daten* sind die Merkmalsausprägungen oder Kategorien, in denen die Variable auftritt (Variablenwerte).

1. Das Merkmal Körpergröße nimmt die Merkmalsausprägungen: ... 1,55m, 1,56m, 1,57m ... an.

2. Das Merkmal Geschlecht nimmt die Ausprägungen „männlich“, „weiblich“ an.

3. Schulnoten: 1, 2, 3, 4, 5, 6

4. Zufriedenheit: (vom Forscher vorgegebene Antwortkategorien) voll zufrieden, zufrieden, eher unzufrieden, vollkommen unzufrieden

5. Lebensalter: Anzahl der vollendeten Jahre

Die bei statistischen Untersuchungen auftretenden Merkmale können nach verschiedenen Gesichtspunkten eingeteilt werden. Diese Einteilungen sind wichtig, weil sich an ihnen die Wahl der zur Auswertung angemessenen statistischen Methode orientiert.

Dabei unterscheidet man die folgenden drei Einteilungsprinzipien:

• qualitativ – quantitativ,

• stetig – diskret,

• eindimensional – mehrdimensional.

Einteilungsprinzip: qualitativ – quantitativ

Merkmale von Untersuchungseinheiten können sich in der Regel in der Quantität oder Qualität unterscheiden.

a) Man nennt ein Merkmal *quantitativ*, wenn die Objekte in Hinblick auf eine bestimmte Eigenschaft der *Größe* nach unterschieden werden können (größer – kleiner, hoch – niedrig, viel – wenig usw.).

Typische quantitative Variablen sind:

Körpergröße, Lebensalter, Einkommen, Anzahl der Familienmitglieder, Geschwindigkeit etc.

b)   Ein Merkmal heißt *qualitativ*, wenn man Objekte hinsichtlich einer bestimmten Eigenschaft der *Art* nach unterscheiden kann.

Hier einige häufig auftretenden Beispiele qualitativer Variablen:

Geschlechtszugehörigkeit, Nationalität, Berufsstatus, Konfession, Familienstand etc.

Einteilungsprinzip: stetig – diskret

Quantitative Variablen können weiterhin danach unterschieden werden, ob sie stetig (kontinuierlich) oder diskret (diskontinuierlich) sind.

a)   Ein Merkmal heißt *stetig oder kontinuierlich*, wenn es in einem bestimmten Bereich jeden beliebigen Wert annehmen kann; die zugrunde liegende Dimension stellt ein Kontinuum dar ohne Lücken oder Sprungstellen. Die kontinuierliche Variable kann stets in noch kleineren Einheiten gemessen werden.

Beispiele kontinuierlicher Variablen:

Lebensalter (in Jahren, Monaten, Wochen, Tagen, Stunden, Minuten ...), Zeit, Länge, Gewicht

b)   Ein Merkmal heißt *diskret oder diskontinuierlich*, wenn es nur bestimmte Werte annehmen kann. Es sind stets isolierte Werte, zwischen denen Lücken existieren[6]).

Beispiele diskreter Variablen:

Anzahl der Kinder, Fehlerzahl, Schulnote

Einteilungsprinzip: eindimensional – mehrdimensional

Man kann die Merkmale auch hinsichtlich ihrer Dimension unterscheiden.

a)   Ein Merkmal heißt *eindimensional*, falls seine Ausprägungen durch eine einzige Zahlenangabe charakterisiert werden können.

Beispiele: Länge, Gewicht, Zeit, Fehlerzahl, Schulnote, Familienstand, Beruf

b)   Ein Merkmal heißt *k- dimensional*, falls zur eindeutigen Charakterisierung seiner Ausprägungen k Zahlenangaben notwendig sind.

---

[6]) Benninghaus, 1994: S. 13f

Beispiel: Geschwindigkeitsvektor eines Teilchens ($k = 3$),
Strassenbahnfahrt (Abfahrtsort, Zielort, d.h. k = 2)

In sozial- und wirtschaftswissenschaftlichen Zusammenhängen untersucht
man meistens die Kombination von k eindimensionalen Merkmalen, wie etwa: $x = (x_1, x_2, x_3, x_4)$ = (Alter, Beruf, Familienstand, Einkommen).

1.4.3 Statistische Symbole

Bevor die statistischen Methoden betrachtet werden können, müssen noch einige
grundlegende statistische Symbole (Variablenbezeichnungen) eingeführt werden.
Mit N wird die Anzahl der Untersuchungseinheiten (Stichprobenumfang) bezeichnet. N gibt an, wie viele Untersuchungseinheiten zur Stichprobe gehören.
Die gemessenen Merkmale (Variablen) werden mit lateinischen Großbuchstaben
bezeichnet.

Beispiel: Von den 120 Mitgliedern eines Fußballvereins werden die
Körpergröße X, das Gewicht Y und 100m-Laufzeit Z gemessen.

Die Werte, welche die Variablen annehmen können, werden mit den entsprechen-
den Kleinbuchstaben bezeichnet und durch Indizes voneinander unterschieden.
Die Werte der Variablen X bezeichnet man demnach beispielsweise mit x_1, x_2, ...,
x_n (lies „x eins, x zwei bis x n"). Allgemeiner bezeichnet x_i den i-ten Wert der
Variable X.
Mit n wird die Anzahl aller durchgeführten Messungen bezeichnet, bei denen das
interessierende Merkmal X festgestellt wurde.
Und schließlich bezeichnet k die Anzahl der gemessenen Merkmalsausprägungen.

Eine erste Aufgabe der Statistik besteht darin, Ergebnisse von Beobachtungen
derart zusammenzufassen, dass sie auf einfache Art dargestellt werden können.
Weiter hat die Statistik die Aufgabe, diese Ergebnisse in möglichst knapper aber
trotzdem das Wesentliche erfassenden Art zahlenmäßig zu kennzeichnen. Dies
geschieht durch die statistischen Maßzahlen (Parameter). Ein in der Statistik häufig vorkommendes Operationszeichen ist das *Summenzeichen* Σ (der griechischen
Buchstabe Sigma).

Bei der Beobachtung eines quantitativen Merkmals X erhält man die Folge der
Merkmalsausprägungen x_i (x_1, x_2, ..., x_{n-1}, x_n). Diese Merkmalsausprägungen sollen
nun summiert werden: ($x_1 + x_2 + ... + x_{n-1} + x_n$). Für das Arbeiten mit derartigen
Summen erweist sich die Schreibweise mit dem Summenzeichen als besonders
bequem. Die Summation der Folge der Merkmalsausprägungen x_i lässt sich nun
verkürzt darstellen als:

$$\sum_{i=1}^{n} x_i \tag{1.1}$$

(lies: die Summe der x_i über alle i von 1 bis n). In der Literatur wird für $\displaystyle\sum_{i=1}^{n} x_i$

auch kurz $\displaystyle\sum x$ geschrieben.

Das Summenzeichen wird verwendet, indem der Index der ersten zu addierenden Größe unter das Summenzeichen geschrieben wird, der Index der letzten Größe darüber. Diese beiden Indizes nennt man Grenzwerte der Summation. Das Summenzeichen besagt, dass zu addieren ist, was rechts neben ihm steht.

Beispiel:
$$ax_{10} + ax_{11} + ax_{12} + \ldots + ax_{40} = \sum_{i=10}^{40} ax_i$$

$$x_m + x_{m+1} + x_{m+2} + \ldots + x_{m+n} = \sum_{i=m}^{m+n} x_i$$

Beim Rechnen mit Summen sind folgende Regeln zu beachten:
1. Ein konstanter Faktor lässt sich vor das Summenzeichen ziehen (ausklammern).

$$\sum_{i=1}^{k} a \cdot s_i = a \cdot \sum_{i=1}^{k} s_i \tag{1.2}$$

2. Die Summe über einer Addition kann zerlegt werden in die Summen der Summanden der Addition.

$$\sum_{i=1}^{k} (s_i + t_i) = \sum_{i=1}^{k} s_i + \sum_{i=1}^{k} t_i \tag{1.3}$$

3. Aus den ersten beiden Regeln folgt die dritte:

$$\sum_{i=1}^{k} a \cdot (s_i + t_i) = a \cdot \sum_{i=1}^{k} s_i + a \cdot \sum_{i=1}^{k} t_i \tag{1.4}$$

4. Die Summation von konstanten Zahlen (es kommen die Indizes aus dem Summenzeichen nicht vor) kann sofort erfolgen:

$$\sum_{i=1}^{k} a = a \cdot \sum_{i=1}^{k} 1 = a \cdot k \tag{1.5}$$

Am folgenden Beispiel wird man die Vorteile der Benutzung des Summenzeichens erkennen. Dazu werde ich in zwei Spalten die Umformungen einmal wie gewohnt und einmal mit Summenzeichen durchführen. Es ist folgender Term zu vereinfachen:

$$(x_1 - 2)^2 + (x_2 - 2)^2 + \ldots + (x_{10} - 2)^2 = \sum_{i=1}^{10} (x_i - 2)^2$$

$$(x_1^2 - 4x_1 + 4) + \ldots + (x_{10}^2 - 4x_{10} + 4) = \sum_{i=1}^{10} (x_i^2 - 4x_i + 4)$$

$$(x_1^2 + \ldots + x_{10}^2) + (-4x_1 - \ldots - 4x_{10}) + (4 + \ldots + 4) =$$
$$\sum_{i=1}^{10} x_i^2 + \sum_{i=1}^{10} -4x_i + \sum_{i=1}^{10} 4$$

$$(x_1^2 + \ldots + x_{10}^2) - (4x_1 + \ldots + 4x_{10}) + 40 = \sum_{i=1}^{10} x_i^2 - 4\sum_{i=1}^{10} x_i + 40$$

Bei der ersten Umformung wurde auf beiden Seiten die 2. Binomische Formel benutzt, um die Quadrate aufzulösen. Danach wurden die Summanden nach den Potenzen sortiert und anschließend die Summen der absoluten Zahlen ausgerechnet und ausgeklammert.

An dem vorangegangenen Beispiel erkennt man, dass sich die Berechnungen eines Summenterms mit und ohne Summenzeichen sich sehr ähnlich sind. Man sieht an dem Beispiel, dass alle Umformungen, die mit jedem einzelnen Summanden der ausgeschriebenen Summe durchgeführt werden muss jetzt ganz einfach mit einem einzigen Repräsentanten der Summanden durchgeführt wird. Dies ist legitim, da ja sowieso bei allen Summanden dieselben Umformungen durchgeführt werden müssen. Daher ist es eine Erleichterung, wenn man dies nur mit einem Summanden durchführen muss. Man kann die Durchführung der Umformungen an nur einem Repräsentanten als eine Abstraktion von den eigentlichen Summanden ansehen. Da dabei kein spezieller Summand angegeben wird, spricht man bei diesem Repräsentanten auch vom allgemeinen Glied der Summation. Das ist genau der Term, der hinter dem Summenzeichen steht. Das Summenzeichen dient also nicht nur dazu, eine Summe mit vielen Summanden einfach und kurz hinzuschreiben, sondern ist vor allem für die weitere Berechnung bzw. Umformung nützlich. Besonders deutlich wird diese Vereinfachung, wenn man nicht – wie in unserem Beispiel – nur 10 Datenwerte sondern mehrere hundert oder tausend von Datenwerten zu berechnen hat. Möchte man dann mit einer Summengleichung diese Daten umformen, bedeutet der Verzicht auf das Summenzeichen sehr viel Schreibarbeit...

Zusammenfassung:
Der Leser weiß nun, was zur Gewinnung statistischer Gesetze notwendig ist und
wann und wofür diese Gesetze Gültigkeit haben. Es ist nun auch klar, dass statis-
tische Gesetze für den Einzelfall keine sicheren Vorhersagen zulassen. Es wurden
in diesem Kapitel auch statistische Symbole und Grundbegriffe, wie z. B. Grund-
gesamtheit, Merkmalsträger, Stichprobe u. a. vorgestellt und erklärt.

1.5 Begriff des Messens und der Messskalen

- *Dieses Kapitel befasst sich mit den Grundlagen der Messtheorie. Nach*
  dem Durcharbeiten soll der Leser:
  - die Messniveaus von Daten unterscheiden und bestimmen können,
  - sich über den Zusammenhang der Messniveaus und möglicher Stich-
  probenparameter im Klaren sein,
  - die Begriffe Reliabilität und Validität einordnen können.

Im folgenden soll eine knappe Einführung in die Messtheorie allgemeine Grundlagen für statistische Anwendungen vorbereiten und dabei auftretende Probleme
aufzeigen. Im Mittelpunkt stehen dabei die Messskalen.

1.5.1 Der Begriff des Messens

Will man zum Beispiel die Leistung von Schülern messen, so geschieht das heute
in der Regel durch das Zuordnen von Schulnoten; also durch das Zuordnen einer
Zahl (Schulnote) zu jedem einzelnen Merkmalsträger (Schüler). Hiermit wurde
bereits am Beispiel auf die Definition des Messens vorgegriffen:

Kap.1 Definition 2:
Messen besteht in der Zuordnung von Zahlen zu Objekten (Merkmalsträgern) gemäß bestimmter Regeln.

Genauer: Messen bedeutet die Zuordnung von Zahlen zu Merkmalen von Objekten. Dabei sollen Relationen zwischen den zugeordneten Zahlen analoge Relationen zwischen den Objekten wiedergeben[7]).

---

[7] (Stevens, 1946: S. 677ff)
Gemeint ist damit z.B. wenn Person A größer ist als Person B, so fordert man von der
  Messung, dass die Messwerte der Größe g_A, g_B von Person A und B auch $g_A > g_B$
  genügen müssen.

Beispiel:

> Merkmalsdimension: Körpergröße
>
> Merkmalsausprägungen: ... 1,55m, 1,56m, 1,57m, ...
>
> Merkmalsdimension: Geschlecht
>
> Merkmalsausprägung: männlich (1), weiblich (2)
>
> zurück zum Beispiel Schule: eine zu messende Merkmalsdimension könnte sein: Unterrichtsstil
>
> Merkmalsausprägung: autoritär (1), laissez-faire (2), antiautoritär (3)

Sozialwissenschaftliche Sachverhalte zu messen, beinhaltet einige Schwierigkeiten. Will man zum Beispiel das Einkommen von Personen messen, gibt es verschiedene Möglichkeiten: man kann es (1) der Steuerkarte entnehmen oder (2) die Personen nach ihrem monatlichen Bruttoeinkommen fragen oder (3) die Personen bitten, sich in vorher festgelegte Einkommensklassen einzuordnen usw.. Es müssen also zuerst Anweisungen angegeben werden, wie der Sachverhalt gemessen werden kann. Dies nennt man *Operationalisierung.*

Gerade in den Sozialwissenschaften gibt es in der Regel eine Vielzahl von Möglichkeiten der Operationalisierung ein und desselben Sachverhaltes. Deshalb ist es wichtig, die vorgenommene Operationalisierung genau zu beschreiben. So können auch Außenstehende im Nachhinein die Bedeutung der Variablen nachvollziehen, die Untersuchung wiederholen oder auch Schwächen in den Daten oder der Vorgehensweise zur Gewinnung der Daten erkennen.

Beispiel:

> Ein Wissenschaftler möchte die Arten und Intensität von Schülergewalt an einer Dresdner Mittelschule untersuchen. Er befragt dazu die Lehrer der Schule, (1) wie häufig sie wöchentlich gewalttätige Auseinandersetzungen zwischen Schülern beobachten und (2) welche Arten von Gewaltanwendungen sie beobachten, wobei er mehrere Kategorien vorgibt.
>
> Er muss sich aber möglicherweise den Einwand gefallen lassen, dass er eher die Aufmerksamkeit der Lehrer in bezug auf Schülergewalt untersucht, als die real vorkommenden Gewalttätigkeiten. Sehr wahrscheinlich entsteht ein völlig anderes Bild, wenn er die Schüler selbst zu ihrem Gewalterleben befragen würde.

> Gerade die Sozialwissenschaften laufen Gefahr, dass nicht immer das gemessen wird, was man zu messen glaubt.

1.5.2 Die Messniveaus

Bisher wurden unterschiedliche Kriterien benutzt, um Merkmale zu kennzeichnen (z.B. qualitativ oder quantitativ). Jetzt werden die Merkmale nach dem Informationsgehalt der Messwerte hin untersucht, damit ist gemeint, wie aussagekräftig die Messwerte sind.

Messungen können nun auf verschiedenen Stufen (Messniveaus) durchgeführt werden. Die Sozialwissenschaften unterscheiden vier verschiedene Ebenen des Messens, d. h. vier Skalentypen, je nachdem welche Relationen zwischen den Zahlen (Äquivalenz, Ordnung, Differenzen, Quotienten) im speziellen Fall empirischen Sinn haben.

Die grundlegende Eigenschaft von Messwerten ist ihre Unterschiedlichkeit (bzw. Gleichheit).

Diese ist notwendig, um verschiedenen Messergebnissen unterschiedliche Werte – z.B. Buchstaben – zuzuordnen. Die elementarste Stufe des Messens besteht also in der Zuordnung eines Nomens (Buchstabe oder Zahl) zu jedem Messergebnis. Die zugeordnete Zahl stellt nur eine Benennung dar. Da meist mehrere Messergebnisse möglich sind, müssen unterschiedlichen Werten unterschiedliche Nomina zugeordnet werden (im allgemeinen k verschiedene). Dabei bezeichnen die k verschiedenen Nomina die k Klassen (Ausprägungen) des Merkmals. Dabei muss jedoch jedes Objekt genau einer Klasse zugeordnet werden; es darf weder ein Objekt überhaupt nicht, noch darf ein Objekt mehreren Klassen zugeordnet werden. Derartige Messungen, bei dem die Zahlen nur einem einzigen Kriterium genügen, nämlich dem der Äquivalenz, nennt man *nominale Messung*.

> **Kap.1 Definition 3:**
> Bei Daten, die auf dem *Nominalniveau* oder nominalskaliert gemessen wurden, unterscheidet man nur nach Gleichheit oder Ungleichheit der Merkmalsausprägungen.

Es gilt:
Zwei Zahlen a und b sind entweder gleich oder ungleich (entweder a = b oder a ≠ b).

> Beispiele für nominalskalierte Daten sind:
>
> Geschlecht: Ausprägungen 1 (männlich) oder 2 (weiblich)
>
> Automarken: Ausprägungen A (VW), B (Mercedes), C (BMW), D ...
>
> berufstätig, nicht berufstätig
>
> Religionszugehörigkeit: 1 (evangelisch), 2 (katholisch), 3 (andere)
>
> Unterrichtsstil: 1 (autoritär), 2 (laissez-faire), 3 (antiautoritär), 4 (andere)
>
> weiterhin: Beruf, Rückennummern von Fußballspielern, Haarfarbe, Autokennzeichen, Postleitzahlen, Nationalität

Sind die Merkmalsausprägungen nicht nur als unterscheidbare Klassen definiert, sondern können alle Merkmalsausprägungen auch in eine Reihenfolge oder Ordnung gebracht werden, spricht man von *ordinaler Messung*.

Ordinalskalen ermöglichen ein sinnvolles Ordnen der Beobachtungen und erfordern keine definierte Maßeinheit.

"Was inhaltlich mit einer Ordinalskala erfasst werden kann, bezieht sich immer auf den gleichen Sachverhalt (...), der in unterschiedlicher Ausprägung auftreten oder vorliegen kann. Solche Ausprägungen können die Stärke, die Intensität, die Größe usw. sein. Es ist nicht festgelegt, wie groß die Unterschiede zwischen den verschiedenen Merkmalsausprägungen sind." (Clauß/Finze/Partzsch: Statistik.Grundlagen, S. 19)

Kap.1 Definition 4:
Daten, die auf dem *Ordinalniveau* oder ordinalskaliert gemessen wurden, unterscheidet man nicht nur nach Gleichheit oder Ungleichheit sondern auch durch die Ordnung der reellen Zahlen. Zwischen diesen besteht eine Ordnungsrelation, eine sogenannte Rangreihe.

Es gilt
1.   Entweder a = b oder a ≠ b und
2.   Es gilt entweder a < b oder a = b oder a > b.

Beispiele für ordinalskalierte Daten sind:

Schulnoten

Soziale Schichtung

Langweiligkeit eines Buches

Platzierung in einem Sportwettbewerb

Schulnoten sind das traditionelle Beispiel für das Ordinalniveau. Man kann zwar sagen, eine „2" ist besser als eine „4"; man kann aber nicht sagen, eine „2" sei doppelt so gut oder zwei Einheiten besser wie eine „4". Eine wesentliche Eigenschaft von Ordinalskalen ist nämlich, dass die Abstände (Differenzen) bzw. die Quotienten zwischen den Rangstufen nicht gleich sein müssen.

Am Beispiel der Schulnoten bedeutet dies, dass beispielsweise die Leistungsdifferenz zwischen einer Eins und einer Zwei größer sein kann als die zwischen einer Zwei und einer Drei. Schulnoten werden in der Regel nach freiem Ermessen des Lehrers zugeordnet. Es besteht jedoch die Möglichkeit, durch geeignete Wahl der Bemessungsgrundlage die Abstände zwischen aufeinanderfolgenden Notenstufen gleich zu gestalten und die Ordinalskala somit in eine höherwertige *Intervallskala* zu überführen

3. Waren die ersten beiden Skalen mehr ordnend und qualifizierend, so ist die *Intervallskala* nun eine quantifizierende Skala. Intervallskalen erfordern zusätzlich zur Unterscheidungsmöglichkeit und der Rangordnungsmöglichkeit, dass gleiche Unterschiede zwischen jeweils zwei Messwerten auch dieselbe empirische Bedeutung haben.

> Beispiele für intervallskalierte Daten sind:
>
> Temperaturmessungen in Celcius
>
> Intelligenzpunktwerte

Kap.1 Definition 5:
Die Haupteigenschaft von intervallskalierten Daten ist die Interpretierbarkeit von Abständen bzw. Differenzen. Bei Daten aus dem Intervallniveau haben gleiche Abstände dieselbe Bedeutung.

Es gilt
- $a = b$ oder $a \neq b$ und
- $a < b$ oder $a = b$ oder $a > b$.
- $a-b=c-d$ $\Leftrightarrow$ die Merkmalsunterschiede zwischen a und b werden genauso interpretiert wie die Merkmalsunterschiede zwischen c und d

> Beispiel 1: Es seien die Intelligenzen $I(A)$, $I(B)$ von zwei Personen A und B bekannt. Die Intelligenzmessung wurde auf dem Intervallniveau durchgeführt, wenn für zwei Personen A' und B' dieselben Abstände der Intelligenzen zu den zwei Personen A und B (auf Merkmalsebene, also z.B. Person A' ist etwas intelligenter als Person A und Person B' ist etwas intelligenter als Person B) äquivalent ist zu denselben Abständen der Messwerte, also $I(A) - I(A') = I(B) - I(B')$.

Intervallskalierte Daten besitzen keinen echten Nullpunkt. So sind 0°C kein echter, sondern ein vereinbarter Nullpunkt (der echte Nullpunkt liegt bei –273,15°C). Man darf nicht behaupten, dass es in der Stadt A mit 30°C doppelt so warm ist wie in der Stadt B mit 15°C. Das selbe gilt für die Intelligenzmessung. Hier ist der Nullpunkt auf 100 verlegt; statt von –30 über 0 bis +30 zu messen, wird die Intelligenz in Werten zwischen 70 über 100 bis 130 angegeben (70 und 130 sind dabei nur theoretische Unter- und Obergrenzen).
Die Intervallskala liefert uns eine Aussage zur Verschiedenheit, zur Art der Verschiedenheit und zur Größe der Verschiedenheit zweier Objekte.

4. Gibt es jedoch einen natürlichen Skalennullpunkt, wird zum Beispiel die Temperatur in Kelvin-Graden gemessen, dann spricht man von einer *Verhältnisskala*. Hier ist es zulässig, zwischen den Masszahlen Quotienten zu bilden, d. h. sie ins Verhältnis zu setzen.

Kap.1 Definition 6:

Daten, die auf dem *Verhältnisniveau* oder verhältnisskaliert gemessen wurden, haben alle Eigenschaften von intervallskalierten Daten. Zusätzlich sind die Quotienten von Datenwerten interpretierbar. Außerdem muss ein natürlicher (absoluter) Nullpunkt vorliegen.

Es gilt

- .a = b oder a ≠ b und
- a < b oder a = b oder a > b.
- $a - b = c - d$ ⇔   die Merkmalsunterschiede zwischen a und b werden genauso interpretiert wie die Merkmalsunterschiede zwischen c und d
- $\dfrac{a}{b}$ hat eine empirische Bedeutung

Die Verhältnisskala liefert eine Aussage zur Verschiedenheit, zur Art der Verschiedenheit, zur Größe der Verschiedenheit und zum Verhältnis zweier Objekte. Der Informationsgehalt der Messung nimmt von der Nominalskala bis zur Verhältnisskala zu.

Das sind zum Beispiel:

Messungen von Körpergrößen (cm)

Messungen des Gewichtes (kg)

Laufzeit im 100-Meter-Sprint (sec)

Temperatur in Kelvin

Widerstand (Ohm)

aber auch:

Anzahl der Kinder einer Familie

Alter von Personen

Kap. 1 - Tabelle 4. Eigenschaften der Messniveaus

Messniveau	Nullpunkt / Quotienten	Differenzen interpretierbar	Ordnung	Äquivalenz	Beispiel
Nominal	Nein	nein	nein	ja	Familienstand
Ordinal	Nein	nein	ja	ja	Güteklassen
Intervall	Nein	ja	ja	ja	Temperatur in °C
Verhältnis	Ja	ja	ja	ja	Körpergröße

1.5.3 Die Bedeutung der Messniveaus für die Statistik

Für die Statistik ist die Unterscheidung verschiedener Messniveaus sehr wichtig. Bei unterschiedlichen Messniveaus können unterschiedliche mathematisch-statistische Operationen eingesetzt werden, d. h. unterschiedliche statistische Parameter berechnet werden. In der empirischen Forschung in Pädagogik bzw. Sozialwissenschaften kommt besonders den ersten drei Messarten (Nominal-, Ordinal- und Intervallskala) Bedeutung zu. Das Skalenniveau der erhobenen Daten ist das messtheoretische Kriterium für die Wahl der Rechenoperationen.
Je höher das Messniveau einer Skala wird, desto vielseitiger können die Daten interpretiert werden (man sagt auch der Informationsgehalt ist höher). Es können dann auch mehr mathematische Verfahren auf die Daten angewendet werden.

Kap. 1 - Tabelle 5. Zusammenhang Messniveau von Daten - mögliche Stichprobenparameter

Messniveau	Sinnvolle Stichprobenparameter für die		
	Lage	Streuung	Korrelation
Nominal	Modus	Häufigkeitsverteilung	Kontingenzkoeffizient
Ordinal	Median	Quartilabweichung	Rangkorrelation
Intervall	arithmetisches Mittel	Standardabweichung	Produkt-Moment-Korrelation
Verhältnis	geometrisches Mittel	Variationskoeffizient	Produkt-Moment-Korrelation

Als zulässig gilt ein statistisches Verfahren dann, wenn der Wahrheitswert (1 = Wahrheit oder 0 = Falschheit) einer statistischen Aussage unter allen zulässigen Transformationen der Skalenwerte unverändert bleibt. In diesem Sinne ist z. B. die Berechnung eines Mittelwertes einer ordinal gemessenen Variablen kein zulässiges statistisches Verfahren[8].

Beispiel:

Nimmt man wieder das Beispiel der Schulnoten (ordinales Niveau): Ein Schüler A hat die Noten (1, 2, 3) und ein Schüler B die Noten (2, 2, 2). Beide erhielten die Durchschnittsnote 2,0. Eine streng monoton steigende Transformation nichtnegativer Zahlen von Ordinalskalen ist das Quadrieren, da es die Abfolge nicht verändert. Das Quadrieren der Noten ergibt für Schüler A (1, 4, 9) und für Schüler B (4, 4, 4) und somit die Mittelwerte 4,7 und 4. Durch die monotone Transformation (Quadrieren ordinalskalierter Daten) wurde der Inhalt der Daten nicht verändert (Reihenfolge). Der Wahrheitswert der Aussage „Schüler A und B haben denselben Durchschnittswert" ist jedoch für Original- und transformierte Daten unterschiedlich. Das statistische Verfahren „arithmetisches Mittel" ist also nicht zulässig.

---

[8] Schnell, Hill, Esser, Jahr 1993: S. 152

1.5.4 Gütekriterien der Messung

Nun sind bei einer Messung nicht nur die Niveaus der Daten zu beachten. Wichtig ist, dass möglichst exakte, fehlerfreie Messwerte erhoben werden. Messfehler müssen also möglichst gering gehalten werden, um die Daten sinnvoll interpretieren zu können.

Um dies zu erreichen, benötigt man ein geeignetes Messinstrument. Neben Anforderungen wie Objektivität und Vergleichbarkeit beurteilt man Messinstrumente vor allem nach zwei *Gütekriterien*:

* Reliabilität (Zuverlässigkeit einer Messung) und
* Validität (Gültigkeit einer Messung).

Unter *„Reliabilität"* oder *„Zuverlässigkeit"* eines Messinstrumentes versteht man das Ausmass, in dem wiederholte Messungen eines Objektes mit einem Messinstrument die gleichen Werte liefern[9]).

Ein Messinstrument, das bei wiederholten Messungen desselben, unveränderten Objektes völlig verschiedene Messwerte liefert, ist offenbar nicht zuverlässig. Die Reliabilität wird als der Quotient der Varianz der wahren Werte und der Varianz der beobachteten Werte definiert und ist demzufolge immer ein Schätzwert. Je höher der Zusammenhang zwischen den gemessenen Werten und den tatsächlichen Werten ist, um so höher ist die Reliabilität.

Die *„Validität"* oder *„Gültigkeit"* eines Messinstrumentes wird definiert als das Ausmass, in dem das Messinstrument tatsächlich das mißt, was es messen soll[10]).

Am Beispiel der Untersuchung der Schülergewalt wurde dieses Problem bereits angedeutet. Dieses Befragungsinstrument (der Fragebogen) kann durchaus reliabel sein, also bei wiederholter Messung dasselbe Resultat erbringen, aber es misst möglicherweise etwas anderes (z. B. die Aufmerksamkeit der Lehrer in bezug auf Schülergewalt) als beabsichtigt ist (die real vorkommenden Gewalttätigkeiten) und ist somit nicht valide. Umgekehrt ist es jedoch nicht möglich, dass ein Messinstrument tatsächlich das misst, was es messen soll, ohne zugleich bei wiederholten Messungen nahezu dasselbe Ergebnis zu zeigen.

Damit lassen sich diese beiden Gütekriterien auch folgendermassen umschreiben: „Ein Instrument ist um so reliabler, je weniger zufällige Fehler die Messung beeinflussen; ein Instrument ist um so valider, je weniger systematische Fehler die Messung beeinflussen"[11]).

---

[9]) Schnell, Hill, Esser, Jahr 1993: S. 158
[10]) Schnell, Hill, Esser, Jahr 1993: S. 162
[11]) Schnell, Hill, Esser, Jahr 1993: S. 162f

Zusammenfassung Kapitelergebnisse:
Nach dem Lesen dieses Kapitels kennt der Leser nun die unterschiedlichen Mess-niveaus und weiß, nach welchen Kriterien sie in Nominal-, Ordinal-, Intervall-und Verhältnisniveau unterteilt werden. Er versteht nun den Zusammenhang der Messniveaus und möglicher Stichprobenparameter. Es ist dem Leser nun auch bekannt, dass man Messinstrumente auch nach der Zuverlässigkeit einer Messung (Reliabilität) und der Gültigkeit einer Messung (Validität) beurteilt.

Aufgaben

(1) Unterscheiden Sie qualitative und quantitative Untersuchungen!

(2) Nennen Sie 2 Vorteile und 2 Nachteile von Einzelfallstudien!

(3) Was versteht man unter dem Begriff der Operrationalisierung?

(4) Wann nennt man ein Messverfahren standardisiert, warum ist diese Eigenschaft wichtig?

(5) Kennzeichnen Sie die wichtigsten Datenerhebungstechniken kurz!

(6) Was versteht man unter einer Stichprobe? Wann heißt diese repräsentativ? Nennen Sie 3 Gründe für die Untersuchung einer Stichprobe (anstelle einer Totalerhebung)!

(7) Nennen Sie in groben Zügen, was bei einem Auswahlverfahren zu beachten ist, um eine Stichprobe zu erhalten!

(8) Nennen Sie die typischen Schritte einer empirischen Untersuchung und beschreiben Sie diese kurz!

(9) Unterscheiden Sie die Begriffe „Merkmalsträger", „Stichprobe", „Untersuchungseinheit" und „Grundgesamtheit"!

(10) Geben Sie je zwei Beispiele an für qualitative, quantitative, stetige, diskrete, eindimensionale, mehrdimensionale Merkmale. Begründen Sie, warum Ihre Zuordnung richtig ist.

(11) Nennen Sie 3 Grundlegende Eigenschaften statistischer Gesetzmäßigkeiten!

(12) In welcher Beziehung stehen die Begriffe *Variable*, *Parameter*, *Merkmal* und *Werte* zueinander?

(13) Vereinfachen Sie:

a) $$\sum_{i=1}^{11} x + 2$$

b) $$\sum_{i=1}^{104} 2x_i + 2$$

c) $$\sum_{k=3}^{35} i + 2$$

d) $$\left(\sum_{j=1}^{11} x_j + 2 \right) - \left(\sum_{k=1}^{12} y_k + 2 \right)$$

e) $$\sum_{i=1}^{25} ix$$

f) $$n + \sum_{l=0}^{n} x_l^2 + 2x_l$$

(14) Erklären Sie, warum es nicht sinnvoll ist, bei Daten auf dem Ordinalniveau als Lageparameter den Modus oder das arithmetische Mittel anzugeben!

(15) Definieren Sie Grundgesamtheit und Stichprobe!

(16) Wann nennt man ein Merkmal qualitativ und wann quantitativ, wann stetig und wann diskret?

(17) Was versteht man unter dem Begriff des Messens?

(18) Nennen und erklären Sie die verschiedenen Messniveaus!

(19) Ordnen Sie den verschiedenen Messniveaus Lage, Streuung und Korrelation zu!

(20) Warum ist Standardisierung so wichtig?

2 Empirische Häufigkeitsverteilungen

2.1 Häufigkeit und Verteilung

In diesem Kapitel werden Sie mit den Grundelementen einer statistischen Daten-auswertung bekannt gemacht; dazu zählen die Häufigkeitsverteilung einer Variab-le, die Berechnung von Häufigkeiten aus dem Datenmaterial und die graphische Darstellung beider erstgenannten Punkte.

Eine sozialwissenschaftliche Untersuchung verfolgt in der Regel den Zweck, Phänomene, die in der Realität auftreten, zu erklären. Um ein Phänomen erklären zu können, ist es nötig, Aussagen über Art und Zusammenhänge[12] des untersuchten Phänomens zu geben. Da sich Aussagen empirischer Untersuchungen grundsätzlich auf Häufigkeiten beziehen, kommt der *empirischen Häufigkeitsverteilung* bei der Erklärung eines Phänomens eine elementare Funktion zu. Denn selbst Aussagen über Zusammenhänge mehrerer Variablen gründen sich auf Häufigkeitsverteilungen; in diesem Fall auf die Häufigkeit des Auftretens von Ausprägungen mehrerer Variablen.

> **Kap.2 Definition 1:**
> Als *empirische Häufigkeitsverteilung* bezeichnet man die Gesamtheit aller absoluten oder relativen Häufigkeiten der in der Messung aufgetretenen Messwerte. Die absolute Häufigkeit gibt für jeden Messwert an, wie oft dieser Messwert in der gesamten Stichprobe anzutreffen ist. Die relative Häufigkeit spiegelt ebenfalls die Anzahl der in der Stichprobe aufgetretenen Messwerte wider, jedoch relativ zum Stichprobenumfang.

Wird pro Untersuchungseinheit nur ein Merkmal gemessen (z. B. das Geschlecht), so spricht man von einer *eindimensionalen* oder *monovariaten Häufigkeitsvertei-lung*. Werden pro Einheit zwei Merkmale gemessen (z. B. Geschlecht und Kör-pergröße), nennt man die Häufigkeitsverteilung *zweidimensional* oder *bivariat*. Bei der Messung von mehreren Merkmalen pro Untersuchungseinheit erhält man eine *polyvariate* oder *k-dimensionale Häufigkeitsverteilung* (*k* ist dann die Anzahl der gemessenen Merkmale).

---

[12] gemeint sind beispielsweise die Wechselwirkungen des untersuchten Systems mit der Umwelt oder interne Wirkmechanismen

2.1.1 Das Aufstellen einer Häufigkeitstabelle

Nachdem eine empirische Untersuchung durchgeführt wurde, bedürfen die erhobenen Daten in den meisten Fällen zur weiteren Verarbeitung und Analyse einer Nachbereitung. Dazu werden die Einzelergebnisse, z. B. die Fragebögen, zunächst in einer *Urliste* notiert. Die Daten werden dabei ungeordnet in der Reihenfolge ihres Auftretens festgehalten. Zuweilen werden die Daten bei diesem Arbeitsschritt bereits nach einem bestimmten Kriterium geordnet, beispielsweise dem Namen der Versuchspersonen nach.

Verdeutlichen wir uns die Urliste an einem Beispiel:

Beispiel 1:

Ziel ist es, das mathematische Leistungsvermögen einer 8. Klasse einer Dresdner Mittelschule – bestehend aus 20 Schülern – zu ermitteln. Dazu wurde ein mehrteiliger Test (Algebra, Geometrie, ...) durchgeführt. Die 6-stufige Bewertungsskala des Endergebnisses reicht von sehr gut =1 über befriedigend =3 bis sehr schlecht =6.

Die Auflistung der Einzelergebnisse in einer Urliste kann in verschiedener Form vollzogen werden. Etwa als Zahlenreihe: 2, 4, 4, 4, 3, 1, 1, 5, 3, 2, 1, 4, 5, 6, 5, 4, 1, 3, 2, 5

oder in Form einer Tabelle:

Schülername	Schülernummer	erreichte Note
Sabine Aal	1	2
Klaus Cedur	2	4
Holger Krause	3	4
...	...	...
Christa Löwenzahn	20	5

In den meisten Fällen wird bei der tabellarischen Urliste jedem Merkmalsträger, in diesem Beispiel dem Schüler, eine Nummer zugeordnet, welche in den folgenden Arbeitsschritten als Index einer Variable verwendet wird und der Unterscheidung der einzelnen Merkmalsausprägungen einer Variable dient. Benennt man in unserem Beispiel die Note mit der Variablen X, so kann man demgemäss für „Der Schüler mit der Nummer 20 hat die Note 5 erzielt" auch kurz schreiben $x_{20} = 5$ (siehe dazu auch Abschnitt 1.5.2).

Besonders bei großem Stichprobenumfang empfiehlt es sich, die Urliste in Form eines Rechteckes aufzustellen. Man kann dabei die Nummer der Merkmalsträger in Zeile und Spalte kodieren, indem man in jeder Zeile genau 10 Messergebnisse nebeneinander schreibt. Jedes Messergebnis kann durch Auswahl der 10-er Potenz seiner Nummer in der Zeile und durch Auswahl seiner 1-er Potenz in der Spalte erreicht werden. Aus der Kombination der Zeile und Spalte, sprich aus der Einer- und Zehnerstelle, ergibt sich die konkrete Ausprägung des gesuchten Merkmalsträgers. Beispielsweise gibt Zeile 2, Spalte 4 (ohne Berücksichtigung der Kopfzeile und –spalte) die Note des Schülers mit der Nummer 14: $x_{14} = 6$.

Laufende Nummer	1	2	3	4	5	6	7	8	9	0
1–10	2	4	4	4	3	1	1	5	3	2
11–20	1	4	5	6	5	4	1	3	2	5

Die Entscheidung darüber, welche Art der Urliste man verwendet, wird von der Zweckmäßigkeit der Darstellung geleitet. Wurden beispielsweise in der Untersuchung mehrere Merkmale untersucht, so verwendet man sehr häufig die tabellarische Darstellungsform, wenn aber nur der Durchschnittswert des einen gemessenen Messwertes von Interesse ist, so ist die Aufreihung der Messergebnisse ausreichend.

Die Urliste ist die Grundlage jeder weiteren Datenverarbeitung. Zugleich schafft sie einen ersten Überblick über die Ergebnisse der Stichprobe. So lassen sich zum Beispiel der niedrigste (x_{min}) und höchste Messwert (x_{max}) eines Merkmerkmals ablesen.

In unserem Beispiel mit den Schulnoten ist der niedrigste Messwert $x_{min} = 1$, der höchste $x_{max} = 6$. Sehr gut sichtbar wird an diesem Beispiel, dass die Bezeichnungen „höchster" und „niedrigster Messwert" keine qualitativen Wertungen darstellen, sondern sich einzig auf die Lage der Messwerte auf der Messwertskala beziehen.

Urlisten sind vor allem bei größeren Datenmengen äußerst unübersichtlich. Um eine Aussage über die gesamte Stichprobe treffen zu können, sprich in welcher Art die Merkmalsausprägungen verteilt sind, muss nun der zweite Arbeitsschritt folgen: Die Urliste wird in eine *Häufigkeitstabelle* übertragen, in der festgehalten wird, wie oft eine bestimmte Merkmalsausprägung in der gesamten Messung aufgetreten ist. Dazu werden die Variablenwerte mit Hilfe einer *Strichliste* so zusammengefasst, dass sie ihrer Größe nach geordnet sind und dass gleiche Messwerte zusammenstehen.

In der ersten Spalte der Häufigkeitstabelle werden alle Merkmalsausprägungen der Größe nach geordnet eingetragen. Bei diskreten Merkmalen empfiehlt es sich alle möglichen Messwerte in die Tabelle mit aufzunehmen, selbst wenn die Häufigkeit ihres Auftretens gleich Null ist, da dadurch „Lücken" in der Verteilung sichtbar werden.
Die zweite Spalte wird für die Strichliste verwendet.

In der dritten Spalte wird in absoluten Zahlen eingetragen, wie oft das jeweilige Merkmal (in unserem Beispiel 1 die Note im Test) aufgetreten ist.

Um zu prüfen, ob bei der Auszählung Messwerte doppelt oder gar nicht gezählt wurden, bildet man einfach die Summe aller Häufigkeiten. Sie muss den Stichprobenumfang N ergeben.

Für unser Beispiel mit den Noten des Mathematiktests sieht die Häufigkeitstabelle mit integrierter Strichliste wie folgt aus:

Messwert (Note)	Strichliste	Anzahl des Auftretens (absolute Häufigkeit f_i)
1	/ / / /	4
2	/ / /	3
3	/ / /	3
4	/ / / / /	5
5	/ / / /	4
6	/	1
		$\Sigma = 20$

2.1.2 Absolute, relative und prozentuale Häufigkeiten

Bisher war die Rede von Häufigkeiten oder absoluten Häufigkeiten. In der Statistik unterscheidet man grundsätzlich drei Darstellungsformen der Häufigkeit: die absolute, die relative und die prozentuale Häufigkeit. Später werden noch Klassenhäufigkeiten vorgestellt, die ebenfalls in diesen drei Formen auftreten können; sie beziehen sich jedoch nicht auf einen einzelnen Messwert, sondern auf Intervalle oder Klassen von Messwerten. Ein weiterer häufig anzutreffender Häufigkeitsbegriff ist die Summenhäufigkeit. Er schließt für jede Merkmalsausprägung auch alle kleineren Merkmalsausprägungen ein, wird also für eine Merkmalsausprägung durch die Summe der Häufigkeiten aller Merkmalsausprägungen bestimmt, die höchstens genauso groß sind. Auch die Summenhäufigkeit tritt in den Formen absolute, relative und prozentuale Summenhäufigkeit auf.

Die *absolute Häufigkeit* (h_i) gibt also an, wie oft eine bestimmte Merkmalsausprägung in der gesamten Stichprobe aufgetreten ist. Mit anderen Worten die n Einzelergebnisse $x_1, x_2, ..., x_n$ werden zusammengefasst, indem man nur noch die sich unterscheiden den k Merkmalsausprägungen mit der Häufigkeit ihres Auftretens angibt.

Kap.2 Definition 2:

Die *absolute Häufigkeit* h_i des Auftretens des i-ten Messwertes gibt an, wie oft diese Merkmalsausprägung in der Stichprobe aufgetreten ist. Die Summe der absoluten Häufigkeiten aller k Merkmalsausprägungen ergibt die Gesamtzahl N aller Einzelergebnisse:

$$\sum_{i=1}^{k} h_i = N \tag{2.1}$$

Die *relative Häufigkeit* (f_i) der i-ten Merkmalsausprägung setzt die absolute Häufigkeit dieser Ausprägung (h_i) in Relation zum Gesamtumfang der Stichprobe (N), d. h. die relative Häufigkeit resultiert aus der Division von absoluter Häufigkeit und Gesamtanzahl der Messungen. Diese Bezugnahme auf den Stichprobenumfang ist bei der Interpretation der Häufigkeiten sehr wichtig, denn es kann beispielsweise trotz gleicher absoluter Häufigkeiten ein großer Unterschied in den relativen Häufigkeiten bei zwei Stichproben mit $N = 10$ Messungen und $N = 10$ 000 Messungen bestehen. (Wenn ein Messwert bei 10 Messungen 3 mal auftritt, kann man das als häufig bezeichnen; wenn ein Messwert jedoch bei 10 000 Messungen 3 mal auftritt, wird man dies als extrem selten bezeichnen. Genau diesen Umstand versucht man mit der Angabe der relativen Häufigkeit hervorzuheben.)

Kap.2 Definition 3:

Die *relative Häufigkeit* f_i des i-ten Messwertes in einer Stichprobe vom Umfang N ist definiert als:

$$f_i = \frac{h_i}{N} . \tag{2.2}$$

Relative Häufigkeiten besitzen folgende Eigenschaften:
Relative Häufigkeiten sind nichtnegative Zahlen, die immer größer oder gleich null und kleiner oder gleich eins sein müssen: $0 \le f_i \le 1$. Die relative Häufigkeit ist dann null, wenn die zugehörige absolute Häufigkeit $h_i = 0$ ist. Den Wert eins nimmt sie nur an, wenn alle Messwerte der Stichprobe den selben Wert besitzen. Die Summe aller relativen Häufigkeiten einer Stichprobe muss immer gleich eins sein:

$$\sum_{i=1}^{k} f_i = 1 , \tag{2.3}$$

wobei k gleich der Anzahl der möglichen Messwerte (Merkmalsausprägungen) ist.

Die relative Häufigkeit hat noch eine weitere wichtige Eigenschaft:
Besitzt man zwei Messreihen derselben Messung vom gleichen Stichprobenumfang, kann man die beiden Messreihen durch die Häufigkeitsverteilungen vergleichen und u.U. feststellen, dass sie sich wesentlich unterscheiden. Doch wie soll man die beiden Messreihen unterscheiden, wenn sich die Anzahl der Messwerte

wesentlich unterscheidet? Die absoluten Häufigkeiten werden sich stark voneinander unterscheiden! Durch die Bildung der relativen Häufigkeiten lässt sich dieses Problem lösen. Man kann also mit Hilfe der relativen Häufigkeit Stichproben mit verschiedenen Umfängen miteinander vergleichen.

Die relativen Häufigkeiten lassen sich problemlos in *prozentuale Häufigkeiten* überführen, indem sie mit hundert multipliziert werden. Die prozentuale Häufigkeit bezeichnet den prozentualen Anteil des jeweiligen Messwertes an der Stichprobe; beispielsweise wie viel Prozent der Wähler einer Landtagswahl eine bestimmte Partei gewählt haben.

Kap.2 Definition 4:
Die *prozentuale Häufigkeit* $\%f_i$ des i-ten Messwertes in einer Stichprobe vom Umfang N beträgt:

$$\%f_i = f_i \cdot 100 = \frac{h_i}{N} \cdot 100 \tag{2.4}$$

Die prozentuale Häufigkeit kann der Art ihrer Berechnung nach nur Zahlenwerte im Intervall von null bis einhundert annehmen.

Beispiel 2:

Die folgende Tabelle zeigt alle absoluten, relativen und prozentualen Häufigkeiten der Mathematiknoten aus Beispiel 1

Messwert (Note)	absolute Häufigkeit h_i	relative Häufigkeit $f_i = h_i / N$	prozentuale Häufigkeit $\%f_i = f_i * 100\%$
1	4	0,20	20 %
2	3	0,15	15 %
3	3	0,15	15 %
4	5	0,25	25 %
5	4	0,20	20 %
6	1	0,05	5 %
	N = Σ = 20	Σ = 1	Σ = 100 %

2.1.3 Die Häufigkeitsfunktion

Nach der Sichtung des Datenmaterials und der Aufstellung der Häufigkeitstabellen ist die grafische Darstellung der Häufigkeiten eine weitere Möglichkeit, einen Überblick über die ermittelten Daten zu erhalten. Das einfachste Mittel hierfür ist die Häufigkeitsfunktion. Sie beinhaltet die graphische Darstellung der relativen Häufigkeiten eines Merkmals in einem Funktionsgraphen. Auf diese Weise beschreibt sie, in welcher Art und Weise die gesamten Merkmalsausprägungen der Stichprobe über die Messwertskala verteilt sind.

Betrachtet man z. B. die Verteilungsfunktion einer Beliebtheitsumfrage mit fünf Antwortmöglichkeiten, so lässt sich auf den ersten Blick erkennen, ob die Masse der befragten Personen eher negativ oder positiv gegenüber der Fragestellung eingestellt sind. Ist das der Fall, so ergibt sich für diese Merkmalsausprägung(en) eine höhere Häufigkeit und der Graph der Häufigkeitsfunktion besitzt einen deutlich erkennbaren Gipfel. Je nach Lage drückt dieser dann eine positive, neutrale oder negative Einstellung der Mehrheit zum Erfragten aus.

Abbildung 2 zeigt eine Verteilungsfunktion, deren Hauptgewicht (der Gipfel der Funktion) leicht auf der Seite der negativen Beantwortung der Frage zu erkennen ist (linksgipflig). Dies bedeutet, dass die Mehrheit der Befragten den erfragten Sachverhalt eher als unbeliebt empfinden.

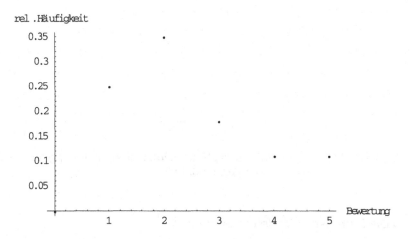

Kap. 2 Abbildung 1 - Häufigkeitsfunktion einer Beliebtheitsfrage

Häufigkeitsfunktionen können für alle Messniveaus gebildet werden, d.h. das zu beschreibende Merkmal kann nominal, ordinal oder metrisch gemessen sein[13]).

Kap.2 Definition 5:

Die *Häufigkeitsfunktion f(x)* zeigt, in welcher Art und Weise die relativen Häufigkeitswerte f_i über den Merkmalswerten x_i in der Stichprobe verteilt sind. Sie ist definiert als:

$$f(x) = \begin{cases} & \text{für } \ x = x_i \\ & \text{für } \ x \ \text{ sonst} \end{cases} \quad , \qquad (2.5)$$

mit $-\infty < x < \infty$ und $0 \le f(x) \le 1$.

---

[13]) Schöffel, 1997: S. 4

Die Häufigkeitsfunktion *f(x)* wird in einem rechtwinkligen Koordinatensystem dargestellt; hierfür sind auf der Abszisse die Merkmalsausprägungen und auf der Ordinate die relativen (oder absoluten) Häufigkeiten abzutragen[14]).

Beispiel 3: Wertetafel von *f(x)* für $x = x_i$:

$x = x_i$	1	2	3	4	5	6
f(x)	0,20	0,15	0,15	0,25	0,20	0,05

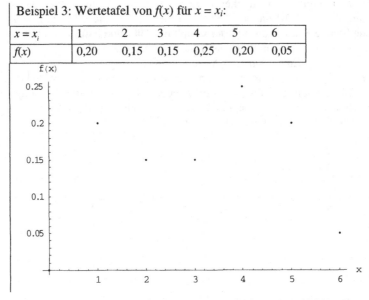

Kap.2 Abbildung 2 - Funktionsgraph der Häufigkeitsfunktion *f(x)* für die Schüler der 8. Klasse

2.1.4 Die Empirische Verteilungsfunktion

In vielen Untersuchungen spielt die Fragestellung eine große Rolle, wie viele Merkmalsträger Merkmalsausprägungen ober- oder unterhalb eines bestimmten Wertes aufweisen. So interessiert sich z.B. eine Hochschule mit einem Studiengang bei beschränkter Anzahl von Studienplätzen (numerus clausus) dafür, wie viele der Studienplatzanwärter einen Notendurchschnitt von z.B. 1.3 oder besser in ihrer Abiturausbildung erreicht haben. Um solchen Fragestellungen gerecht zu werden, ist die grafische Darstellung der Daten mit Hilfe eines Histogramms oder eines Balkendiagramms wenig nützlich.

Lässt sich eine sinnvolle Ordnung der Merkmalsausprägungen eines Merkmals angeben, sind die Daten also mindestens ordinalskaliert, kann die Häufigkeitsverteilung des Merkmals durch die *empirische Verteilungsfunktion* beschrieben werden.

Mit ihrer Hilfe lässt sich für jede beliebige Merkmalsausprägung x_i der Anteil aller Merkmalsausprägungen einer Stichprobe angeben, die diesen Messwert x_i nicht

---

[14]) Franz, 1991: S. 10

überschreiten. Die empirische Verteilungsfunktion kann folgendermaßen definiert werden:

Kap.2 Definition 6:
Eine Funktion, die für ein wenigstens ordinal skaliertes, zahlenmäßig erfasstes und geordnetes Merkmal X jeder reellen Zahl x den Anteil derjenigen Merkmalsträger einer statistischen Gesamtheit zuordnet, deren Merkmalswerte x_i diese Zahl nicht überschreiten, heißt empirische Verteilungsfunktion[15]).

Sind die Ausprägungen x_1, x_2,..., x_n des Merkmals X der Größe nach geordnet, so ist die empirische Verteilungsfunktion an der Stelle x gleich der *kumulierten Häufigkeit* (oder Summenhäufigkeit) aller Merkmalsausprägungen, die kleiner oder gleich x sind.

Kap.2 Definition 7:
Die *absolute Summenhäufigkeit* H_i gibt an, wieviele aller Messwerte kleiner oder gleich dem i-ten der möglichen Messwerte sind ($i = 1, 2, 3,..., k$). Mit Hilfe der absoluten Häufigkeiten lässt sich dies in folgender Form schreiben:

$$H_i = \sum_{j=1}^{i} h_j = h_1 + h_2 + ... + h_i . \tag{2.6}$$

Die *relative Summenhäufigkeit* F_i gibt an, welcher Anteil der Messwerte, bezogen auf den Stichprobenumfang N, kleiner oder gleich dem i-ten der möglichen Messwerte ist ($i = 1, 2,..., k$). Mit Hilfe der relativen Häufigkeiten lässt sich dies in folgender Form schreiben:

$$F_i = \sum_{j=1}^{i} f_j = \sum_{j=1}^{i} f(x_j) = f(x_1) + f(x_2) + ... + f(x_i) . \tag{2.7}$$

Wenden wir die eben eingeführten Begriffe auf Beispiel 1, einen Mathematiktest, an, so erhalten wir folgende Häufigkeitstabelle:

Kap.2 Tabelle 1.

Note	h_i	f_i	H_i	F_i
1	4	0,20	4	0,20
2	3	0,15	7	0,35
3	3	0,15	10	0,50
4	5	0,25	15	0,75
5	4	0,20	19	0,95
6	1	0,05	20	1

[15]) Eckstein, 1998: S. 18

Zu beachten ist, dass der letzte Wert von H_i immer gleich dem Stichprobenumfang (in diesem Fall 20) und der letzte Wert von F_i immer gleich eins sein muss.

Kap.2 Definition 8:
Die empirische Verteilungsfunktion $F(x)$ ist monoton wachsend. Sie ist nur abschnittsweise definiert und ihre graphische Darstellung springt am rechten Rand jedes Abschnitts um die Häufigkeit des nächsten Messwertes nach oben. Im Abschnitt zwischen zwei aufeinanderfolgenden Messwerten ist $F(x)$ konstant.
Es gilt stets $0 \leq F(x) \leq 1$. Die empirische Verteilungsfunktion ist definiert als:

$$F(x) = \begin{cases} 0 & x < x_1 \\ F_i = F(x_i) & \text{für} \quad x_i \leq x < x_{i+1}, i = 1,2,...,k-1 \\ 1 & x \geq x_k \end{cases} \tag{2.8}$$

Die grafische Darstellung der empirischen Verteilungsfunktion (auch *Summenhäufigkeitskurve* genannt) nimmt die Form einer Treppe an und wird deshalb auch als *Treppenfunktion* bezeichnet.
Die Verteilungsfunktion des Beispiels 1 mit den Noten aus dem Mathematiktest besitzt folgendes Aussehen:

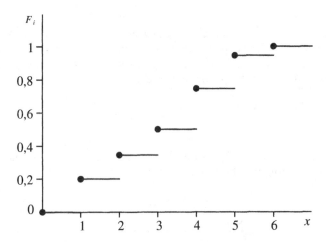

Kap.2 Abbildung 3 - Treppenfunktion zur Häufigkeitsverteilung der Schulnoten aus Beispiel 1

Über ein Merkmal lassen sich mit Hilfe der empirischen Verteilungsfunktion vier Aussagen formulieren:
1. Wie viel Prozent der Messwerte einer Stichprobe kleiner oder gleich einem bestimmten Messwert sind,
2. Wie viel Prozent der Messwerte größer als ein bestimmter Messwerte sind,

3. Wie viel Prozent der Messwerte zwischen zwei Messwerten liegen und
4. Welcher Messwert die Stichprobe in zwei gleich große Hälften teilt.

Für das Beispiel 1 lassen sich beispielsweise folgende Aussagen formulieren:

1. 75 % der Schüler haben eine Note erreicht, die kleiner oder gleich 4 ist; sprich die Noten 1, 2, 3 und 4.

2. 25 % der Schüler haben eine Note erhalten, die größer als 4 ist; sprich die Noten 5 und 6.

3. 60 % der Schüler haben eine Note zwischen 2 und 5 erreicht.

4. 50 % aller Noten sind kleiner bzw. gleich der Note 3.

Bei in Klassen eingeteilten Merkmalen wird innerhalb der Klasse eine Gleichverteilung der Merkmalsausprägungen unterstellt, da die Originalwerte nicht mehr bekannt sind. Es wird angenommen, dass sich die Messwerte gleichmäßig über das Klassenintervall verteilen. Die empirische Verteilungsfunktion kann deshalb im Bereich der Klasse als Diagonale dargestellt werden, wodurch man einen Polygonzug erhält.

Summenhäufigkeitspolygon der Daten aus Beispiel 3 (Bushaltestellen):

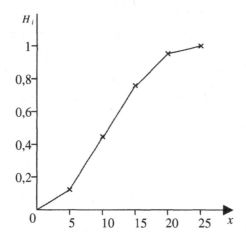

Kap.2 Abbildung 4 - Summenhäufigkeitspolygon der klassierten Daten zu den zurückgelegten Haltestellen aus Beispiel 3

2.2 In Klassen eingeteilte Merkmale

Die Klassenbildung wird in diesem Kapitel eingeführt. Es wird um das Einteilen der Messwerte in Klassen gehen. Auch werden das Aufstellen der Klassenhäufigkeiten und offene Klassen behandelt. Der Leser sollte nach diesem Kapitel exakte Klassengrenzen erkennen können. Unter anderem anhand eines Beispiels wird der Informationsverlust durch Klasseneinteilung dem Leser verdeutlicht werden.

Bei Merkmalen, die auf dem Intervall- oder Verhältnisniveau gemessen werden, kommt es nicht selten vor, dass eine sehr große Vielzahl von unterschiedlichsten Merkmalsausprägungen gemessen werden. Im Extremfall ist die Anzahl k der gemessenen Merkmalsausprägungen gleich der Anzahl der Messungen n, so dass die absoluten Häufigkeiten h_i aller aufgetreten Merkmalsausprägungen gleich 1 sind.

Beispiel 4: Das Einkommen von 10 zufällig ausgewählten Studenten einer Seminargruppe:

Einkommen	770	794	804	806	1003	1266	1278	1399	1523	1576
Abs. Häufigkeit	1	1	1	1	1	1	1	1	1	1

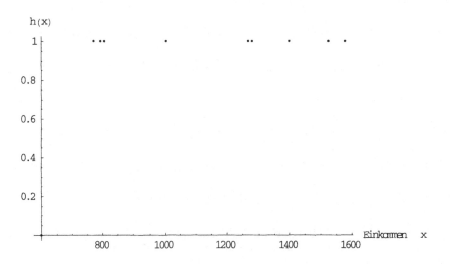

Kap.2 Abbildung 5 - Häufigkeiten selten auftretender Merkmalsausprägungen aus Beispiel 4

Der Graph der Verteilungsfunktion zeigt, welche Probleme bei der Interpretation der Häufigkeiten jetzt auftreten. Die Häufigkeiten weisen kein lokales Maximum mehr auf, um die sich die Werte der Verteilungsfunktion häufen. Dies führt insbesondere dann zu Schwierigkeiten, wenn man Aussagen über die Verteilung der Daten von der Stichprobe auf die Grundgesamtheit, aus der die Stichprobe gezogen wurde, verallgemeinern möchte. Schließlich muss doch damit gerechnet werden, dass auch die Datenwerte, die bisher nicht aufgetreten sind, in der Grundgesamtheit anzutreffen sind.

Trotzdem lassen sich interessante Eigenschaften aus der Verteilungsfunktion erkennen. Man kann eine Teilmenge von relativ dicht zusammen liegenden Merkmalsausprägungen interpretieren als solche Teilmenge von Werten, die sich um einen bestimmten Wert häufen – nur mit dem Unterschied zu den Verteilungen bisher, dass sich dieser Umstand nicht in der relativen Häufigkeit selbst ausdrückt. Mit dieser Idee lassen sich Aussagen über die Verteilung der Stichprobe treffen, die auch auf die Grundgesamtheit verallgemeinern lassen, weil sie sich nicht mehr auf die relativen Häufigkeiten der Einzelwerte beziehen, sondern auf Gruppen von Einzelwerten. Damit werden die Aussagen allerdings auch weniger genau, da sie sich nicht mehr auf das Auftreten von Einzelwerten beziehen, sondern nur noch auf die Zugehörigkeit zu bestimmten Gruppen.

Dieser Ansatz soll nun der formalen Berechnung zugänglich gemacht werden.

2.2.1 Das Einteilen der Messwerte in Klassen

Ein einfaches Mittel, um für solche wenig besetzten[16] Verteilungen eine aussagekräftige Verteilungsfunktion zu erhalten, ist das Einteilen der Merkmalsausprägungen in Klassen.

Unter einer Klassifizierung versteht man die vollständige Einteilung der Messwertskala in Intervalle, die sich nicht überschneiden. So wird jeder Messwert auf der Messwertskala genau einem Intervall zugeordnet, unabhängig davon, ob der Messwert in der Stichprobe gemessen wurde oder nicht. Die so entstandenen Intervalle der Messwertskala nennt man auch Klassen, die meist nach ihrer Lage auf der Messwertskala durchnummeriert werden.

Kap.2 Definition 9:

Eine vollständige Zerlegung einer Messwertskala in endlich viele paarweise verschiedener Klassen heißt Klassierung. Dabei heißt das k-te Teilintervall k-te Klasse. Jeder Messwert der Skala kann dabei genau einer Klasse zugeordnet werden. Zweiseitige Klassen besitzen eine untere x_{ku} und eine obere Klassengrenze x_{ko}. Die Klassenbreite b_k wird durch die Differenz der Klassengrenzen bestimmt.

---

[16]damit ist gemeint, dass die Mehrzahl der Messwerte nur selten vorkommen

Die Klassifizierung der Skala in unserem Beispiel könnte z.B. so erfolgen:

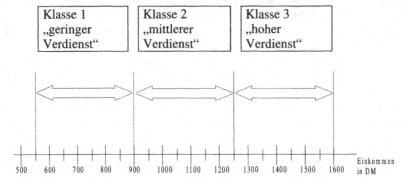

Kap.2 Abbildung 6 - Die Klassifizierung der Skala in einem Beispiel

Die Messwertskala wurde in drei Klassen bzw. Intervalle eingeteilt: 550 bis 900, 900 bis 1250 und Werte von 1250 bis 1600 DM. Diese Werte, welche die Klassen voneinander abgrenzen heißen Klassengrenzen. Für jede der hier gebildeten Klassen kann eine obere und eine untere Klassengrenze angegeben werden. Solche Klassen heißen auch zweiseitig begrenzte Klassen – oder kurz – zweiseitige Klassen. Weiterhin wurde jeder Klasse noch eine Nummer und – was nicht immer notwendig ist – eine verbale Bezeichnung zugeordnet.

Die Klassen in diesem Beispiel haben noch wichtige Eigenschaften:
Die Klassen sind gleich groß (alle Klassen erfassen ein Intervall von 350 DM), überschneiden sich nicht (es gibt keinen Punkt auf der Skala, der in zwei Klassen liegt) und alle gemessenen Werte liegen in einer jener Klassen.
Die beiden letzten Eigenschaften sind notwendig bei der Einteilung von Skalen in Klassen, während die Entscheidung über die Breite und damit auch die Anzahl der Klassen, in welche die Skala eingeteilt werden soll, vom Auswertenden selbst getroffen werden muss. Dafür gibt es keine fest vorgegebenen Regeln, aber einige Hinweise können trotzdem hilfreich sein:
Man sollte sich bei der Klasseneinteilung das Ziel der Klassierung vor Augen halten. Nach der Klassierung sollten in den meisten Klassen genügend viele Werte liegen, auf der anderen Seite muss die Klassenbreite so klein sein, dass auch noch genügend viele solcher Klassen gebildet werden können.

2.2.2 Aufstellen der Klassenhäufigkeiten

Nach der Bildung der Klassen können die zu jeder Klasse gehörenden absoluten Klassenhäufigkeiten berechnet werden. Dabei werden für jede Klasse die Anzahl der Merkmalsträger ermittelt, für welche die Merkmalsausprägung innerhalb der Klassengrenze liegt. Addiert man dies absoluten Klassenhäufigkeiten zusammen, muss sich (wie bei der absoluten Häufigkeit der Daten ohne Klassenbildung) die

Gesamtanzahl von gemessenen Merkmalsträgern ergeben. Ist diese Summe zu groß, liegt mindestens ein Merkmalsträger in zwei Klassen; ist die Summe zu klein, gibt es mindestens einen Merkmalsträger, der in keiner Klasse liegt.

Kap.2 Definition 10:

Die Klassenhäufigkeit h_j der Klasse j wird durch Addition der absoluten Häufigkeiten aller Messwerte, die innerhalb der Klasse j liegen, bestimmt:

$$h_{kl\ j} = \sum_{u_j \leq x_i < o_j} h_i \qquad \text{für halbseitig offene Intervalle ,} \qquad (2.9)$$

$$h_{kl\ j} = \sum_{u_j \leq x_i \leq o_j} h_i \qquad \text{für geschlossene Intervalle,} \qquad (2.10)$$

mit u_j als untere und o_j als obere Klassengrenzen der Klasse j.

Aus den absoluten Klassenhäufigkeiten können die relativen und prozentualen Klassenhäufigkeiten wie gewohnt berechnet werden.

Halbseitig offene Intervalle bedeuten dabei, dass eine der Intervallgrenzen nicht zur Klasse gehört, bei geschlossenen Intervallen gehören die Intervallgrenzen zu dem Intervall dazu. Geschlossenen Intervalle verwendet man daher bei der Klassierung diskreter Merkmale, halboffene Intervalle bei stetigen Merkmalen.

Das Ergebnis der Einteilung ist eine interpretierbare Verteilungsfunktion. Die unüberschaubare Vielzahl unterschiedlichster Messwerte mit ihren sehr niedrigen Häufigkeiten wurde durch eine übersichtliche Anzahl von Klassen und den dazugehörigen großen Häufigkeiten ersetzt. Die Vielfalt der Ausprägungen wurde damit auf wenige wesentliche aber dennoch aussagekräftige Ausprägungen reduziert – natürlich nur insofern die Wahl der Klassengrenzen sinnvoll vollzogen wurde. Große Datenmengen werden auf diese Weise übersichtlicher, bei gleichzeitiger Verringerung des Arbeitsaufwandes für die weiteren Bearbeitungsschritte. Eine Klasseneinteilung für unser Beispiel 4 (siehe S. 62) könnte folgendermaßen aussehen:

Einkommen	770	794	804	806	1003	1266	1278	1399	1523	1576
Klasse	1	1	1	1	2	3	3	3	3	3

Damit ergeben sich folgende absolute Klassenhäufigkeiten:

Kap.2 Tabelle 2.

Klasse (k)	Klassenhäufigkeiten H_k
1	4
2	1
3	5

Diese Häufigkeiten sollen jetzt zur besseren Übersicht grafisch dargestellt werden. Dabei stellt sich die Frage, welchen Werten diese Klassenhäufigkeiten jetzt zugeordnet werden sollen. Bei den unklassierten Daten wurden die Häufigkeiten den

Messwerten selbst zugeordnet. Hier beziehen sich die Häufigkeiten aber auf Intervalle. Also kann man die Klassenhäufigkeiten den gesamten Intervallen zuordnen. Das Ergebnis ist dann ein Balkendiagramm.

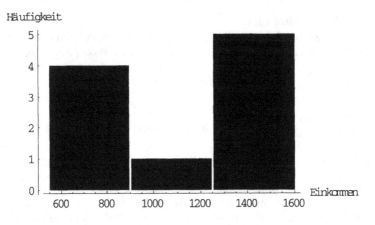

Kap. 2 Abbildung 7

Dieses Vorgehen ist allerdings nicht üblich. Die Klassenhäufigkeiten werden - wie auch die gewöhnlichen Häufigkeiten - einem bestimmten Wert zugeordnet. Im Falle einer Klassierung werden die Klassenhäufigkeiten den Klassenmitten zugeordnet.

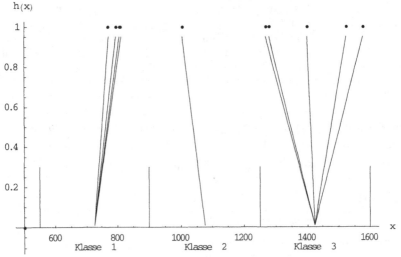

Kap.2 Abbildung 8

Dabei gehen alle Informationen darüber verloren, wie die Daten innerhalb der Klassengrenzen verteilt sind. An der Darstellung erkennt man, dass in der Klasse 1 die Originaldaten größer sind als die Klassenmitte, in Klasse 2 sind die Originaldaten kleiner als die Klassenmitte, in Klasse 3 etwa gleichverteilt. Nach der Zuordnung zu Klassen können keine Aussagen über die Anordnung der Daten in den Klassen gemacht werden. Deshalb wird angenommen, sie wären innerhalb der Klassengrenzen gleichverteilt.

Nach der Zuordnung der Daten zu den Klassenmitten ist die Darstellung der Häufigkeitsverteilung in einem Punktdiagramm möglich (allerdings erkennt man an der grafischen Darstellung nicht mehr, dass es sich um in Klassen eingeteilte Daten handelt!).

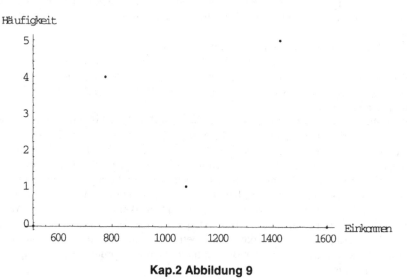

Kap.2 Abbildung 9

Die Verteilungsfunktion hat nach der Klasseneinteilung deutlich an Kontur gewonnen. Aus ihr ist nunmehr abzulesen, dass sich die gemessenen Einkommen der Stichprobe besonders in zwei Bereichen konzentrieren, und zwar in den Klassen „geringer Verdienst" und „hoher Verdienst".

Sozialwissenschaftler arbeiten jedoch sehr selten mit metrischen Daten, wesentlich häufiger werden ordinalskalierte Daten vorliegen, etwa zur Charakterisierung von Merkmalen wie Aggressivität, soziale Kompetenz, Zufriedenheit oder Geltungsbedürfnis. Bei deren Auswertung kommt es lediglich auf die Einhaltung einer Rangordnung an.

Beispiel 5:

Von Personalabteilungen werden häufig Persönlichkeitstests mit Bewerbern durchgeführt. Darin werden beispielsweise Merkmale wie „soziale Kompetenz" getestet. Dieses Merkmal wird etwa aus Faktoren Frustrationstoleranz, Reizbarkeit, Integrationsvermögen, Menschenkenntnis gebildet. Auf einer neunstufigen Rangskala gemessen, könnte es wie folgt klassiert werden: die Ausprägungen 1 bis 3 stehen für „mangelhaft", 4 bis 6 für „ausreichend" und 7 bis 9 für „gut".

Denkbar wäre es auch, solcher Test für Studenten einzuführen, die den Lehrerberuf ergreifen wollen. Da Lehrer zwangläufig durch ihren Beruf viel Umgang mit Menschen haben, müssten Lehramtsanwärter in einem Test für „soziale Kompetenz" mindestens die Klasse „ausreichend" erreichen, um überhaupt für diesen Beruf als geeignet zu gelten.

Bisher haben wir die Einteilung von Merkmalen in Klassen unter dem Aspekt, eine Datenmenge auf eine interpretierbare Menge zu reduzieren betrachtet. Beleuchten wir die Nützlichkeit der Einteilung eines Merkmals in Klassen nochmals von einer anderen Seite.

In den Sozialwissenschaften beschäftigt man sich natürlich nicht nur mit der Auswertung von Fragebögen, in denen die Mehrzahl der gemessenen Merkmale ordinalskaliert und damit diskret sind, sondern auch mit stetigen Merkmalen etwa physiologischen Daten wie EEG-Signale, Puls, Hautleitfähigkeit oder die Frequenz der Stimme.

Die Wahrscheinlichkeit des Auftretens einer Merkmalsausprägung lässt sich bei diskreten Merkmalen leicht durch die Häufigkeiten beschreiben. Im Gegensatz dazu lassen sich Aussagen bei stetigen Merkmalen nicht direkt über die aufgetreten Elementarereignisse fällen. Man erinnere sich an das zur Einführung in diesen Abschnitt verwendete Beispiel 4. In den meisten Fällen beträgt die absolute Häufigkeit pro Merkmalsausprägung bei stetigen Merkmalen den Wert eins und jene der nicht aufgetretenen Null. Würde man diese Häufigkeiten auf die gleiche Weise interpretieren wie bei diskreten Merkmalen, so käme man zu dem Schluss, dass jene Messwerte, deren Häufigkeit Null beträgt, auch zukünftig nicht auftreten werden. Was sich bei nüchterner Betrachtung als Widerspruch zu der Stetigkeitsannahme herausstellt.

Das Problem, auf das man hierbei stößt, liegt in der Sache an sich. Bei unendlich genauer Messung können zwei stetige Merkmalsausprägungen noch durch die winzigsten Abweichungen voneinander unterschieden werden. Die Grundfrequenz der Stimme ist beispielsweise bei allen Menschen unterschiedlich. Wohl aber besteht eine hohe Wahrscheinlichkeit, dass die Grundfrequenz der Stimme eines Mannes im tiefen Frequenzbereich liegt. Um Aussagen über die Wahrscheinlichkeiten bei stetigen Merkmalen zu treffen, spricht man nicht von Wahrscheinlichkeiten des Auftretens einer einzelnen Merkmalsausprägung, sondern von der Wahrscheinlichkeit mit der sich eine Merkmalsausprägung in einem bestimmten Intervall befindet. Da Klassen Intervalle repräsentieren, ist eine Einteilung eines stetigen Merkmals in Klassen unabdingbar, um Aussagen über Wahrscheinlichkeiten fällen zu können.

Damit sind wir wieder bei unserem Ausgangspunkt angelangt. Die Einteilung von Merkmalen in Klassen ist nach den obigen Erläuterungen nicht nur dort nützlich, wo es gilt, eine Vielzahl von Ausprägungen auf ein überschaubares Maß zu reduzieren, sondern ist auch überall dort notwendig, wo es gilt, Fragen über die Wahrscheinlichkeiten bei stetigen Merkmalen zu erörtern.

Im Abschnitt über die graphische Darstellung eines Merkmals werden wir auf diesen Sachverhalt zurückkommen, da die Eigenschaft der Stetigkeit maßgebliches Entscheidungskriterium über die Anwendbarkeit bestimmter Darstellungsformen ist.

2.2.3 Offene Klassen

In einigen Fällen ist die gleichzeitige Angabe von oberer und unterer Klassengrenze unmöglich oder unsinnig. Bei der Untersuchung des monatlichen Einkommens zum Beispiel ist es nicht möglich, eine geschlossene letzte Klasse zu bestimmen, weil das höchste mögliche Einkommen nicht vorhergesagt werden kann. In solchen Fällen benutzt man offene Klassen (manchmal auch halboffen genannt – nicht zu verwechseln mit halboffenen Intervallen!).
Bei solchen sogenannten *offenen Klassen* gibt man gewöhnlich nur eine Klassengrenze exakt an und lässt die andere Klassengrenze offen. Ein Beispiel für die Verwendung einer offenen Klasse ist die „Einkommen von 10.000 DM und mehr". Diese Art der Klassendefinition zieht allerdings auch Probleme nach sich. Während bei offenen Klassen bei der Berechnung der absoluten und relativen Häufigkeiten keine Komplikationen auftreten, ist die Berechnung von Klassenmitten oder die Erstellung von Histogrammen nicht wie bisher möglich, da hier – wie für viele Parameterberechnungen – genau bestimmte Klassenbreiten benötigt werden. Für die graphische Darstellung kann man sich mit einem Trick aushelfen. Für Klassierungen mit sonst gleicher Klassenbreite kann man den halboffenen Klassen am Rand der Verteilung dieselbe Klassenbreite zuordnen wie den geschlossenen Klassen. Für die Berechnung von Verteilungsparametern aus klassifizierten Daten bleiben allerdings die Probleme bei halboffenen Klassen noch bestehen. Grundsätzlich sollten daher nur offene Klassen verwendet werden, wenn es sich nicht umgehen lässt.

2.2.4 Exakte Klassengrenzen

Das folgende Beispiel demonstriert, warum es notwendig ist, sich nochmals über die Klassengrenzen Gedanken zu machen:
Es wurde an 14 verschiedenen Tagen die Lufttemperatur gemessen. Dabei stand ein Thermometer mit °C- Einteilung zur Verfügung:

Tag	1	2	3	4	5	6	7	8	9	10	11	12	13	14
°C	8	9	11	12	14	11	11	14	15	18	20	19	19	22

Da nur ganzzahlige Werte auftraten, versuchen wir eine Klasseneinteilung der folgenden Art:

Kap.2 Tabelle 3.

Temperatur in °C	Absolute Klassenhäufigkeit
8-10	2
11-13	4

14-16	3
17-19	3
20-22	2

Bei dieser Klasseneinteilung scheinen im betrachteten Skalenbereich alle möglichen Messwerte einer Klasse zugeordnet zu sein. Trotzdem treten zwei Probleme auf:

- Zum einen werden in jeder Klasse drei Messwerte zusammengefasst. Die Klassenbreite beträgt aber bei jeder Klasse zwei.

- Zum anderen können beim Einsatz eines genaueren Messinstrumentes auch gebrochene Zahlen als Messwerte auftreten, etwa 13,6 °C. Diese Werte können dann nicht zugeordnet werden. Offensichtlich ist dies eine Folge der Messungenauigkeit des Erhebungsgerätes.

Auf dem ersten Blick scheint diese Messungenauigkeit eine Klassierung vorzunehmen, genau wie wir. Genauer betrachtet ergeben sich jedoch wesentliche Unterschiede. Bei der Messungenauigkeit eines Messgerätes wirkt ein interner Rundungsmechanismus. Wird z.B. die Luft mit einer Temperatur von 13,6 °C mit unserem Thermometer gemessen, das eine Messungenauigkeit von 1 °C hat, wird man eine Temperatur von 14 °C ablesen (weil das Thermometer alle Werten von 13,5 bis 14,5 den Wert 14 zuordnet). Würde das Thermometer aber eine Klassierung wie wir vornehmen, etwa wie in unserem Einkommensbeispiel, würde man 13 °C ablesen ($13 \leq x < 14$).

Wünschenswert wäre doch nun für uns eine Form der Klasseneinteilung nach diesem natürlichen Prinzip, das heißt unter Benutzung der Rundungsmechanismen.

Dazu muss man die maximale Auflösung des Messinstrumentes kennen, das ist die kleinste Differenz zwischen Merkmalsausprägungen, die das Messinstrument noch unterscheiden kann. In unserem Beispiel zu den Lufttemperaturen wäre das gerade 1 °C, im Beispiel zu der Einkommensuntersuchung könnte der Wert auf 1 DM festgelegt werden. Weiterhin müssen die Klassengrenzen, die bisher festgelegt wurden, korrigiert werden. Wurden diese als beidseitig abgeschlossene Intervalle gebildet, wie im Temperaturbeispiel, müssen die Klassen auf beiden Seiten um den halben Betrag der maximalen Auflösung des Messinstrumentes erweitert werden. Wurden die Klassenintervalle halbseitig offen gebildet (wie im Beispiel der Einkommensverteilung), werden die Klassen um den halben Betrag der maximalen Auflösung verschoben. Die so entstandenen Klassengrenzen nennt man exakte Klassengrenzen.

Damit ergibt sich für unser Beispiel der Lufttemperaturen folgende Klassierung:

Kap.2 Tabelle 4.

Temperatur in °C	Exakte Klassengrenzen	Absolute Klassenhäufigkeit
8-10	7.5-10.5	2
11-13	10.5-13.5	4
14-16	13.5-16.5	3
17-19	16.5-19.5	3
20-22	19.5-22.5	2

Damit erfolgt die Zuordnung von gebrochenen Temperaturwerten zu den Klassen nach den üblichen Rundungsregeln. Die Klassenbreite entspricht jetzt der Anzahl der zu der Klasse gehörenden ganzzahligen Merkmalsausprägungen.
Im Beispiel der Einkommensverteilung ergibt sich folgende Klassierung:

Kap.2 Tabelle 5.

Klasse (k)	Klassengrenzen	Exakte Klassengrenzen	Klassenhäufigkeiten H_k
1	550-900	550.5-900.5	4
2	900-1250	900.5-1250.5	1
3	1250-1600	1250.5-1600.5	5

Bei der Klasseneinteilung wird folgendermassen vorgegangen:
1. Zuerst wird die Anzahl der Klassen (k) gewählt. Die Wahl sollte sich dabei an sachlogischen Gegebenheiten orientieren.
2. Nun erfolgt die Wahl der Klassenbreiten und Klassengrenzen. In der Regel bildet man äquidistante (gleichgroße) Klassen. Das erleichtert u.a. die Berechnung der Klassenbreiten (b_k). Sie beträgt in dem Fall: $b_k = (x_{max} - x_{min}) \div k$. Andernfalls müssen die einzelnen Klassenbreiten individuell festgelegt werden. Dabei sollte darauf geachtet werden, dass die Dispersionsspanne zwischen x_{min} und x_{max} vollständig durch die erstellten Klassen abgedeckt wird.
3. Die exakte untere Klassengrenze (x_{ku}) und die exakte obere Klassengrenze (x_{ko}) muss für jede Klasse festgelegt werden.
4. Im Folgenden werden die absoluten Häufigkeiten der Klassen ermittelt. Getreu dem Prinzip: „liegt der Messwert im Intervall der Klasse, so ist er ihr zugehörig", werden dazu die Messwerte ausgezählt. Dies kann mit Hilfe einer Strichliste geschehen.

Die Berechnung der Häufigkeiten vollzieht sich bei klassierten Merkmalen analog der Berechnung von Häufigkeiten bei nichtklassierten Merkmalen.

Die Anzahl der Messwerte, die in eine Klasse fallen, heißt *absolute Klassenhäufigkeit.*

Die Division der absoluten Klassenhäufigkeiten mit der Gesamtanzahl der Messwerte ergibt die relative Häufigkeit der Klasse (oder: *relative Klassenhäufigkeit*) (siehe Definition 2).

Die absolute Summenhäufigkeit einer Klasse (oder: *absolute Klassensummenhäufigkeit*) ist die Summe ihrer absoluten Häufigkeit mit den absoluten Häufigkeiten ihrer Vorgängerklassen (siehe Definition 7).

Die relative Summenhäufigkeit einer Klasse (oder: *relative Klassensummenhäufigkeit*) ist die Summe ihrer relative Häufigkeit mit den relativen Häufigkeiten ihrer Vorgängerklassen (siehe Definition 8).

Die Häufigkeitsfunktion (siehe Definition 4) und Summenhäufigkeitsfunktion (siehe Definition 8) des in Klassen eingeteilten Merkmales werden auf die gleiche Weise, wie bei den nichtklassierten Merkmalen, erstellt.

Beispiel 6:

Im Rahmen einer umfangreichen Untersuchung zur Nutzung der Verkehrsmittel befragte eine sächsische Stadt unter anderem 100 Studenten, die täglich auf dem Weg von ihrer Wohnung zur Universität einen Bus benutzen, wie viele Stationen sie dabei zurücklegen. Das Befragungsergebnis ist in folgende Urliste abgebildet:

lfd. Nummer	1	2	3	4	5	6	7	8	9	0
1 - 10	1	11	3	15	10	19	5	7	15	10
11 - 20	17	2	1	20	4	11	12	8	21	17
21 - 30	14	11	22	10	14	1	8	14	9	12
31 - 40	13	12	3	6	2	16	17	1	9	12
41 - 50	7	20	7	11	17	8	11	19	12	10
51 - 60	18	13	18	17	8	2	13	10	9	15
61 - 70	6	7	11	7	6	11	19	16	11	23
71 - 80	18	10	13	10	18	9	15	9	9	14
81 - 90	14	10	20	7	16	14	6	24	17	25
91 - 100	8	13	6	14	8	11	9	7	11	6

Da die Datenmenge hier bereits recht groß ist, sollen die Werte in Klassen eingeteilt werden.

1. Aufgrund der Dispersionsspanne zwischen einer und 25 benutzten Stationen sollen fünf Klassen mit einer Breite von je fünf Einheiten (Stationen) gebildet werden. Die Messwertskala wird in fünf gleich große Intervalle unterteilt, d. h. $k = 5$.

2. Die Breite aller Klassen ergibt sich aus der Division Anzahl der möglichen Merkmalsausprägungen und der Anzahl der Klassen ($b = 25 / 5 = 5$).

3. Die erste Klasse besitzt demzufolge die Klassengrenzen $x_{1u} = 1$ und $x_{1o} = 5$, die zweite $x_{2u} = 6$ und $x_{2o} = 10$ usw.).

4. Mit Hilfe einer Strichliste werden die Messwerte x_i, also die Anzahl der zurückgelegten Stationen, den Klassen zugeordnet.

Klasse	Klassen Grenzen	Exakte Klassengrenzen	Strich-liste	absolute Klassenhäufigkeit (f_i)	relative Klassenhäufigkeit (h_i)	absolute Summenhäufigkeit	relative Summenhäufigkeit
1	$1 \leq x \leq 5$	$0.5 \leq x < 5.5$	///// ///// /	11	0,11	11	0,11
2	$6 \leq x \leq 10$	$5.5 \leq x < 10.5$	///// ///// ///// ///// ///// ///// ////	34	0,34	45	0,45
3	$11 \leq x \leq 15$	$10.5 \leq x < 15.5$	///// ///// ///// ///// ///// ///// /	31	0,31	76	0,76
4	$16 \leq x \leq 20$	$15.5 \leq x < 20.5$	///// ///// ///// ////	19	0,19	95	0,95
5	$21 \leq x \leq 25$	$20.5 \leq x < 25.5$	/////	5	0,05	100	1,00
				$\Sigma = 100$	$\Sigma = 1$		

2.2.5 Repräsentation einer Klasse durch die Klassenmitte

In den meisten Fällen bleibt es jedoch nicht bei einer Betrachtung und Interpretation der Häufigkeitsverteilung. Will man darüber hinaus Aussagen treffen, so ist es notwendig, jeder Klasse neben ihren Klassengrenzen einen Zahlenwert zuzuweisen, der als repräsentativer Wert aller in diese Klasse befindlichen Werte (ungeachtet ihrer tatsächlichen Ausprägung) gehandelt werden kann. Alle Messwerte, die in eine Klasse fallen, gelten daher als gleich groß. In der Regel verwendet man für den repräsentativen Wert die *Klassenmitte*, das arithmetische Mittel der beiden exakten Klassengrenzen.

Man beachte, dass das arithmetische Mittel nur bei metrischen Merkmalen und nicht bei Merkmalen, die auf dem Nominal- bzw. Ordinalniveau gemessen wurden, berechnet werden kann. Im allgemeinen ist eine Klasseneinteilung bei Ordinalskalierten Merkmalen auch nicht notwendig, da sich bei ihnen die Anzahl der Merkmalsausprägungen meist auf 4 bis 7 Möglichkeiten beschränkt.

Kap.2 Definition 12:

Die *Klassenmitte* x_{km} der Klasse k wird bei metrischen Merkmalen folgendermassen berechnet:

$$x_{km} = \frac{x_{ku} + x_{ko}}{2}.$$

(2.11)

2.2.6 Informationsverlust durch Klasseneinteilung

Die Einteilung der Messwerte in Klassen ist jedoch auch mit einem Nachteil verbunden: Durch das Verwenden nur einer die Klasse repräsentierenden Größe anstelle der genauen Messwerte entsteht ein Informationsverlust.

Zum besseren Verständnis stelle man sich vor, alle gemessenen Merkmalsausprägungen bilden zusammen die Punkte einer Landkarte. Eine Landkarte auf der Wälder, Strassen, Flüsse, Häuser abgebildet sind, dazu die Namen der Strassen und Flüsse, der Einkaufszentren, usw. Sie ist sogar so detailliert, dass zu erkennen ist, wo welches Verkehrsschild steht, welche Farbe die Häuser haben und was auf den Werbeplakaten steht. Eine Klasseneinteilung mit kleinen Klassenbreiten würde für unsere Landkarte zur Folge haben, dass nicht mehr alle Details zu erkennen sind, etwa wo die Verkehrsschilder stehen oder was auf den Werbeplakaten zu lesen ist. Wählt man die Breite der Klassen noch größer, so wären nur noch die groben Details wie Flüsse, Strassen und Wälder zu erkennen. Wählt man die Klassenbreiten zu groß, so kann es geschehen, dass die Landkarte bzw. unsere Häufigkeitsverteilung unbrauchbar wird. Je größer also die Breite der Klasse ist, desto weniger Information enthält die Landkarte bzw. die Häufigkeitsverteilung[17]. Allgemein kann man also sagen: Je feiner die Klassierung, um so genauer sind die Informationen, welche die in Klassen eingeteilten Daten noch aufweisen; je gröber die Klassierung (große Klassenbreiten), um so größer ist der Fehler. Da eine gröbere Klassierung allerdings oft übersichtlicher ist, muss man bei der Wahl der Klasseneinteilung gut die Vor- und Nachteile der Klasseneinteilung abwägen.

Verdeutlichen wir uns dies an dem Vergleich zweier Skalen aus unserem Kap.2.2 (S.77) mit den Bushaltestellen, die eine mit, die andere ohne Klasseneinteilung. Die Grafik zeigt, wie den 5 Studenten, die zwischen 21 und 25 Stationen fahren (Klasse 5), die selbe Zahl, und zwar die Klassenmitte 23 zugeordnet wird.

---

[17] Dies ist auch der Grund, weshalb man so genau wie möglich Messen sollte. Das Alter beispielsweise sollte in Fragebögen nicht in Klassen erfragt werden („0 bis 10; 11 bis 20; 21 bis 30; ...“), sondern als genauer Wert („Wie alt sind sie?“).

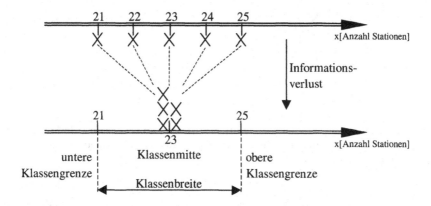

Kap.2 Abbildung 10 - Veranschaulichung des Prinzips der Klassenbildung an einem Teil der Daten des Beispiel 3

Die Folge des Verlustes an Information über die Daten ist eine mit der Größe der Klassenbreite ansteigende Ungenauigkeit bei den nachfolgenden Berechnungen. Grundsätzlich nimmt man an, dass die Daten in der Klasse gleichmäßig verteilt sind, so dass man ohne Bedenken der Klasse die Klassenmitte als repräsentativen Wert zuordnen kann. Sicher ist dies jedoch nicht.
Beispielsweise aus Kap.2.2 Definition 4

Messwert x_i	1	2	3	4	5
abs. Häufigkeit h_i	4	3	2	1	1

In dieser Klasse liegt eine linksgipflige und keine gleichmäßige Verteilung vor. Die entstehende Ungenauigkeit bei Berechnungen von statistischen Maßzahlen können wir uns daher am Beispiel 4 leicht vor Augen führen, indem wir einmal den Mittelwert der Daten berechnen. Wobei wir einmal die Originaldaten verwenden und einmal die klassierten Daten (zur Berechnung des Mittelwertes siehe Abschnitt „Das arithmetische Mittel").

Berechnung mit Originaldaten:

$$\bar{x} = \frac{1}{N} \sum_{i=1}^{N} x_i$$

$$= \frac{1}{N} \cdot [1 + 11 + 3 + 15 + 10 \ldots 7 + 11 + 6]$$

$$= \frac{1146}{100} = \underline{\underline{11{,}46}}$$

Berechnung mit klassierten Daten:

$$\bar{x} = \frac{1}{N} \sum_{i=1}^{k} f_i x_{im}$$

$$= \frac{1}{100} \cdot [11 \cdot 2,5 + 34 \cdot 7,5 + 31 \cdot 12,5 + 19 \cdot 17,5 + 5 \cdot 22,5]$$

$$= \frac{1115}{100} = 11,15$$

Der Unterschied der Ergebnisse ist auf die Klasseneinteilung des Merkmales zurückzuführen, wobei der berechnete Mittelwert aus den Originaldaten als der genauere angesehen werden muss.

Zusammenfassung:
Dem Leser wurde in diesem Kapitel die Einteilung von Messwerten in Klassen und das Aufstellen von Klassenhäufigkeiten verdeutlicht. Er kennt nun auch die Probleme, die bei offenen Klassen auftreten können, da sich bei offenen Klassen die Klassenmitte schwerer ermitteln lässt und man mit offenen Klassen nur dann arbeiten sollte, wenn es sich nicht umgehen lässt. Dem Leser ist nun auch bekannt, dass die Klasse durch die Klassenmitte, welche das arithmetische Mittel der beiden Klassengrenzen ist, repräsentiert wird, und dass
es zu einem Informationsverlust durch die Klasseneinteilung kommt, denn je größer die Klassenbreite ist, desto höher ist auch der Informationsverlust.

2.3 Graphische Darstellungen von Häufigkeitsverteilungen

In diesem Kapitel werden dem Leser die verschiedenen graphischen Darstellungen von Häufigkeitsverteilungen veranschaulicht. Der Leser soll sie unterscheiden können und in bezug auf die Messniveaus der Daten richtig einsetzen.

Neben der Darstellung von Daten in Häufigkeitstabellen verwendet man auch grafische Darstellungsformen, weil diese oft leichter verständlich sind und bereits „auf den ersten Blick" einen Eindruck von der Verteilung der Daten vermitteln. Zahlenmäßig festgehaltene Sachverhalte können so anschaulich wiedergegeben werden.
Besonders nützlich sind graphische Darstellungen für den anschaulichen Vergleich mehrerer Häufigkeitsverteilungen oder für die Präsentation der gemeinsamen Verteilung mehrerer Variablen. Allerdings erreicht die Darstellung polyvariater Verteilungen schnell die Grenzen der Übersichtlichkeit und Anschaulichkeit.
Insgesamt stehen verschiedene Modelle zur Verfügung. Bei ihrer Verwendung ist grundsätzlich zweierlei zu bedenken:

- Graphische Darstellungen dürfen nicht Informationen vortäuschen, die in den Daten gar nicht vorhanden sind. Vor allem muss auch graphisch das Messniveau beachtet werden.
- Gerade die graphische Darstellung dient der dient der Informationsreduktion. Es dürfen aber keineswegs, etwa durch die unzulängliche Wahl des Maßstabs, sachlich wichtige Informationen weggefiltert werden.

„Beide Problembereiche lassen sich für manipulative Zwecke ausnutzen; entsprechende Täuschungen oder Irrtümer gilt es zu durchschauen und zu vermeiden" (Patzelt, 1985: S. 31)

Man unterscheidet folgende Darstellungsformen:

- das *Stabdiagramm* (auch Säulen-, Balken- oder Streifendiagramm),
- das *Kreisdiagramm*,
- das *Histogramm* und
- das (Häufigkeits-)*Polygon*.

Bei ihrer Verwendung sind grundsätzlich folgende Punkte zu beachten:

1. Auch bei der graphischen Darstellung darf das Messniveau der Daten nicht vernachlässigt werden. Für die Anwendung einiger Darstellungsformen bestehen in dieser Hinsicht Einschränkungen.
2. Graphische Darstellungen dürfen nicht Informationen vortäuschen, die in den Daten gar nicht vorhanden sind.
3. Obwohl die graphische Darstellung der Informationsreduktion dient, darf bei der Darstellung keine sachlich wichtige Information weggefiltert werden, etwa durch eine unzulängliche Wahl des Maßstabs.

2.3.1 Das Stab- oder Balkendiagramm

Die einfachste grafische Darstellungsform ist das Stabdiagramm. Dieses wird nur für diskrete Merkmale verwendet. Jeder Ausprägung des untersuchten Merkmals wird ein Balken zugeordnet, dessen Länge der absoluten oder relativen Häufigkeit entspricht. Die dargestellten Variable sollte eine überschaubare Anzahl von Ausprägungen besitzen, andernfalls sollte vor der Darstellung eine Klasseneinteilung durchgeführt werden. Bei nominalen Merkmalen ist die Anordnungsfolge der Balken beliebig; bei mindestens Ordinalskalierten Merkmalen ist sie durch die Rangfolge der Ausprägungen vorgegeben. Besonders gut geeignet ist das Stabdiagramm für die Veranschaulichung der größten aufgetretenen Häufigkeit.

Die Darstellung erfolgt in einem 2-dimensionalen Koordinatensystem mit den Merkmalsausprägungen auf einer Achse und den Häufigkeiten auf der anderen Achse.

- Werden die Merkmalsausprägungen auf der waagerechten Achse (Abszisse) abgetragen, nennt man das Diagramm Stabdiagramm.
- Bei umgekehrter Achsenzuordnung spricht man von einem Balkendiagramm.

Ein sachlicher Unterschied zwischen Stabdiagramm einerseits und Balkendiagramm andererseits besteht jedoch nicht[18]).

Das Stabdiagramm zu Beispiel 1:

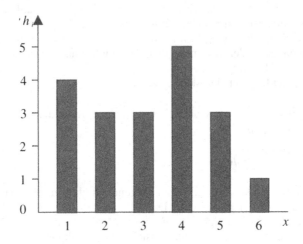

Kap.2 Abbildung 11 - Stabdiagramm für die Verteilung der Schulnoten des Beispiel 1 nach ihrer absoluten Häufigkeit

2.3.2 Das Kreisdiagramm

Im Kreisdiagramm werden wie im Stab- oder Balkendiagramm Häufigkeiten dargestellt. Im Gegensatz zum Stabdiagramm liegt der Anwendungsbereich des Kreisdiagramms darin, aufzuzeigen, welchen Anteil eine bestimmte Merkmalsausprägung an der gesamten Stichprobe besitzt, was mit Hilfe eines Stabdiagramms nicht sofort sichtbar ist.
Kreisdiagramme eignen sich zur Darstellung diskreter oder in Klassen eingeteilter Merkmale. Der Kreis wird in Kreisausschnitte aufgeteilt, diese repräsentieren die Häufigkeiten der Merkmalsausprägungen. Der Winkel α_i des Kreissektors, der seine Größe markiert, kann mit folgender Verhältnisgleichung berechnet werden:

$$\frac{100}{360°} = \frac{100 \cdot f_i}{\alpha_i}$$

$$\Rightarrow \alpha_i = f_i \cdot 360° \qquad (2.12)$$

$$\Rightarrow \alpha_i = \frac{h_i}{N} \cdot 360°$$

---

[18]) Urban, 1990: S. 34

Das Kreisdiagramm für Beispiel 1:

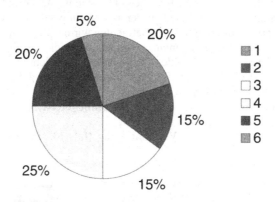

Kap.2 Abbildung 12 - Kreisdiagramm der prozentualen Häufigkeiten der Schulnoten für Beispiel 1

2.3.3 Das Histogramm

Das Histogramm ähnelt sehr dem Balkendiagramm. In beiden werden auf der Abszisse (x-Achse) die Merkmalsausprägungen abgetragen, wobei Aussagen über die Häufigkeiten durch die dargestellten Rechtecke bzw. Balken ablesbar sind. Der Unterschied zwischen beiden Darstellungsformen besteht darin, dass im Balkendiagramm die Häufigkeiten durch die Höhe der Balken dargestellt werden, während im Histogramm die Häufigkeiten durch die Flächen der Rechtecke symbolisiert werden. Aus diesem Grund werden Histogramme auch als flächenproportionale Darstellungen bezeichnet.

Kap.2 Definition 13:
Beim Histogramm sind die Flächen proportional zu den Häufigkeiten f_i oder h_i. Die Höhe D_j des Rechtecks über der j-ten Klasse berechnet sich somit als:

$$D_j = \frac{f_j}{b_j} \qquad (2.13)$$

Dabei ist b_j die Klassenbreite.

Warum ist diese kompliziertere Darstellung der Häufigkeiten notwendig?
Bisher haben wir uns in unseren Beispielen oft auf diskrete Merkmale beschränkt. Es ergibt sich ein Darstellungsproblem, wenn Häufigkeiten von kontinuierlichen

Merkmalen dargestellt werden sollen, da sich diese auf Intervalle oder Klassen von Merkmalsausprägungen beziehen. Der wichtigste Grund für die Benutzung von Histogrammen liegt genau in der Klassierung von Daten, denn die Klassen können unterschiedlich breit sein. Betrachten wir das Problem an einem Beispiel: Wir teilen dazu unsere Mathematiknoten aus Beispiel 1 in folgende Klassen ein:

Klasse 1.   Schüler, die Nachhilfeunterricht geben können – Note 1;

Klasse 2.   Schüler, die Nachhilfe weder geben noch bekommen – Noten 2 und 3;

Klasse 3.   Schüler, die Nachhilfeunterricht erhalten sollen – Noten 4, 5 und 6.

Damit ergibt sich folgende Verteilung, die (falsch) mit einem Balkendiagramm dargestellt wird:

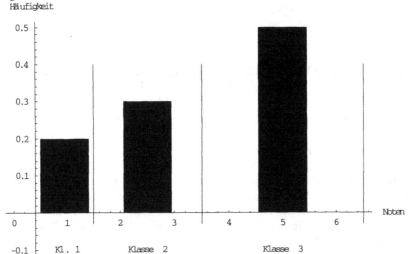

Kap.2 Abbildung 13 - Darstellung klassierter Daten unterschiedlicher Klassenbreite mit einem Stabdiagramm

Man erkennt an dieser Darstellung auf den ersten Blick, dass es viel mehr Schüler gibt, die Nachhilfe im Fach Mathematik erhalten sollten, als Schüler, die Nachhilfeunterricht geben könnten. Liegt dieser Umstand jetzt aber an der Verteilung oder an der Klasseneinteilung (genauer an den unterschiedlichen Klassenbreiten)? In diesem – zugegeben noch recht übersichtlichen Beispiel – muss man dazu wieder die Originaldaten bemühen. Das Histogramm ist allerdings in der Lage neben der Darstellung der Häufigkeiten der Klassen auch diese Frage zu beantworten:

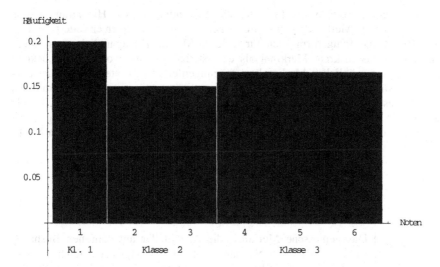

Kap.2 Abbildung 14 - Darstellung klassierter Daten unterschiedlicher Klassenbreite mit einem Histogramm

Jetzt werden die relativen Häufigkeiten der Klassen durch die Flächen der Rechtecke dargestellt; man erkennt noch leicht, dass die relativen Klassenhäufigkeiten von Klasse 2 und 3 größer sind als die Klassenhäufigkeit von Klasse 1. Aber auch die Höhen dieser Rechtecke sind interessant. Diese geben die Häufigkeiten im Verhältnis zur Klassenbreite an und können so als Dichte der Häufigkeitsverteilung interpretiert werden. Das bedeutet, je höher diese Rechtecke sind, um so größer ist die Dichte der Merkmalsausprägungen innerhalb der Klasse. Bezieht sich die Aussage über die Dichte der Merkmalsausprägungen auf ein stetiges Merkmal, kann man die Dichte wie folgt verdeutlichen:

Innerhalb einer Klasse werden die Merkmalsausprägungen als gleichverteilt angenommen, d.h. die Abstände zwischen den Merkmalsausprägungen werden innerhalb einer Klasse als konstant angenommen. Die Dichte der Merkmalsausprägungen ist dann ein Mass dafür, wie weit die Merkmalsausprägungen innerhalb einer Klasse von den Nachbarn entfernt sind. Vergleicht man zwei Klassen unterschiedlicher Dichte, bedeutet die höhere Dichte der Merkmalsausprägungen, dass die Anzahl der Merkmalsausprägungen in einem Skalenstück fester Breite für die Klasse mit hoher Dichte größer ist als die Anzahl der Merkmalsausprägungen auf einem Skalenstück derselben Breite in der Klasse mit der kleineren Dichte.

Auch der Vergleich mit der physikalischen Dichte von Körpern ist möglich. Die Klassenbreite übernimmt dabei die Rolle des Körpervolumens, die Dichte der Merkmalsausprägungen übernimmt die Rolle der Körperdichte und die relative Häufigkeit übernimmt die Rolle der Masse.

Sind bei den klassierten Daten alle Klassen gleich breit, dann ist die Höhe der Rechtecke im Histogramm proportional zu den Häufigkeiten, wie beim Balkendiagramm (Wenn das Volumen unterschiedlicher Körper gleich groß ist, können die Massen auch mit Hilfe der Dichten unterschieden werden und umgekehrt).

Die oben genannte Einschränkung für die Anwendbarkeit des Histogrammes für klassierte stetige Merkmale kann durch einen kleinen Trick auch erweitert werden, um diese Darstellungsform auch für diskrete Merkmale zugänglich zu machen. Dazu wird das diskrete Merkmal als quasistetig[19] erklärt, womit die „Lücken" zwischen den möglichen Merkmalsausprägungen eines diskreten Merkmales aufgehoben sind und damit die Darstellung einer Fläche über die gesamte Skala des Merkmales – so wie es beim Histogramm gefordert ist – ermöglicht wird. Das als quasistetig erklärte Merkmal gilt dann als klassiert, wobei die Klassengrenzen jeweils in der Mitte zwischen den möglichen Ausprägungen des diskreten Merkmales liegen.

> Beispiel 7:
>
> Veranschaulichen wir uns die Problematik anhand des Kap.2.2 Definition 4
>
> Das gemessene Merkmal, die Anzahl der angefahrenen Bushaltestellen, ist diskret. Niemand legt 2,1 oder 3,5 Haltestellen zurück, insofern er sich nicht während der Fahrt mit einem kühnen Sprung auf der Mitte der Strecke aus dem Bus springt. Das schließen wir aber einmal aus. Um das Merkmal mit einem Histogramm darstellen zu können, erklären wir es für quasistetig. Das bedeutet, dass nun auch gebrochene Zahlen als Merkmalsausprägungen möglich sind (natürlich nur theoretisch). Nun ergeben sich neue Klassengrenzen, während zuvor die Klasse 2 die Grenzen $x_{2u} = 6$ und $x_{2o} = 10$, die Klasse 3 die Grenzen $x_{3u} = 11$ und $x_{3o} = 15$, usw. hatte, hat die Klasse 2 die Grenzen $x_{2u} = 5,5$ und $x_{2o} = 10,5$, die Klasse 3 die Grenzen $x_{3u} = 10,5$ und $x_{3o} = 15,5$, usw. Die „Lücken" zwischen den möglichen Ausprägungen sind damit verschwunden. Die obere Grenze der Vorgängerklasse differiert nicht mehr mit der unteren Klassengrenze der nachfolgenden Klasse, so dass ein Histogramm gezeichnet werden kann.

---

[19] Siehe dazu Abschnitt „ Exakte Klassengrenzen"

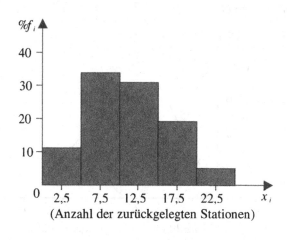

Kap.2 Abbildung 15 - Histogramm der prozentualen Häufigkeiten zu den klassierten Daten aus Beispiel 4

Angemerkt sei noch, dass es bei der Beschriftung des Histogrammes wichtig ist, zwischen diskreten (quasistetigen) und kontinuierlichen Merkmalen zu unterscheiden. Bei diskreten (quasistetigen) Merkmalen wird die Masseinheit für x_i jeweils in die Mitte eines Abszissenabschnitts abgetragen. Bei stetigen Merkmalen kommt die Masseinheit für x_i jeweils an die Grenze zwischen zwei Abszissenabschnitte[20]).

2.3.4 Das Polygon

Das Polygon (oder Polygonzug) kann aus dem Histogramm entwickelt werden, indem man die Mittelpunkte der oberen Rechteckseiten verbindet.

[20]) Urban, 1990: S. 39

Polygon zu Beispiel 7:

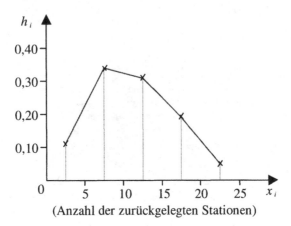

(Anzahl der zurückgelegten Stationen)

Kap.2 Abbildung 16 - Häufigkeitspolygon der relativen Häufigkeitsverteilung der Daten von Beispiel 7

Häufig wird die Figur dadurch geschlossen, dass der Linienzug an den Enden der Verteilung auf die x-Achse hinuntergebracht wird. Dazu werden die Mittelpunkte der Kategorien mit der Häufigkeit null vor der ersten und nach der letzten Klasse verwendet. So sind die Flächen des Histogramms und Polygons gleich.

Kap.2 Definition 14:
Histogramme und Polygonzüge sind die gebräuchlichsten Darstellungsformen von Häufigkeitsverteilungen. Hierbei sind einige allgemeine Regeln einzuhalten:
Konventionell wird auf der X-Achse (Abszisse) die Merkmalsskala abgetragen und auf der Y-Achse (Ordinate) die ermittelten Häufigkeiten.
Innerhalb der selben Achse müssen die Punktabstände der Skaleneinteilung konstant gehalten werden.
Bei klassierten Daten werden die Abszisseneinheiten durch die Klassenmittelpunkte repräsentiert.

2.3.5 Typische Formen spezieller Verteilungen

Da sich aus den Formen der Verteilungsfunktionen eine Reihe von Informationen entnehmen lassen, werden in diesem Abschnitt die Graphen einiger charakteristischer Häufigkeitsfunktionen vorgestellt.

Bisher dienten uns Histogramme als graphische Darstellungsmöglichkeiten für Häufigkeitsverteilungen gemessener Merkmale. Abhängig von konkreten Datensätzen können dabei jedoch von der Form her ähnliche Histogramme entstehen, die jedoch nicht identisch sind. Diese Formen oder Typen von Histogrammen können in verschieden Klassen eingeteilt werden. Um die charakteristischen Eigenschaften dieser Histogrammtypen besser unterscheiden zu können, haben wir uns entschieden, die Typen der Histogramme zu vereinfachen. Dazu legen wir eine glatte Kurve möglichst dicht an den oberen Kanten der Säulen eines Histogramms. Die so entstandene Kurve kann dazu dienen, das Histogramm einem bestimmten Typen zuzuordnen.

Folgendendes Beispiel soll die Verallgemeinerung verdeutlichen.

Es wurden zwei Histogramme verschiedener Erhebungen erstellt. In beiden Fällen scheinen Messwerte aller Klassen in denen Merkmalsausprägungen zu verzeichnen waren gleichhäufig aufzutreten. Diese Eigenschaft erkennt man im Histogramm daran, dass die Klassenhäufigkeiten in etwa gleich ausfallen:

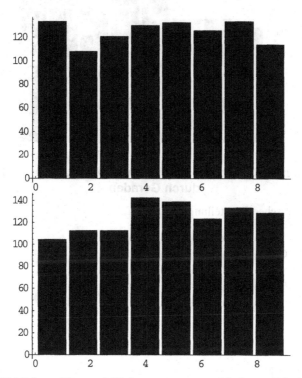

Kap.2 Abbildung 17 - zwei Histogramme verschiedener Erhebungen

Zusammen mit der Annahme, dass die anzutreffenden Klassenhäufigkeiten nahezu gleich sind, kann das Histogramm auch durch eine horizontale Gerade schematisch dargestellt werden:

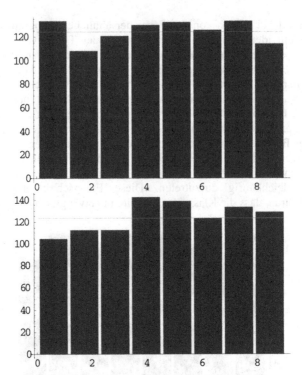

Kap.2 Abbildung 18 - schematische Darstellung zweier Histogramme durch Geraden

Mit der schematischen Darstellung

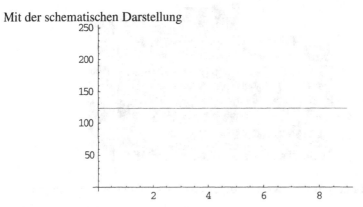

Kap.2 Abbildung 19 Verallgemeinerung eines Histogramms zu einem Verteilungstyp

eines Histogramms ist also ein bestimmter Typ von Histogrammen gemeint; wir verzichten im folgenden Kapitel darauf, in der schematischen Darstellung also auf die Darstellung der einzelnen Klassen und zeigen nur die allgemeine Form, welche die Säulen des Histogramms annähern annehmen.

Gleichmäßige Verteilungen

Das charakteristische Kennzeichen einer gleichmäßigen Häufigkeitsverteilung ist, dass die ermittelten Häufigkeiten auf oder in der Nähe einer geraden durchgehenden Linie liegen, die parallel zur x-Achse verläuft.

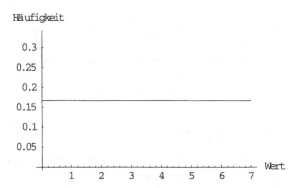

Kap.2 Abbildung 20 Gleichmäßige Verteilungen

Diese Art der Verteilung tritt auf, wenn jeder mögliche Messwert etwa gleich häufig aufgetreten ist. Bei einem Würfelexperiment mit einem idealen Würfel wird man mit hoher Wahrscheinlichkeit Daten mit einer solchen Verteilung erhalten, da jede Zahl beim Würfeln die gleiche Wahrscheinlichkeit des Auftretens hat und damit auf Dauer mit der gleichen relativen Häufigkeit auftritt. In der empirischen Praxis wird man jedoch selten auf diesen Verteilungstyp treffen, da in der Realität häufig viele Zufälle auf die Messwerte einen Einfluss haben.

Im Beispiel 1 des Kapitels 2 wurden Noten einer 8. Klasse erhoben. Diese hatten folgendes Aussehen:

Laufende Nummer	1	2	3	4	5	6	7	8	9	0
1–10	2	4	4	3	3	1	1	5	3	2
11–20	1	4	5	6	5	4	1	3	2	5

Nimmt man an, dass diese Daten gleichmäßig verteilt sind, ergibt sich folgendes Histogramm:

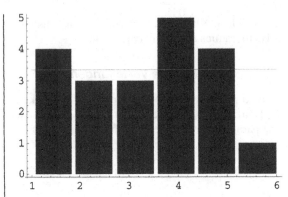

Die Häufigkeiten der einzelnen Klassen (hier die Schulnoten) werden dabei als etwa gleich angenommen. Bei dieser Grafik ist auffällig, dass die Note 6 für die Annahme der Gleichverteilung aller Noten zu selten auftritt. In der empirischen Praxis werden solche Verteilungsannahmen wie hier die Annahme der Gleichverteilung mit Methoden der Teststatistik überprüft.

Uni- und bimodale Verteilungen

Als unimodale Verteilungen bezeichnet man Häufigkeitsverteilungen bei denen die Messwerte nicht gleichmäßig über die Messwertskala verteilt sind, sondern sich vorrangig um einen bestimmten Wert gruppieren und damit einen Verteilungsgipfel erzeugen.

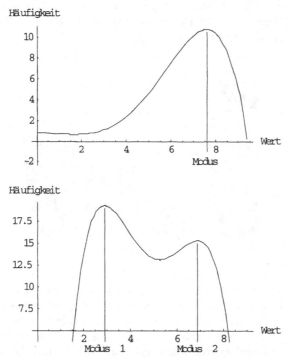

Kap.2 Abbildung 21 - Schematische Darstellung einer unimodalen (links) und einer bimodalen Häufigkeitsverteilung

Über bimodale Verteilungen lassen sich Aussagen in analoger Weise formulieren; sie besitzen zwei lokale Maxima, die sich im Graphen als zwei Gipfel widerspiegeln. Die lokalen Maxima müssen nicht zwingend die gleiche Größe besitzen, es ist möglich, dass – wie im Bild - die dargestellte Verteilung nur ein globales Maximum, aber zwei lokale besitzt.

Die Bezeichnung „modal" ist vom Lagemaß Modus abgeleitet, dem der Messwert mit der größten Häufigkeit zugeordnet ist. Er wird später noch ausführlicher erläutert.

Im Beispiel 4 aus dem Kapitel 2 wurde das Einkommen von 10 Studenten untersucht. Das Histogramm zeigt, dass einen Normalverteilungsannahme nicht mehr sinnvoll ist:

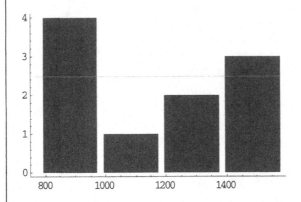

Vielmehr zeigt die Grafik, dass sich die Datenwerte um zwei Merkmalsausprägungen gruppieren: Zum einen gab es eine Gruppe von Studenten mit sehr geringem Einkommen, zum andern eine große Gruppe mit höherem Einkommen. Studenten mit mittlerem Einkommen waren selten vertreten[21]. Hier ist also eher die Annahme einer bimodalen Verteilung vorteilhaft.

---

[21] Eigentlich ist der Stichprobenumfang deutlich zu gering für diese Formulierung. Da es in diesem Beispiel aber nicht um eine inhaltliche Aussage geht, sondern um die Veranschaulichung der Methodik ist die geringe Datenanzahl eher hilfreich.

Glockenförmige Verteilungen

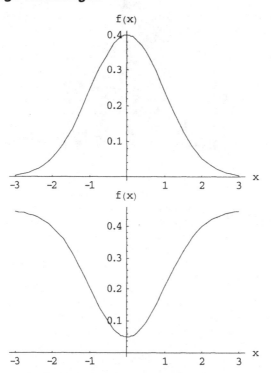

Kap.2 Abbildung 22 - Schematische Darstellung glockenförmiger (links) und U-förmiger (rechts) Verteilungen

Wie der Name schon sagt, so besitzen glockenförmige Häufigkeitsverteilungen das Aussehen einer (umgedrehten) Glocke. Am bekanntesten ist die Gauss'sche Glockenkurve. Charakteristisch für diese Art der Verteilungsform ist die Existenz eines einzigen lokalen Maximums (bzw. Minimums) und oft die Symmetrie, wobei die gedachte Symmetrieachse durch das globale Maximum (Minimum) geht .

> Betrachten wir das Histogramm einer glockenförmigen Verteilung – hier aus simulierten Daten - , dann können wir feststellen, dass auch hier die Annahme der Gleichverteilung der Daten nicht sinnvoll erscheint. Vielmehr häufen sich die Merkmalsausprägungen um einen zentralen Wert und fallen auf beiden Seiten dazu mehr oder weniger gleichmäßig ab (wir werden später noch Methoden erlernen, mit denen verschieden glockenförmige verteilte Messreihen – manchmal auch als normalverteilt bezeichnet –hinsichtlich der Symmetrie verglichen werden können):

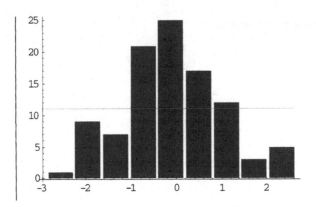

J-förmige Verteilungen

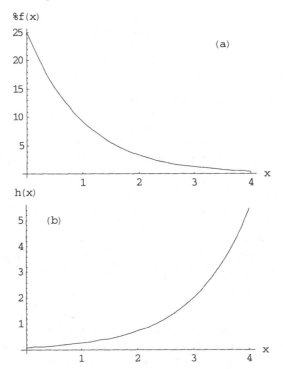

Kap.2 Abbildung 23 - Schematische Darstellung J-förmiger Verteilungen (a) umgekehrt j-förmige Häufigkeitsverteilung (b) j-förmige Häufigkeitsverteilung

Als J-förmig bezeichnet man die Häufigkeitskurven, bei denen an einem Rand der Verteilung das globale Maximum zu finden ist und die Kurve zum anderen Ende der Verteilung hin abebbt, sich langsam der Abszisse annähert. Sie ähneln dem Funktionsgraphen einer Exponentialfunktion.

Mit dem folgenden Histogramm (ebenfalls aus simulierten Daten gewonnen) wird eine typische J-förmige Verteilung demonstriert. Charakteristisch ist die Häufung der Merkmalsausprägungen am Rand des Histogramms:

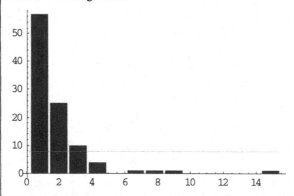

Die Form des Histogramms weicht deutlich von den bisher kennen gelernten Verteilungstypen ab. Die Daten konzentrieren sich nicht um einen zentralen Mittelwert (von dem aus die relative Häufigkeit nicht mehr oder weniger symmetrisch abklingt) und weichen daher stark vom Verteilungstyp normalverteilter Daten ab. Auch die Annahme der Gleichverteilung muss anhand der Grafik abgelehnt werden, denn kleinere Merkmalsausprägungen scheinen tendenziell häufiger aufzutreten.

Symmetrische Verteilungen

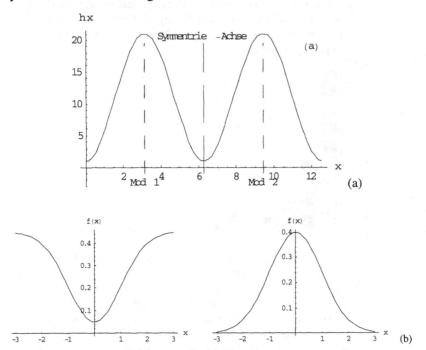

Kap.2 Abbildung 24 - Schematische Darstellung symmetrischer Verteilungen (a) bimoadal (b) unimodal und glockenförmig bzw. bimodal und U-förmig

Symmetrische Häufigkeitskurven werden dadurch charakterisiert, dass man sie in zwei völlig identische Hälften teilen kann, die sich um eine gedachte, parallel zur Ordinate verlaufende Achse spiegeln lassen. Dies bedeutet, dass solche Messwerte, die gleich weit von der Spiegelachse (Symmetrieachse) entfernt sind, die gleiche Häufigkeit besitzen. Als Beispiel wären gleichmäßige oder glockenförmige Verteilungen zu nennen.

Schiefgipflige Verteilungen

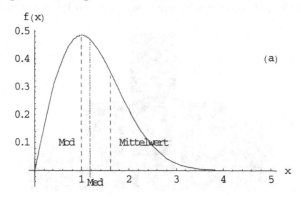

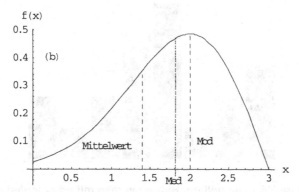

Kap.2 Abbildung 25 - Schematische Darstellung schiefgipfliger Verteilungen: (a) rechtsgipflig bzw. linksschief (negative Schiefe), (b) linksgipflig bzw. rechtsschief (positive Schiefe)

Asymmetrische bzw. schiefe Verteilungen werden in zwei Arten unterschieden, die je nach Literatur unterschiedlich bezeichnet werden. Es gibt (a) rechtsgipflige Verteilungen mit der Eigenschaft $\bar{x} <$ Median < Modus. Weitere Bezeichnungen sind: linksschiefe Verteilung oder Verteilung mit negativer Schiefe. Daneben gibt es (b) linksgipflige Verteilungen, für die umgekehrt gilt: $\bar{x} >$ Median > Modus. Sie werden auch bezeichnet als rechtsschiefe Verteilungen oder Verteilungen mit positiver Schiefe. (Auf die Relationen zwischen Mittelwert, Median und Modus bei charakteristischen Verteilungen wird im Abschnitt über Lokalisationsparameter ausführlich eingegangen.)

Abhängigkeit des Typs von der Wahl der Klassenbreite

In unserem letzten Beispiel zu dem Thema der Verteilungstypen müssen wir noch auf eine besondere Schwierigkeit hinweisen. Abhängig von der Klasseneinteilung der Daten ist es möglich, dass die resultierenden Histogramme als unterschiedli-

che Verteilungstypen interpretiert werden können. Dazu haben wir simulierte
Daten in Histogrammen dargestellt mit unterschiedlichen Klassenbreiten

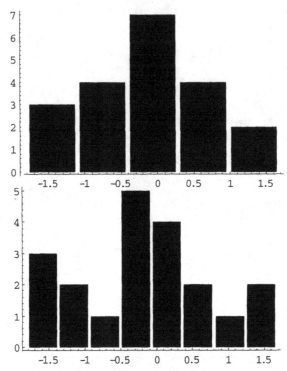

Kap.2 Abbildung 26 – Darstellung Histogrammen mit unterschiedlichen Klassenbreiten

Wir möchten nochmals darauf hinweisen, dass es sich bei beiden Histogrammen
um Grafiken aus denselben Daten handelt (mathematica-Format[22]):

```
{-0.128082, -0.501304, -1.0885, 0.225946, 0.228905, -1.83337, 0.415444, 1.64637, -1.48357, -0.201299,
 -0.395372, -0.715549, -1.40139, 0.745413, 0.867617, 1.21226, 0.145357, -1.12324, 0.265758, -0.309987}
```

Während man bei dem linken Histogramm eine Normalverteilung vermuten kann,
könnte beim rechten Histogramm eine bimodale Verteilung angenommen werden.
Zur Klärung solcher Probleme sollte ein Testverfahren benutzt werden, das bei der
Entscheidung hilft, welchen Verteilungstyp man annehmen sollte. Weiterhin sollte
man beachten, dass bei jeder Klasseneinteilung ein Datenverlust auftritt (siehe
Kapitel über Klasseneinteilung).

---

[22] Mathematica Version 4.0

Zusammenfassung:
In diesem Kapitel wurden Sie mit den Grundelementen der statistischen Daten-auswertung bekannt gemacht. Dabei haben Sie die Häufigkeitsverteilung einer Variable, die Berechnung von Häufigkeiten aus dem Datenmaterial und die gra-phische Darstellung beider erstgenannten Punkte kennengelernt. Sie sollten nun die speziellen Eigenschaften und die Anwendungsgebiete der graphischen Darstel-lungen von empirischen Häufigkeitsverteilungen kennen. Histogramme sind die gebräuchlichsten Darstellungsformen von Häufigkeitsverteilungen. Sie haben einen Einblick in das Gebiet der Klasseneinteilung von Merkmalsausprägungen erhalten und kennen die Vor- und Nachteile dieses Vorgehens. Weiterhin wissen Sie nun, dass es verschiedene Verteilungstypen gibt, kennen aber auch die Merk-male, aus denen man aus einem Histogramm über den Verteilungstyp der Daten Vermutungen treffen kann.

2.4 Erkennen von Fehlinformation in statistischen Analysen

Wie in vielen anderen Wissenschaften kann auch die Statistik missbraucht werden. In einer Welt, in der Daten und die Auswertung von Daten eine immer größere Rolle spielt nimmt der Bedarf an übersichtlichen und einfachen Entscheidungshilfen zu. Dazu ist die Statistik wie kein anderes Gebiet geeignet. Hinsichtlich der Entscheidungshilfe besteht allerdings das Problem, ob man einer Statistik vertrauen kann. Dabei muss man anmerken, dass nicht die statistischen Verfahren sondern eher die zugrundeliegenden Daten bzw. die Interpretationen der Statistiken im Zentrum der Kritik stehen. Die Stärke der Statistik ist ja gerade, eine Fülle von Informationen auf Wesentliches zu reduzieren. Wenn allerdings die Qualität der Ausgangsdaten zweifelhaft ist, die falschen Auswertungsmethoden oder manipulierte Grafiken verwendet werden, können statistische Aussagen zu Fehlentscheidungen führen. So ist es geschickten Manipulatoren möglich, „statistische Lügen" für ihre Zwecke einzusetzen.

Von einer „statistischen Lüge" ist die Rede, wenn Daten oder Grafiken absichtlich so dargestellt werden, dass sie zwangsläufig fehlinterpretiert werden können. In unserem ersten Beispiel wird dabei die Achsenskalierungen verändert, so dass der Eindruck entsteht, die Datenwerten würden sich stark verändern.
Dazu ein fiktives Beispiel, das uns in der Realität so oder in ähnlicher Form begegnen könnte.

Beispiel 8:

Um den Kleinaktionären eines Unternehmens eine größere Umsatzsteigerung zu suggerieren, griff der Manager des Unternehmens bei der Darstellung der Jahresumsätze auf ein einfaches Mittel zurück. Er verwendete eine unterbrochene Achse und modifizierte damit die Skalierung. Um die Veränderung des Graphen kenntlich zu machen sind einmal der manipulierte Graph und einmal der korrekt skalierte Graph[23] nebeneinander abgebildet.

Jahr	1	2	3	4	5
Preis-index	103,0	105,4	109,0	112,8	114,4

---

[23] Damit ist eine Abbildung mit nicht unterbrochene Achsen bzw. mit dem Achsenschnittpunkt im Punkt (0,0) gemeint.

Diese Entwicklung lässt sich so durch zwei scheinbar völlig verschiedene, jedoch mathematisch korrekte Darstellungen der Daten
repräsentieren.

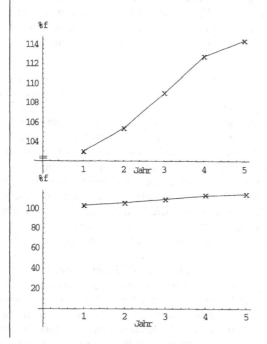

**Kap.2 Abbildung 27 - Graphische Darstellung als Form der „statisti-
schen Lüge"**

Durch eine geschickte Wahl der Skalierung der y-Achsen (links)
wird dem Betrachter vorgetäuscht, dass die jährliche Zunahme der
Umsätze des Unternehmens viel größer als tatsächlich (rechts) aus-
gefallen sind.

Außer den grafischen Möglichkeit gibt es weitere Aspekte, die zu „Lügen" mittels
Statistiken führen können. Dabei werden Zahlenwerten falsche Bedeutungen zugeordnet, die dann zu (verbalen) Falschaussagen führen. Empirische Wissenschaften wie Pädagogik oder Psychologie führen ihre Untersuchungen hauptsächlich
nach inhaltlichen Gesichtspunkten durch. Dementsprechend existieren meist schon
vor einer Untersuchungserhebung Hypothesen, die dann empirisch gesichert oder
abgelehnt werden sollen. In Abhängigkeit vom verwendeten statistischen Auswertungsverfahren und der gewünschten Intention der Mitarbeiter des Untersu-
chungsprojektes können dann die erhaltenen Ergebnisse differieren.
Im Folgenden sollen einige Beispiele aufgeführt werden, die deutlich machen,
dass zweifelhafte statische Aussagen zunächst kritisch auf eventuelle Trugschlüsse
zu beurteilen sind.

In Frankfurt/Main beispielsweise bestanden 1994 etwa 77,5 Prozent aller Haushalte aus weniger als drei Personen, 49,2 Prozent davon waren Single-Haushalte. Eine bekannte deutsche Tageszeitung schlussfolgerte dann falsch in der Überschrift zur Graphik: „Jeder zweite lebt allein"[24]. Natürlich müsste es richtig heißen: „von nur 77,5 Prozent aller Haushalte (nämlich der, die weniger als 3 Personen beherbergen) ist jeder 2. ein Single-Haushalt".

Es kann durchaus auftreten, dass Prozentzahlen im Vergleich zu absoluten Werten einen falschen Eindruck ergeben. Wird der Frauenanteil in einem studentischen Fachschaftsrat von insgesamt 20 Personen von 2 auf 4 Frauen gesteigert, so entspricht dies einer Steigerung um 100 %. Werden dabei die absoluten Werte nicht erwähnt, so führt diese Aussage leicht zu Fehlinterpretationen. Die astronomischen hohen Wachstumsumsatzraten von Unternehmen der „new economy" im Vergleich zu Großunternehmen („global playern") sind natürlich dadurch zu relativen, dass die Bezugsgrößen (Umsatzrate zum Beginn des betrachteten Zeitraums) der verschiedenen Unternehmen sich äußerst stark unterscheiden. Beispielsweise ist es für ein Unternehmen wie Siemens nahezu unmöglich, innerhalb eines Jahres eine Wachstumsumsatzrate von 100 % zu erreichen.

In den späteren Kapiteln werden wir uns mit Maßzahlen von Verteilungen beschäftigen.

Auch bei der Verwendung dieser Maßzahlen können Formen der „statistischen Lüge" auftreten. Vergleicht man beispielsweise die Einkommen eines Durchschnittsbürgers (d.h. man bildet das arithmetische Mittel (Mittelwert) aus allen Einkommen des zu betrachtenden Landes) aus Deutschland und Brunei, so stellt man keine Unterschiede fest, obwohl die Einkommensverteilung in Brunei erheblich schiefer ist als bei uns, d.h. deutlich mehr Personen haben in diesem Land ein geringeres Einkommen auf dem vergleichbaren Niveau wie in Deutschland. Lässt man nämlich den als reichsten Mann der Erde geltenden Sultan von Brunei aus der Einkommensstatistik weg, so ergibt sich, dass der Einkommensdurchschnitt in Brunei nun deutlich niedriger als in Deutschland ist. Somit muss nach einer anderen Maßzahl gesucht werden, die unempfindlicher gegenüber dem Ausreißereinkommen ist. Dies wird dann mittels des Medians geschehen. Dieser Wert ist der Punkt der Messwertskala, unter dem 50 % der Messwerte liegen.

Wir betrachten im Hinblick zur Verwendung von Mittelwerten noch folgendes Problem: Ist die Angst vorm Fliegen begründet?[25]

Wir untersuchen folgende (richtige) Statistiken:

1.   Bahn: 9 Verkehrstote pro 10 Milliarden Passagierkilometer
      Flugzeug: 3 Verkehrstote pro 10 Milliarden Passagierkilometer

2.   Bahn: 7 Verkehrstote pro 100 Millionen Passagierstunden
      Flugzeug: 24 Verkehrstote pro 100 Millionen Passagierstunden

---

[24] Krämer, 1997, S.55
[25] Krämer, 1997, S.69

Bei diesen beiden Statistiken wurden die Zahlen der Verunglückten auf die Bezugsgrößen Passagierkilometer bzw. –stunden bezogen. Je nach verwendeter Bezugsgröße ergibt sich für die Statistiken eine andere Aussage. Welcher Statistik soll nun Glauben geschenkt werden?

Versucht nun ein Anbieter jeweiliger Verkehrsmittel Werbung für die Sicherheit ihres Unternehmens anpreisen, so würde für die Bahn Statistik 2 und für das Flugzeug Statistik 1 sprechen. Aus diesen beiden Statistiken ist auf den ersten Blick zunächst völlig unersichtlich, welches Verkehrsmittel nun eine größere Sicherheit gewährleistet. Allerdings muss nun sehr sorgfältig argumentiert werden: Die größere Anzahl von Toten pro Passagierkilometer wird natürlich dadurch relativiert, dass Flugzeuge im allgemeinen längere Strecken zurücklegen als Bahnen. Um zu entscheiden, ob man nun rein statistisch gesehen Flugangst haben sollte oder nicht, interessiert in diesem Fall vielleicht nicht so sehr, ob man auf den nächsten tausend Kilometern umkommen könnte (Aussage von Statistik 1), sondern wie groß die Chance ist, in der nächsten Stunde zu verunglücken (Aussage von Statistik 2). Es ist jedoch nicht eindeutig zu erklären, welche Statistik nun zur Beschreibung dieses Sachverhalts eingesetzt werden soll.

Hat man für eine Reise vielleicht die Alternative zwischen Bahn und Flugzeug, so ist mit Statistik 2 die Bahn auch nicht absolut sicherer; außerdem kann das Verkehrsmittel Flugzeug ja viermal so schnell wie die Bahn sein, so dass man beim Bezug auf die benötigte Reisedauer dann für die Bahn eine größere Unsicherheit berechnet. Ähnliche Problem gelten für die Umkehrung.

Als weiteres Anwendungsgebiet für die „statistische Lüge" stellen wir das Problem vom Schließen von Korrelation (als Maßzahl für die Stärke eines (linearen) Zusammenhangs zweier Merkmale) auf Kausalität (Ursachenergründung) vor.

Intuitiv plausibel scheint zu sein, dass es einen Zusammenhang von Rauchen und frühem Sterben gibt, d.h. es wird Rauchen als Ursache für frühes Sterben erklärt. Aus einer Studie des Wissenschaftlichem Instituts der Ortskrankenkassen geht hervor, dass ein 30jähriger Raucher mit einem Zigarettenkonsum von zwei Päckchen pro Tag in der Regel 12 Jahre früher als ein Nichtraucher (Mitglied der Bezugs- bzw. Referenzpopulation) stirbt[26]. Allerdings kann es durchaus möglich sein, dass Raucher noch andere Charakteristiken aufweisen, die ein früheres Ableben verursachen können. Zum Beispiel ernähren sich Raucher ungesünder als andere Mitglieder der Bezugspopulation, Raucher werden häufiger als Nichtraucher ermordet und häufiger in tödliche Verkehrsunfälle verwickelt. Somit gibt es durchaus noch weitere Merkmale als das Rauchen, die ein früheres Sterben von Rauchern verursachen. Die betrachteten Merkmale weisen aber einen Zusammenhang (Korrelation) mit der Eigenschaft Rauchen auf, das heißt, in diesem Beispiel ist ersichtlich, dass der tatsächlich untersuchte Zusammenhang auch nicht vollständig durch die beiden Merkmale „Rauchen" und „frühes Sterben" erklärt wird.

Wir betrachten nun noch ein weiteres Beispiel, welches das Problem von Korrelation und Kausalität beschreiben soll. Nach einer Reihe von Studien gibt es einen negativen Zusammenhang von Studiendauer und Startgehalt bei der ersten festen Arbeitsstelle nach dem Studium. In einer Untersuchung des Handelsblattes findet man jedoch:

---

[26] Krämer, 1997, S.167

„Ein langes Studium zahlt sich in barer Münze aus. Zu diesem überraschen Ergebnis kommt eine Studie über die Einstiegsgehälter von Berufsanfängern, für
wlelche die Deutsche Gesellschaft für Personalführung 44 Firmen befragt hat."[27]
Die statistische Auswertung ist auf den ersten Blick richtig durchgeführt worden
und trotzdem lieferte obiges Zitat einen Trugschluss. In der Untersuchung wurden
Absolventen verschiedener Studienrichtungen aufgenommen, die dann natürlich
auch dem Studienfach geschuldet verschiedene Studierdauern benötigten. Hoch-
schulabsolventen der Chemie, Medizin oder Jura erhalten nach verhältnismäßig
langer Studiendauer hohe Starteinkommen. In der betrachteten Untersuchung
finden sich auch Absolventen dieser Fachrichtungen wieder, die dann den positiven Zusammenhang von Studiendauer und Startgehalt verursachen, da Absolventen aller Studiengänge praktisch in einen „Topf" geworfen und dann nur hinsichtlich der Variablen Studiendauer und Startgehalt untersucht wurden. Lässt man nun
allerdings das Studienfach konstant, d.h. man betrachtet nun die untersuchten
Merkmale für eine Studienrichtung, so ergibt sich die zur anfangs aufgeführte
konträre (aber eigentlich korrekte) Aussage, dass mit steigender Studiendauer das
Startgehalt sinkt. Die Kap.2 Abbildung 28 macht dies für die Fächer BWL, Physik
und Chemie deutlich.

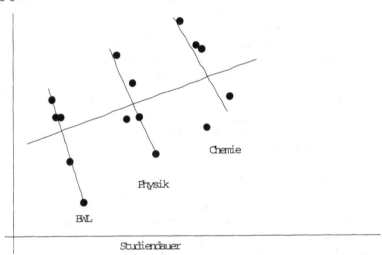

**Kap.2 Abbildung 28 - Graphische Darstellung als Form der „statistischen
Lüge"**

Durch die Grafik wird sichtbar, dass der positiver Zusammenhang zwischen Studiendauer und Anfangsgehalt nur dadurch entsteht, dass

---

[27] Krämer, 1997, S.165

- verschiedene Studienrichtungen zusammen betrachtet werden und
- diese Studienrichtungen verschiedene durchschnittliche Studiendauern besitzen.

Diese Beispiele zeigen, dass statistische Aussagen kritisch hinsichtlich ihres Aussagegehalts betrachtet werden sollten. Es gibt allerdings noch eine Vielzahl weiterer Probleme, die im Zusammenhang mit dieser Fragestellung existieren, auf die wir jedoch in diesem Buch nicht eingehen können.

Trotz der hier aufgezeigten, in der Realität auftretenden Schwierigkeiten, ist es nicht unser Ziel, dem Leser den Eindruck zu vermitteln, dass Statistiken stets verfälscht oder fehlinterpretiert sind. Vielmehr war unser Ziel, den Leser auf typische Fehler bei der Behandlung von Statistiken aufmerksam zu machen und somit sicherer im Umgang mit statistischen Auswertungen oder Interpretationen.

Der Effekt der „statistischen Lüge" entsteht nicht durch zu komplizierte oder etwa fehlerhafte statistische Auswertungsverfahren zustande, sondern entsteht durch die Absicht des Auswerters oder desjenigen, der die Auswertung für seine Zwecke einsetzen möchte.

3 Maßzahlen eindimensionaler Verteilungen

In diesem Kapitel werden Methoden vorgestellt, mit deren Hilfe die wesentlichsten Eigenschaften von Verteilungen eines Merkmales durch Masse oder Parameter beschrieben werden können. Anders als im vorangegangen Abschnitt erfolgt die Beschreibung der Verteilung also nicht über Grafiken oder Tabellen, sondern über statistische Maßzahlen. Statistische Maßzahlen sind quantitative Größen, die verschiedene Eigenschaften einer Verteilung widerspiegeln. Die Verteilungen verschiedener Merkmale können mit ihrer Hilfe hinsichtlich ihrer Eigenschaften schnell und ohne großen Aufwand verglichen werden.
Der Leser wird Lageparameter wie Mittelwert, Median, Modus, Quartil, Quantil und Prozentrang und ihre Eigenschaften kennen und berechnen lernen.

Der Sinn *statistischer Maßzahlen* ist, wesentliche Eigenschaften von Verteilungen als quantitative Größe auszudrücken. Eine empirische Häufigkeitsverteilung besitzt natürlich mehrere Aspekte, die für den Forscher von Interesse sind. Natürlich stecken in den gemessenen Daten alle Eigenschaften der empirischen Verteilung, allerdings sind diese Eigenschaften in dieser Darstellungsform schwer erkennbar. Betrachten wir uns dazu im Folgenden die Graphen einiger Verteilungen.

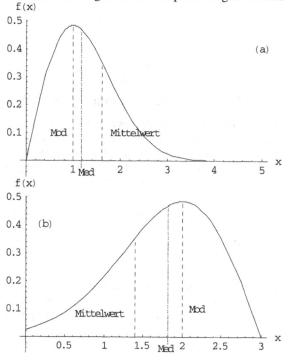

Kap.3 Abbildung 3 - a) linksgipfelige b) rechtsgipflige Verteilung

Der vielleicht wichtigste Aspekt einer Verteilung ist die Frage, in welchem Bereich der Messwertskala sich die Daten befinden. Wurden in der Stichprobe in der Mehrzahl kleine oder große Werte gemessen? Auskunft darüber geben Lageparameter, wie etwa der Mittelwert, der jedem aus der Schule bekannt ist. Unter Verwendung von Mittelwerten können beispielsweise zwei Schulen verglichen werden, wie oft im Jahr durchschnittlich aktive Gewalt von Schülern gegen Schüler und Lehrer ausgeübt wurde. Dazu wird aus den Messwerten eine reelle Zahl ermittelt, die widerspiegelt, in welchem Bereich sich die Messwerte bewegen. Damit ist man zum einen in der Lage, genau anzugeben, wie hoch die Ausprägungen der Datenwerte etwa sind, zum anderen kann man aber auch die Lage von zwei Verteilungen vergleichen.

Da die Messwerte selbst noch weitere Informationen enthalten, die bei der Berechnung eines Parameters – z.B. eines Lageparameters – keine Beachtung finden, geht mit der Berechnung eines Parameters gleichzeitig ein Informationsverlust einher. D.h. mit der Angabe eines Lageparameters anstelle der Gesamtheit der Daten beschreibt man sehr effektiv eine isolierte Eigenschaft der Verteilung, verzichtet aber anderseits auf alle weiteren Informationen – wie z.B. Aussagen über die Größe der Schwankungen zwischen den Messwerten.

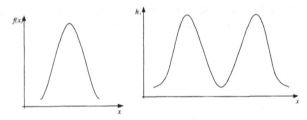

Kap.3 Abbildung 4 - a) unimodale Verteilung, b) bimodale Verteilung

Diese Größe der Schwankungen aller Messwerte einer Verteilung beschreiben Streuungsparameter. Diese beantworten die Frage, ob sich die Messwerte um einen bestimmten Messwert konzentrieren oder ob sie sich über einen sehr großen Teil der Messwertskala verteilt sind. Über die Charakterisierung der Verteilung hinaus sind Streuungsparameter ein wichtiges Mittel, um Einflussfaktoren auf das betrachtete Merkmal aufzudecken und die Stärke des Einflusses zu bestimmen. Dabei versucht man zu zeigen, dass die große Streuung der Messwerte im wesentlichen durch die Zugehörigkeit der Merkmalsträger zu verschiedenen Gruppen zustande kommt, die sich hinsichtlich des Einflussfaktors unterscheiden. Beispielsweise kann man den Einfluss des Geschlechtes auf die Ausübung aktiver Gewalt an Schulen untersuchen. Verringert sich die Streuung der Daten deutlich nach der Gruppenaufteilung in männlich und weiblich, so kann man davon ausgehen, dass das Geschlecht sehr wohl einen Einfluss darauf hat, ob der Schüler mehr oder weniger Gewalt ausübt. Solche Methoden werden im Kapitel über bivariate Verteilungen näher erläutert.

Weitere wichtige Masse für empirische Verteilungen sind die Schiefe und die Wölbung.

Die *Schiefe* gibt an, ob die Verteilung symmetrisch, rechts- oder linksschief ist. Dabei wird die Abweichung von der Normalverteilung (mit der Schiefe 0) verglichen.

Die *Wölbung* gibt an, ob es sich um eine „plattgedrückte" oder „spitze" Verteilung handelt.

3.1 Lageparameter

Lageparameter sind Werte, welche die Lage der Merkmalsausprägungen einer Verteilung auf der Messwertskala angeben. Doch welche Zahlen sind dafür geeignet? Man könnte doch z.B. die Lage der Messwerte einfach durch den kleinsten aufgetretenen Messwert charakterisieren. Der Nachteil an dieser Methode besteht, allerdings darin, dass nun alle anderen Messwerte größer sind als unser Lageparameter. Insbesondere wenn es sich bei dem kleinsten Messwert um einen Ausreißer handelt, können die Messwerte weit vom Lageparameter „kleinster Messwert" entfernt sein. Das heißt, unser Lageparameter ist nicht sehr gut geeignet, die Lage der empirischen Verteilung zu beschreiben. Damit stellt sich die Frage, was wird eigentlich genau von einem Lageparameter erwartet, welche Forderungen stellt man an ein solches Maß? Ein vernünftiges Lagemaß sollte

- im Zentrum der Verteilung liegen,
- möglichst viele Messwerte einschließen,
- linear sein.

> Beispiele für Lageparameter sind das am häufigsten gewählte Studienfach, das normale Heiratsalter oder die durchschnittlich beobachte Zahl von Gewalttätigkeiten auf dem Schulhof pro Jahr, usw..

Bevor im folgenden die wichtigsten Lageparameter vorgestellt werden, muss noch eine Forderung an die Lageparameter eines Merkmales besprochen werden: die Linearität oder sogenannte *Translationsäquivarianz*. Im wortwörtlichen Sinne bedeutet der Begriff soviel wie: in der Übertragung [Translation] gleich [äqui] streuend [Varianz].

Kap.3 Definition 7:

Es sei $l = f(x_1, x_2, ..., x_N)$ ein Lageparameter, der durch die Berechnungsvorschrift f

aus den Datenwerten $x_1, ..., x_N$ gewonnen wird. Weiterhin seien $x_i^* = b \cdot x_i + a$ Datenwerte, die durch lineare Transformation der Originaldaten entstehen. Dann heißt l linear, wenn für

$$l^* = f(x_1^*, x_2^*, ..., x_N^*) \text{ gilt:}$$

$$l^* = b \cdot l + a \tag{3.1}$$

Bei der Forderung nach Linearität eines Lageparameters verlangt man also nichts anderes als: Wenn die Daten, aus denen der Lageparameter berechnet wird, und der Lageparameter linear transformiert werden, muss der transformierte Lageparameter für die transformierten Daten dieselbe Bedeutung haben, wie der Originalparameter für die Originaldaten. Außerdem folgt aus der Eigenschaft der Linearität eine bequeme Rechenvereinfachung:

Wegen $l^* = b \cdot l + a$ folgt sofort: $l = \dfrac{l^* - a}{b}$.

Sind die Originaldaten für die Berechnung eines linearen Parameters also zu unbequem, können die Daten linear in einfacher zu handhabende Daten transformiert werden. Der Parameter kann dann aus den transformierten Daten und der Rücktransformation berechnet werden .

Beispiel 1:

In der folgenden Tabelle sind die Studiensemester aufgelistet, die 12 Studenten zur Beendigung ihres Studiums benötigten. In einer zusätzlichen Zeile werden die zu den Semestern korrespondierenden Studienjahre aufgeführt. Die Umrechnung von Semestern auf Studienjahre ergibt sich nach der Form $x_i^* = b \cdot x_i + a$ zu

$$x_i^* = 0{,}5 \cdot x_i + 0 = 0{,}5 \cdot x_i$$

Student [i]	1	2	3	4	5	6	7	8	9	10	11	12
Semester [x_i]	8	12	9	9	16	10	7	15	12	10	9	11
St.-Jahre [x_i^*]	4	6	4,5	4,5	8	5	3,5	7,5	6	5	4,5	5,5

Berechnet man exemplarisch die durchschnittliche Studiendauer einmal in Semestern und einmal in Jahren, so kommt man bei diesen Werten auf folgende Ergebnisse:

Durchschnittliche Studiendauer in Semestern:

$$\bar{x} = \frac{1}{N} \sum_{i=1}^{N} x_i$$

$$= \tfrac{1}{12}(8 + 12 + 9 + \ldots + 11)$$

$$= \tfrac{128}{12} \approx 10{,}67$$

Durchschnittliche Studiendauer in Jahren:

$$\bar{x}^* = \frac{1}{N} \sum_{i=1}^{N} x_i^*$$

$$= \tfrac{1}{12}(4 + 6 + 4{,}5 + \ldots + 5{,}5)$$

$$= \tfrac{64}{12} \approx 5{,}33$$

Nach der oben angeführten Forderung, dass der Lageparameter der transformierten Daten – hier der Studiendauer in Jahren – bei der Rücktransformation gleich dem Lageparameter der Originaldaten ergibt – hier die Studiendauer in Semestern –, testen wir dies an unserm Beispiel. Für $\bar{x}^* = 0,5 \cdot \bar{x}$ setzen wir die Werte ein und erhalten: $\frac{64}{12} = 0,5 \cdot \frac{128}{12}$. Rechnet man den rechten Term aus, so kommt man auf $\frac{64}{12} = \frac{64}{12}$.

3.1.1 Das arithmetische Mittel

Der wohl bekannteste Lageparameter ist das *arithmetische Mittel*. Umgangssprachlich wird er einfach als Mittelwert oder Durchschnitt bezeichnet.

Kap.3 Definition 8:
Das arithmetische Mittel $\bar{x}$ (lies: x quer) ist nur für metrische Merkmale definiert. Er ist gleich der Summe aller Messwerte dividiert durch den Stichprobenumfang [N].

$$\bar{x} = \frac{1}{N} \sum_{i=1}^{N} x_i \tag{3.2}$$

bzw. wenn die absoluten Häufigkeiten der Merkmalsausprägungen zusätzlich gegeben sind:

$$\bar{x} = \frac{1}{N} \sum_{i=1}^{k} h_i x_i \tag{3.3}$$

bzw. wenn die relativen Häufigkeiten zur Berechnung herangezogen werden:

$$\bar{x} = \sum_{i=1}^{k} f_i x_i \tag{3.4}$$

wobei k die Anzahl der aufgetretenen Merkmalsausprägungen ist.

Für die Daten für das Beispiel soll das arithmetische Mittel berechnet werden.

$x_{(1)}$	$x_{(2)}$	$x_{(3)}$	$x_{(4)}$	$x_{(5)}$	$x_{(6)}$	$x_{(7)}$
1	1	3	5	7	8	8

Das arithmetische Mittel nach Formel (3.2):

$$\bar{x} = \frac{1}{N} \sum_{i=1}^{N} x_i = \frac{1}{7}(1+1+3+5+7+8+8) = \frac{33}{7} \approx 4{,}71$$

Das arithmetische Mittel nach Formel 14:

$$\bar{x} = \frac{1}{N} \sum_{i=1}^{k} h_i x_i = \frac{1}{7}(2 \cdot 1 + 1 \cdot 3 + 1 \cdot 5 + 1 \cdot 7 + 2 \cdot 8) = \frac{33}{7} \approx 4{,}71$$

Maßgeblichen Ausschlag, welche der beiden Formel verwendet werden soll, gibt die Art, wie die Daten vorliegen. In diesem Beispiel wäre Formel (3.2) die angemessenere. Weisen die Daten allerdings sehr große Häufigkeiten auf, so empfiehlt sich die Verwendung von Formel (3.3).

Der Mittelwert als Schätzer für den Erwartungswert

Weit weniger bekannt ist, in welcher Verbindung das arithmetische Mittel zum Erwartungswert einer Variablen steht. Im Modell der Normalverteilung kommt der Erwartungswert als Parameter einer Wahrscheinlichkeitsverteilung vor. Möchte man für ein gemessenes Merkmal einen Wahrscheinlichkeitsraum angeben und weiß, dass jenes Merkmal normalverteilt ist, müssen die Parameter der Normalverteilung, also auch der Erwartungswert, ermittelt werden. Diese Überlegungen führen jedoch aus dem Gebiet der deskriptiven Statistik heraus. Die Frage, ob eine Menge von vorliegenden Daten zu einem bekannten Typ von Wahrscheinlichkeitsverteilungen (z.B. der Normalverteilung) gehört, ist eine klassische Aufgabe der Testtheorie. Die Ermittlung der Parameter einer solchen Verteilung gehört in das Aufgabengebiet der Schätztheorie. In der Schätztheorie wird gezeigt, dass der Mittelwert eine brauchbare Schätzfunktion für den Erwartungswert ist.

Beispiel 2:

Nehmen wir zur Veranschaulichung des Erwartungswertes und seine Schätzung durch den Mittelwert ein sehr einfaches Beispiel: den idealen Würfel. Der ideale Würfel produziert dabei Ergebnisse, deren Ausprägungen (Augenzahl beim Wurf) von einander unabhängig sind. Er ist dadurch charakterisiert, dass die Wahrscheinlichkeiten $[p_i]$ des Auftretens jeder Augenzahl $[x_i]$ gleich groß sind. Nämlich:

$$p_1 = p_2 = p_3 = p_4 = p_5 = p_6 = \tfrac{1}{6}$$

Den Erwartungswert können wir nun ermitteln:

$$E[X] = p_1 x_1 + p_2 x_2 + p_3 x_3 + p_4 x_4 + p_5 x_5 + p_6 x_6$$
$$= \tfrac{1}{6} \cdot 1 + \tfrac{1}{6} \cdot 2 + \tfrac{1}{6} \cdot 3 + \tfrac{1}{6} \cdot 4 + \tfrac{1}{6} \cdot 5 + \tfrac{1}{6} \cdot 6$$
$$= \underline{\underline{3{,}5}}$$

Wie bereits zur Sprache gekommen, sind in der Realität die Wahrscheinlichkeiten nicht bekannt. Sie müssen also über die relativen Häufigkeiten approximiert werden. Dokumentieren wir dazu die Augenzahlen eines realen Würfels bei hundert Würfen.

Augenzahl (x)	1	2	3	4	5	6
Absolute Häufigkeit	13	17	18	14	19	19

Berechnen wir nun anhand der absoluten Häufigkeiten [h_i] den Mittelwert.

$$\bar{x} = \frac{1}{N} \sum_{i=1}^{k} h_i x_i$$
$$= \tfrac{1}{100}\left(13 \cdot 1 + 17 \cdot 2 + 18 \cdot 3 + 14 \cdot 4 + 19 \cdot 5 + 19 \cdot 6\right)$$
$$= \underline{\underline{3{,}66}}$$

Der berechnete Mittelwert eines realen Würfels weicht vom berechneten Erwartungswert eines idealen Würfel ab. Der Unterschied ist damit zu erklären, dass der Mittelwert als Schätzung für den Erwartungswert von den zufällig ermittelten Datenwerten abhängt, also selbst ein zufälliger Wert ist. Der Mittelwert nähert sich bei sehr großem Stichprobenumfang immer weiter dem Erwartungswert an.

Die Mitte der Daten

Unbesehen handelt es sich beim Mittelwert, wie auch beim Erwartungswert, um eine sehr abstrakte Größe. Versuchen wir daher ein Gefühl für den Erwartungswert zu bekommen, indem wir eine mehr physikalische Interpretation benutzen: Denkt man sich die Messwertachse als einen (masselosen) Waagebalken, auf dem für jeden aufgetretenen Messwert ein Bauklotz als Gewicht gesetzt wird, so ist der Mittelwert der Punkt der Achse, auf den gestützt die Waage im Gleichgewicht bleibt[28].

---

[28] Damit kann man sich den Mittelwert ganz ähnlich dem Erwartungswert verdeutlichen, nur mit dem Unterschied, dass beim Mittelwert die Rollen der Massen nicht von den Wahrscheinlichkeiten sondern von den Häufigkeiten übernommen wird.

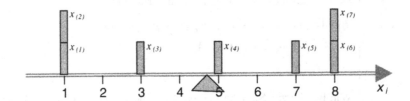

Kap.3 Abbildung 5 - Gleichgewichtseigenschaft des arithmetischen Mittels für ein diskretes Merkmal

Diese Eigenschaft lässt sich leicht für den Mittelwert beweisen. Bedeutet sie doch nichts anderes, als dass die Summe der Abweichungen der Messwerte, die kleiner sind als der Mittelwert, gleich der Summe der Abweichungen der Messwerte ist, die größer als der Mittelwert sind. Oder anders gesagt: der Mittelwert liegt genau in der Mitte der Daten, da die Summe der Abweichungen aller Messwerte vom Mittelwert gleich null ist.

Beweis:

$$\sum_{i=1}^{N}\left(\bar{x} - x_i\right) = \sum_{i=1}^{N}\bar{x} - \sum_{i=1}^{N}x_i$$

$$= N\bar{x} - \sum_{i=1}^{N}x_i$$

$$= N\bar{x} - N \cdot \frac{1}{N}\sum_{i=1}^{N}x_i$$

$$= N\bar{x} - N\bar{x} = 0$$

Kap.3 Definition 9: Optimale Datenrepräsentation durch den Mittelwert

Der Mittelwert liegt genau in der Mitte der Daten, da die Summe der Differenzen der Messwerte x_i vom ihrem Mittelwert $\bar{x}$ immer gleich null ist.

$$\sum_{i=1}^{N}\left(\bar{x} - x_i\right) = 0 \qquad (3.5)$$

An dieser Stelle wollen wir der Frage nachgehen, wie gut der Mittelwert die Daten repräsentiert. Dazu muss zunächst einmal geklärt werden, was die optimale Datenrepräsentation (hinsichtlich der Lage der Stichprobe auf der Messwertskala) bedeutet. Da der Mittelwert als Lageparameter die Position der Messwerte auf der Messwertskala beschreiben soll, ist es doch vernünftig zu fordern, dass der Mittelwert einen möglichst kleinen Abstand zu diesen Messwerten haben soll.

Dieses Kriterium ist jedoch aus zweierlei Gründen ungenügend. Zum einen wissen wir aus dem vorangegangenen Abschnitt, dass sich die Differenzen der Messwerte gegeneinander aufheben, wenn der Lageparameter in der Mitte der Daten liegt. Wir sollten also mindestens davon sprechen, dass die Summe der Beträge der Differenzen von Messwerten und Lageparametern minimal sein sollte. Zum anderen sollten größere Abweichungen stärker gewichtet werden als kleinere, da für diese Messwerte die Repräsentation bedeutend schlechter ist als für Werte mit kleinen Abweichungen. Aus diesen beiden Gründen liegt es nahe, die Quadrate der Abweichungen von Parameter und Messwerten zu summieren und den Parameter zu finden, für den diese Summe am kleinsten ist. Wir fordern daher:

$$\sum_{i=1}^{N} (a - x_i)^2 \xrightarrow{\;!\;} \min \qquad (3.6)$$

für einen optimalen Lageparameter a.

Damit ist gesichert, dass sich die Differenzen durch ihre Vorzeichen nicht aufheben können, da bekanntlich jedes Quadrat einer reellen Zahl ein positives Ergebnis aufweist, und dass größere Abweichungen zum Parameter stärker ins Gewicht fallen als kleinere Abweichungen.

Suchen wir nun den Parameter a, für den die Summe der Quadrate am geringsten ist. Dazu werden einige Umformungen vorgenommen.

$$\sum_{i=1}^{N} (a - x_i)^2 = \sum_{i=1}^{N} \left(a^2 - 2ax_i + x_i^2 \right)$$

$$= \sum_{i=1}^{N} a^2 - 2a \sum_{i=1}^{N} x_i + \sum_{i=1}^{N} x_i^2$$

$$= Na^2 - 2aN \frac{1}{N} \cdot \sum_{i=1}^{N} x_i + \sum_{i=1}^{N} x_i^2$$

$$= Na^2 - 2aN\overline{x} + \sum_{i=1}^{N} x_i^2$$

$$= Na^2 - 2aN\overline{x} + \sum_{i=1}^{N} x_i^2 + N\overline{x}^2 - N\overline{x}^2$$

$$= N \cdot \left(a^2 - 2a\overline{x} + \overline{x}^2 \right) + \sum_{i=1}^{N} x_i^2 - N\overline{x}^2$$

$$= N \cdot (a - \overline{x})^2 + \sum_{i=1}^{N} x_i^2 - N\overline{x}^2$$

Der Term $N \cdot (a - \overline{x})^2 + \sum\limits_{i=1}^{N} x_i^2 - N\overline{x}^2$ ist genau dann am kleinsten, wenn

$N \cdot (a - \overline{x})^2 = 0$. Das wiederum ist gegeben, wenn $a = \overline{x}$. Damit ist bewiesen, dass der Mittelwert die Daten am besten repräsentiert.

$$\sum_{i=1}^{N} (a - x_i)^2 = \sum_{i=1}^{N} \left(a^2 - 2ax_i + x_i^2 \right)$$

$$= \sum_{i=1}^{N} a^2 - 2a \sum_{i=1}^{N} x_i + \sum_{i=1}^{N} x_i^2$$

$$= Na^2 - 2aN \frac{1}{N} \cdot \sum_{i=1}^{N} x_i + \sum_{i=1}^{N} x_i^2$$

Dieser Ausdruck soll möglichst klein werden. Das heißt, es handelt sich hierbei um eine klassische Extremwertaufgabe. Der zu minimierende Ausdruck muss also nach a differenziert und Null gesetzt werden:

$$\frac{d}{da} \left(Na^2 - 2aN \frac{1}{N} \cdot \sum_{i=1}^{N} x_i + \sum_{i=1}^{N} x_i^2 \right) = 2Na - 2N \frac{1}{N} \cdot \sum_{i=1}^{N} x_i = 0$$

Es ergibt sich:

$$2Na = 2N \frac{1}{N} \cdot \sum_{i=1}^{N} x_i$$

$$a = \frac{1}{N} \cdot \sum_{i=1}^{N} x_i$$

$$a = \overline{x}$$

Kap.3 Definition 10:
Der Mittelwert repräsentiert als Lageparameter die Daten optimal, da die Summe der quadrierten Differenzen aller Messwerte vom Mittelwert am kleinsten ist:

Für $a = \overline{x}$ gilt $\sum\limits_{i=1}^{N} (a - x_i)^2 \overset{!}{\longrightarrow} \min$.   (3.7)

Linearität des Mittelwertes

Damit erfüllt der Mittelwert schon zwei der geforderten Eigenschaften:
Der Mittelwert repräsentiert (optimal) die Mitte der Messwerte und zur Berechnung dieses Lageparameters werden alle Datenwerte herangezogen. Aber ist der Mittelwert auch ein linearer Parameter?

Seien $x_1, \ldots, x_N$ mit $N > 1$ unsere Datenwerte. Dann beschreiben die $x_i^* = bx_i + a$, $i = 1, \ldots, N$ die transformierten Daten. Der Mittelwert dieser transformierten Daten ist dann bestimmt durch

$$\overline{x^*} = \frac{1}{N} \sum_{i=1}^{N} x_i^* = \frac{1}{N} \sum_{i=1}^{N} (bx_i + a)$$

$$= \frac{1}{N} \sum_{i=1}^{N} bx_i + \frac{1}{N} \sum_{i=1}^{N} a$$

$$= \frac{1}{N} b \sum_{i=1}^{N} x_i + \frac{1}{N} Na$$

$$= b\overline{x} + a$$

Damit ist gezeigt, dass der Mittelwert auch ein linearer Parameter ist.

Die Berechnung des Mittelwertes bei klassierten Merkmalen

Für in Klassen eingeteilte Merkmale ergibt sich bei dem Vorhaben den Mittelwert zu berechnen eine besondere Situation. Im zweiten Kapitel wurde bereits im Abschnitt „In Klassen eingeteilte Merkmale" ausführlich auf die Vor- und Nachteile der Klasseneinteilung eingegangen. Als erheblicher Nachteil wurde der Informationsverlust herausgestellt, der sich daraus ergibt, dass alle Messwerten, die einer Klasse zugeordnet werden, ihren Originalwert verlieren und als Wert die Mitte der Klasse zugeordnet bekommen. Ist man bestrebt den Mittelwert eines solchen Merkmals zu berechnen, ist man gezwungen den Mittelwert aus den Klassenmitten zu ermitteln, da die originalen Merkmalsausprägungen nicht mehr bekannt sind.

Kap.3 Definition 11:

Das arithmetische Mittel klassierter Merkmale ist unter Verwendung der absoluten Klassenhäufigkeiten h_i definiert als:

$$\overline{x} = \frac{1}{N} \sum_{i=1}^{k} h_i x_{mi} \tag{3.8}$$

bzw. für relative Klassenhäufigkeiten f_i

$$\overline{x} = \sum_{i=1}^{k} f_i x_{mi} \tag{3.9}$$

Dabei bedeuten:

k : Anzahl der Klassen,

x_{mi} : Mitte der i-ten Klasse

h_i: absolute Häufigkeit der i-ten Klasse

f_i : relative Häufigkeit der i-ten Klasse.

Beispiel 3:

Als Beispiel soll hier die bereits bekannte Untersuchung herangezogen werden, in der die zurückgelegten Haltestationen zwischen Wohnung und Universität von hundert Studenten aufgezeichnet wurden. Die Daten wurden nach der Befragung in folgender Form klassiert.

Klasse [k]	Klassen- grenzen	Exakte Klassengrenzen $[x_{ku} - x_{ko}]$	Klassenmitte $[b_k]$	Absolute Klassenhäu- figkeit $[h_k]$
1	1...5	0,5 – 5,5	3	11
2	6...10	5,5 – 10,5	8	34
3	11...15	10,5 – 15,5	13	31
4	16...20	15,5 – 20,5	18	19
5	21...25	20,5 – 25,5	23	5

Der Mittelwert muss daher mit der oben eingeführten Formel berechnet werden.

$$\bar{x} = \frac{1}{N} \sum_{i=1}^{k} h_i x_{mi} = \frac{1}{100} (11 \cdot 3 + 34 \cdot 8 + 31 \cdot 13 + 19 \cdot 18 + 5 \cdot 23)$$

$$= \frac{1165}{100} = \underline{\underline{11,65}}$$

Der Informationsverlust durch die Klassenbildung wirkt sich natürlich auch auf die Genauigkeit des arithmetischen Mittels aus. Würde man den Mittelwert zum einen aus den Originaldaten und zum anderen aus den klassierten Daten berechnen, so würde man mit den Originaldaten den genaueren Wert erhalten. Die beiden Eigenschaften, die den Mittelwert als optimalen Lageparameter auszeichnen, bleiben jedoch trotzdem erhalten, denn die Ungenauigkeiten des Mittelwertes bei klassierten Daten entstehen nicht durch die Berechnung des Lageparameters, sondern gehen auf die Klasseneinteilung zurück; d.h. die Ungenauigkeiten stecken schon in den Daten, bevor mit der Berechnung des Lageparameters begonnen wird.

Zusammenfassen von Mittelwerten

In der Praxis ist es oft üblich mehrere Teilstichproben zu ziehen und deren statische Masszahlen zu vergleichen und ggf. zusammenzufassen. Beim Zusammenfassen dieser Masszahlen müssen besondere Regeln beachtet werden, die sich aus der Art und Weise, wie diese Masszahlen gebildet werden, ergeben.

Kap.3 Definition 12:

Beim Berechnen des Gesamtdurchschnitts von Messwerten aus verschiedenen Teilstichproben müssen bei der Verwendung der Mittelwerte dieser Teilstichproben die Umfänge der Teilstichproben als Gewichte mit einbezogen werden.

$$\overline{x}_{gesamt} = \frac{1}{N_{gesamt}} \sum_{i=1}^{k} N_i \overline{x}_i \qquad (3.10)$$

Dabei ist

k : die Anzahl der zusammengefassten Teilstichproben

N_i : der Umfang der i-ten Teilstichprobe

$\overline{x}_i$: der Durchschnitt der i-ten Teilstichprobe

N_{gesamt} : die Anzahl aller einfließenden Messwerte, die sich ergibt zu

$$N_{gesamt} = \sum_{i=1}^{k} N_i \qquad (3.11)$$

Beispiel 4:

An einer Dresdner Mittelschule gibt es drei 8. Klassen, in denen ein Mathematiktest geschrieben wurde. Aus den Testpunktwerten der einzelnen Schüler ergaben sich folgende Mittelwerte:

Klasse 8a: $\overline{x} = 3{,}25$ bei 25 Schülern

Klasse 8b: $\overline{x} = 2{,}50$ bei 19 Schülern

Klasse 8c: $\overline{x} = 5{,}00$ bei 1 Schüler

Das durchschnittliche Testergebnis der gesamten Klassenstufe wird folgendermaßen berechnet:

$$N_{gesamt} = \sum_{i=1}^{k} N_i = 25 + 19 + 1 = 45$$

$$\overline{x}_{gesamt} = \frac{1}{N_{gesamt}} \sum_{i=1}^{k} N_i \overline{x}_i = \frac{1}{45}(25 \cdot 3{,}25 + 19 \cdot 2{,}5 + 1 \cdot 5)$$

$$= \frac{133{,}75}{45} \approx 2{,}972$$

> Dass die Gewichtung über die Umfänge der Teilstichproben not-
> wendig ist, liegt auf der Hand, wenn man sich folgendes vor Augen
> führt: Würde der eine Schüler, der als einziger in der Klasse 8c den
> Test mitgeschrieben hat, mit seiner schlechten Note mit dem glei-
> chen Gewicht in die Berechnung mit einfließen, wie die Schüler der
> Klassen 8a und 8b, erhielte man einen Durchschnittswert von 3,58,
> was augenscheinlich nicht dem wirklichem Leistungsniveau der
> Klassen 8a und 8b (ca. 97,8% der Schüler) entsprechen würde.

Geometrisches Mittel

Falls die Datenverteilung die Struktur einer geometrischen Reihe hat, also: falls
die Abstände zwischen den einzelnen Messwerten den Größen der Messwerte
proportional sind, ist das geometrische Mittel GM ein geeignetes Modell zur Informationsreduktion[29]. Das geometrische Mittel bezieht seinen Namen also aus
der geometrischen Proportion:

$$\frac{a}{x} = \frac{x}{b}$$
$$x^2 = ab$$
$$x = \sqrt{ab}$$

Es ist besonders bei denjenigen Häufigkeitsverteilungen sinnvoll, deren Größen-
klassen keine gleichen Klassenbreiten, sondern ständig zunehmende Klassenbreiten aufweisen.

Ferner eignet es sich zur Charakterisierung von Zeitreihen, deren Merkmalswerte
in einer geometrisch wachsenden oder abnehmenden Form variieren, wie das bei
mittleren Zuwachsraten und der Zinseszinsformel der Fall ist[30]. Außerdem bildet
das geometrische Mittel bei bestimmten psychophysischen Gesetzmäßigkeiten die
Empfindungsstärken adäquater Reize besser ab. Es setzt allerdings Verhältnisska-
la-Niveau voraus[31].

Definition Geometrisches Mittel:

$$GM = \sqrt[n]{x_1 x_2 ... x_n} = \sqrt[n]{\prod_{i=1}^{n} x_i} \qquad (3.12)$$

---

[29] Patzelt, 1985: S. 50
[30] Erhard/Fischbach/Weiler/Kehrle, 1998: S.72
[31] Pospeschill, 1996: S. 16

Beispiel 5:

Das geometrische Mittel der folgenden zehn Messwerte soll ermittelt werden.

2,2	2,3
2,7	2,3
2,6	2,6
2,5	2,6
2,4	2,4

Berechnung:

$$GM = \sqrt[10]{2,2*2,7*2,6*2,5*2,4*2,3*2,3*2,6*2,6*2,4}$$

$$GM = \sqrt[10]{7952,9}$$

$$GM = 2,46$$

Wichtige Eigenschaften des geometrischen Mittels:
- Das geometrische Mittel ist nur für positive Verhältnisdaten definiert.
- Durch das geometrische Mittel werden relative Änderungen der Merkmalsausprägungen gemittelt. Die Unterschiede zwischen den Stichprobenwerten werden nicht durch die Differenz (wie beim arithmetischen Mittel), sondern durch ihr Verhältnis ausgedrückt.
- Der Logarithmus des geometrischen Mittels ist das arithmetische Mittel der Logarithmen der Stichprobenwerte[32]).

Harmonisches Mittel

In Ausnahmefällen wird bei der Varianzanalyse auf das harmonische Mittel **HM** zurückgegriffen[33]).
Definition Harmonisches Mittel
Das Harmonische Mittel von n Messwerten $x_1, \cdots, x_n$ wird berechnet durch:

$$HM = \frac{n}{\sum_{i=1}^{n} \frac{1}{x_i}} \tag{3.13}$$

---

[32]) Keel, 1997: S. 36f
[33]) Pospeschill, 1996: S. 16

Beispiel 6:

Das harmonische Mittel von zehn Messwerten soll ermittelt werden (Daten siehe geometrisches Mittel).

$$HM = \frac{10}{\dfrac{1}{2,2} + \dfrac{1}{2,7} + \dfrac{1}{2,6} + \dfrac{1}{2,5} + \dfrac{1}{2,4} + \ldots + \dfrac{1}{2,6}}$$

$$HM = \frac{10}{4,082}$$

$$HM = 2,45$$

Das harmonische Mittel kommt vor allem für Daten mit "gebrochener Dimension" der Merkmale (Fr./Liter, Fr./Stück, km/h) in Frage. Bei Konstanz der Nennerdimension berechnet sich das Mittel gewöhnlich nach dem arithmetischen und bei Konstanz der Zählerdimension nach dem harmonischen Mittel[34]).

3.1.2 Der Median

Im Abschnitt „Das arithmetische Mittel" sind zwei Kriterien zur Bestimmung des optimalen Lageparameter eingeführt worden. Zum einen wurde vom optimalen Lageparameter verlangt, dass er genau in der Mitte der Daten liegen soll, und zum anderen, dass die Summe der Abweichungsquadrate ein Minimum beim optimalen Lageparameter einnehmen sollte. Beide Kriterien sind allerdings bei Ordinalskalierten Daten aufgrund der angewendeten Rechenoperationen nicht zulässig. Ein Ausweg, um in einer solchen Situation einen Wert zu bestimmen, der zumindest in der Mitte der Daten liegt, ist, den Messwert zu bestimmen, der in der Reihe der nach der Größe geordneten Messwerte genau in der Mitte steht – der sog. Median.

Kap.3 Definition 13:
Der Median ist der Lageparameter einer Stichprobe, für den gleichzeitig beide der folgenden Aussagen gelten:
-    Mindestens die Hälfte aller Messwerte sind kleiner oder gleich dem Median,
-    mindestens die Hälfte aller Messwerte sind größer oder gleich dem Median.

Damit nimmt der Median in der geordneten Reihe der beobachteten Messwerte genau den mittleren Platz ein. Daher wird er auch Zentralwert genannt. Dabei muss der Median selbst nicht zu den aufgetretenen Merkmalsausprägungen gehören.

---

[34]) Keel, 1997: S. 38

Ermittlung des Medianes bei ungeradem Stichprobenumfang

Soll der Median einer Stichprobe bestimmt werden, muss zuerst bemerkt werden, dass die Bestimmung des Medianes von der Anzahl der Messwerte abhängt:

Beispiel 7:

Sei eine Stichprobe vom Umfang 5 gegeben:

$x_{(1)}$	$x_{(2)}$	$x_{(3)}$	$x_{(4)}$	$x_{(5)}$
1	3	4	5	12

Dann wird als Median der Wert $x_{(3)}$ gefunden, denn

für die Werte $x_{(1)}, x_{(2)}, x_{(3)}$ gilt: $x_{(i)} \leq x_{(3)}$ und

für die Werte $x_{(3)}, x_{(4)}, x_{(5)}$ gilt: $x_{(i)} \geq x_{(3)}$

Also sind $\dfrac{3}{5}$ aller Messwerte kleiner oder gleich dem Median und $\dfrac{3}{5}$ aller Messwerte sind größer oder gleich dem Median. Das sind sogar noch mehr als 50% der Datenmasse!

Anders liegt der Fall, wenn eine gerade Anzahl von Messwerten vorliegt. (siehe unten)

Kap.3 Definition 14:

Für eine ungerade Anzahl von Messwerten [N] wird der Median aus der Reihe der nach der Größe geordneten Messwerte folgendermaßen ermittelt:

$$x_{med} = x_j \text{ für } j = \tfrac{1}{2}(N+1) \tag{3.14}$$

Beispiel 8:

Auf die Frage: „Wie oft schlafen Sie in der Lehrveranstaltung ein?" antworteten fünf Befragte: nie, nie, selten, nie, immer. Bildet man eine Rangordnung der Antworten (Messwerte), so ergibt sich folgende Tabelle:

$x_{(1)}$	$x_{(2)}$	$x_{(3)}$	$x_{(4)}$	$x_{(5)}$
Nie	Nie	Nie	Selten	Immer

Bestimmen wir nun den Median:

$$j = \tfrac{1}{2}(N+1) = \tfrac{1}{2}(5+1) = \tfrac{6}{2} = 3$$

$$x_{\mathrm{med}} = x_{(j)} = x_{(3)} = \mathrm{nie}$$

Demzufolge schlafen 50% der Befragten nie in der Lehrveranstaltung. (Es wäre natürlich aberwitzig, wenn derjenige, der „immer" angekreuzt hat, der Dozent ist.)

Ermittlung des Medianes bei geradem Stichprobenumfang

Voraussetzung für die oben genannte Methode zur Ermittlung des Medianes ist, dass die Stichprobe eine gerade Anzahl von Messwerten umfasst. Dies ist natürlich nicht immer gegeben. In diesem Fall kann dem Median kein Wert aus der Beobachtungsreihe zugeordnet werden. Dies ist der Tatsache geschuldet, dass der Rang des Wertes, der dem Median gewöhnlich zugeordnet wird, nach der Bildungsvorschrift $j = \tfrac{1}{2}(N+1)$ eine gebrochene Zahl ergibt. Ränge können jedoch keine gebrochenen Zahlen annehmen, sondern nur ganze Zahlen wie 1, 2, 3, usf.. Aus diesem Grund muss der Median aus den beiden Messwerten errechnet werden, deren Ränge dem Rang $j = \tfrac{1}{2}(N+1)$ am nächsten liegen. Dies ist zum einen der Messwert mit dem Rang $N/2$ und zum anderen der Messwert mit dem Rang $N/2+1$.

Kap.3 Definition 15:
Umfasst die Stichprobe eine gerade Anzahl von Messwerten so ist der Median bei metrischen Merkmalen definiert als:

$$x_{med} = \tfrac{1}{2}\left(x_{(j)} + x_{(j+1)}\right) \qquad \text{für } j = \tfrac{1}{2}N \qquad (3.15)$$

Ist das Merkmal hingegen ordinalskaliert, so ist der Median bei geradem Stichprobenumfang nicht eindeutig bestimmbar, da die Mittlung zweier Merkmalsausprägungen nicht zulässig ist. Eine Ausnahme besteht nur, wenn beide Werte gleich groß sind.

Beispiel 9:

Ermittlung des Medianes eines metrischen Merkmales bei geradem Stichprobenumfang:

Bei den Angehörigen einer Schülerclique wurde neben anderen Merkmalen der IQ gemessen. Der Messwert soll ermittelt werden, der die Gruppe in Hinsicht des Intelligenzquotienten in zwei Hälften teilt.

$x_{(1)}$	$x_{(2)}$	$x_{(3)}$	$x_{(4)}$	$x_{(5)}$	$x_{(6)}$	$x_{(7)}$	$x_{(8)}$	$x_{(9)}$	$x_{(10)}$
98	102	103	108	109	111	112	112	112	125

Da N gerade ist, ist $j = \frac{1}{2}N = \frac{10}{2} = 5$ und es ergibt sich

$$x_{(j)} = x_{(15)} = 109$$

$$x_{(j+1)} = x_{(6)} = 111$$

und damit

$$x_{med} = \frac{1}{2}\left(x_{(j)} + x_{(j+1)}\right) = \frac{1}{2}(109 + 111) = \underline{\underline{110}}$$

50% der Schülerclique besitzt einen geringen IQ als 110, die andere Hälfte besitzt einen höheren IQ.

Beispiel 10:

Ermittlung des Medianes eines Ordinalskalierten Merkmales bei geradem Stichprobenumfang:

Gegeben sind sechs Antworten auf die Frage: „Wie oft schlafen Sie in der Lehrveranstaltung ein?"

$x_{(1)}$	$x_{(2)}$	$x_{(3)}$	$x_{(4)}$	$x_{(5)}$	$x_{(6)}$
Nie	Nie	Nie	Selten	Selten	Immer

Da N gerade ist, ist

$$j = \frac{1}{2}N = \frac{6}{2} = 3$$

$$x_{(j)} = x_{(3)} = "Nie"$$

$$x_{(j+1)} = x_{(4)} = "Selten"$$

Da das Merkmal ordinalskaliert ist und $x_{(3)}$ ungleich $x_{(4)}$, ist der Median nicht bestimmbar.

Beispiel 11:

Ermittlung des Medianes eines ordinalskalierten Merkmales bei geradem Stichprobenumfang

Gegeben sind sechs Antworten auf die Frage: „Wie oft schlafen Sie in der Lehrveranstaltung ein?"

$x_{(1)}$	$x_{(2)}$	$x_{(3)}$	$x_{(4)}$	$x_{(5)}$	$x_{(6)}$
Nie	Nie	Nie	Nie	Selten	Immer

Da N gerade ist, ist

$$j = \tfrac{1}{2} N = \tfrac{6}{2} = 3$$

$$x_{(j)} = x_{(3)} = " Nie "$$

$$x_{(j+1)} = x_{(4)} = " Nie "$$

Da $x_{(3)}$ gleich $x_{(4)}$, ist der Median $x_{med} = " Nie "$. Über die sechs Befragten lässt sich daher sagen, dass die Hälfte von ihnen nie in der Lehrveranstaltung schläft.

Ermittlung des Median bei klassierten Merkmalen

Wenden wir uns nun dem Fall zu, in dem das Merkmal – dessen Median bestimmt werden soll – in Klassen eingeteilt ist. Hier treten uns einige Schwierigkeiten entgegen. Und zwar der Art, dass nur bekannt ist, wie viele Messwerte sich in einer Klasse befinden, nicht aber welche Größe diese einzelnen Messwerte besitzen. Daher kann die exakte Merkmalsausprägung die dem Median zuzuordnen ist, nicht direkt bestimmt werden.

Beispiel 12:

Zur Veranschaulichung der Problematik sei an dieser Stelle nochmals das Beispiel mit den Haltestationen angeführt, die hundert Studenten von ihrer Wohnung bis zur Universität zurücklegen. Die Antworten der Befragung wurden in fünf Klassen eingeteilt und sind in der folgenden Tabelle aufgelistet.

Klasse [k]	Exakte Klassengrenzen [$x_{ku} - x_{ko}$]	Absolute Klasenhäufigkeit [h_k]	Abs. Klassensummenhäufigkeit [H_k]
1	0,5 – 5,5	11	11
2	5,5 – 10,5	34	45
3	10,5 – 15,5	31	76
4	15,5 – 20,5	19	95
5	20,5 – 25,5	5	100

Versuchen wir zunächst den Median auf die gewohnte Art und Weise zu bestimmen:
Da N gerade ist, ist $j = \tfrac{1}{2} N = \tfrac{100}{2} = 50$ $x_{(j)} = x_{(50)} = ?$

$$x_{(j+1)} = x_{(51)} = ?$$

Man erhält zwar die Rangplätze der Messwerte, aus denen der Median errechnet werden muss, welchen Wert diese Messwerte besitzen, ist hingegen nicht aus der Tabelle ablesbar. Die einzige Information die man direkt aus der Tabelle ablesen kann, ist, dass der

Median in der dritten Klasse liegen muss, da diese Klasse die Messwerte mit den Rängen 46 bis 76 enthält[35].

Es muss zur Bestimmung des Medianes für klassierte Daten ein Umweg gegangen werden.

Zuerst bestimmt man die Klasse, in der sich der Median befinden muss. Dies geschieht mit Hilfe der absoluten Klassensummenhäufigkeiten, aus denen direkt ablesbar ist, in welcher Klasse der Messwert mit dem Rang $j = \frac{1}{2}(N+1)$ bzw. $j = \frac{1}{2}N$ liegt. Im nächsten Schritt wird der Median selbst bestimmt, unter der Annahme, dass die Werte in der Klasse gleichverteilt sind.

Der Wert des Medianes wird dabei über eine lineare Interpolation bestimmt. Diese Art der Näherung basiert auf einer einfachen Verhältnisgleichung, wobei bestimmten Skalenabschnitten (x-Werte) die Häufigkeiten (f bzw. F) gegenübergestellt werden, die in diesen Skalenabschnitten enthalten sind.

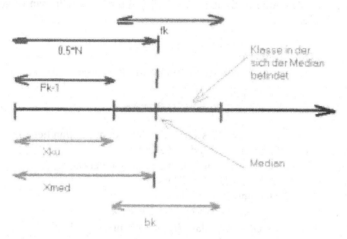

Kap.3 Abbildung 6 - Gegenüberstellung der Skalenabschnitte und der dazugehörigen Häufigkeiten, die für die Ermittlung des Medianes bei in klassifizierten Merkmalen nötig sind

Die Grundidee basiert auf der Annahme, dass die Dichte der Merkmalsausprägungen in der gesamten Klasse, in welcher der Median liegen muss, konstant ist. Das heißt, der Quotient

$\frac{h_k}{b_k}$, der angibt wie viele Merkmalsausprägungen pro Streckenabschnitt in der Klasse zu finden sind, ist für alle Strecken innerhalb der Klasse gleich, insbeson-

---

[35] Dieser Umstand kann direkt an den Klassensummenhäufigkeiten abgelesen werden.

dere auch für die Strecke von der unteren Klassengrenze bis zum (unbekannten) Median. Damit können wir folgende Verhältnisgleichung aufstellen:

$$\frac{h_k}{b_k} = \frac{\frac{1}{2}N - H_{k-1}}{x_{med} - x_{ku}}$$

Die linke Seite der Gleichung beschreibt die Dichte der Merkmalsausprägungen innerhalb der gesamten Klasse, die rechte Seite ist etwas schwerer zu interpretieren. Im Zähler befindet sich die Differenz aus dem Rang, den der Median einnehmen soll und die absolute Klassensummenhäufigkeit der Vorgängerklasse. Da es sich ja um in Ränge transformierte Daten handelt, gibt diese Differenz genau die Anzahl von Datenwerten an, die im Intervall $\left[x_{ku}, x_{med}\right]$ liegen. Im Zähler steht die Differenz der Grenzen genau dieses Intervalls. Also stellt die rechte Seite der Gleichung genau die Dichte des Teilintervalls dar, das von der unteren Klassengrenze bis zum gesuchten Median reicht. Da die Dichte in der gesamten Klasse überall gleich groß sein soll, kann das Gleichheitszeichen gesetzt werden.

Stellt man die Gleichung nach dem Median [x_{med}] um, so erhält man folgende Berechnungsformel:

Kap.3 Definition 16:
Der Median ist für klassierte metrische Merkmale definiert als:

$$x_{med} = \left(\frac{\frac{1}{2}N - H_{k-1}}{h_k}\right) \cdot b_k + x_{ku} \tag{3.16}$$

½N   : Menge der Messwerte, die unter dem Median liegen
k : Klasse in dem sich der Median befindet
H_{k-1} : abs. Summenhäufigkeit der Vorgängerklasse
h_k : abs. Häufigkeit der Klasse k
b_k : Klassenbreite der Klasse k
x_{ku} : untere Klassengrenze der Klasse k
Für die Klasse k gilt dabei, dass $H_{k-1} < ½\,N$ und $H_k \geq ½\,N$.

Beispiel 13:

Für das Beispiel mit den Haltestationen bedeutet dies, dass sich der Median in der 3. Klasse befinden muss, da nach der Definition $H_2 < 50$ und $H_3 \geq 50$.

Klasse [k]	Exakte Klassengrenzen $[x_{ku} - x_{ko}]$	Absolute Klassenhäufigkeit $[h_k]$	Abs. Klassensummenhäufigkeit $[H_k]$
1	0,5 – 5,5	11	11
2	5,5 – 10,5	34	45
3	10,5 – 15,5	31	76
4	15,5 – 20,5	19	95
5	20,5 – 25,5	5	100

Alle für die Berechnung nötigen Werte können nun der Tabelle entnommen werden.

Klasse in der sich der Median befindet $\quad : k = 3$

Menge der Messwerte, die unter dem Median liegen $\quad : \frac{1}{2}N = 0,5 \cdot 100 = 50$

abs. Summenhäufigkeit der Vorgängerklasse $\quad : H_2 = 45$

abs. Häufigkeit der Klasse k $\quad : h_3 = 31$

Klassenbreite der Klasse k $\quad : b_3 = 15,5 - 10,5 = 5$

untere Klassengrenze der Klasse k $\quad : x_{3u} = 10,5$

$$x_{med} = \left(\frac{\frac{1}{2}N - H_{k-1}}{h_k} \right) \cdot b_k + x_{ku} = \left(\frac{50 - 45}{31} \right) \cdot 5 + 10,5 \approx \underline{\underline{11,31}}$$

Natürlich können auch die relativen Häufigkeiten für die Berechnung verwendet werden. Dazu muss die Berechnungsformel in folgender Form abgewandelt werden:

Kap.3 Definition 17:
Der Median wird bei klassierten metrischen Merkmalen mit Hilfe der relativen Häufigkeiten folgendermassen berechnet:

$$x_{med} = \left(\frac{\frac{1}{2} \cdot \frac{N}{100} - F_{k-1}}{f_k} \right) \cdot b_k + x_{ku} \qquad (3.17)$$

$\frac{1}{2} \cdot \frac{N}{100}$: Menge der Messwerte, die relativ zum Stichprobenumfang unter dem Median liegen

k : Klasse in dem sich der Median befindet

F_{k-1} $\quad$: relative Summenhäufigkeit der Vorgängerklasse

f_k: relative Häufigkeit der Klasse k
b_k : Klassenbreite der Klasse k
x_{ku} : untere Klassengrenze der Klasse k

Für die Klasse k gilt dabei, dass $F_{k-1} < 0,5$ und $F_k \geq 0,5$.

3.1.3 Der Modus

Der von der Berechnungsweise her einfachste Parameter zur Lagebeschreibung eines Merkmals ist der Modus. Er kann für Daten jeden Messniveaus ermittelt werden und ist damit der einzige Lageparameter, der für nominal skalierte Merkmale verwendet werden kann.

Kap.3 Definition 18:
Handelt es sich um ein diskretes Merkmal, etwa die Anzahl der Kinder in einer Familie, so kann der Modus direkt aus der Häufigkeitstabelle abgelesen werden. Er ist gleich der Merkmalsausprägung, die am häufigsten in der Stichprobe aufgetreten ist.

$$Mod = x_j \qquad \text{wobei} \quad f_j = \max\{f_1, f_2, \ldots, f_N\} \qquad (3.18)$$

Beispiel 14:

Im unserem Beispiel 1 der Mathematiknoten ist der am häufigsten auftretende Wert die Note 4 (mit $h_i = 5$). Er lässt sich leicht aus dem Stabdiagramm ablesen. Der Modus beträgt also: $Mod = 4$.

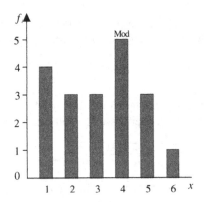

Kap.3 Abbildung 7 - Stabdiagramm für die Verteilung der Schulnoten des Beispiel 1

Wie anhand der Graphik zu sehen ist, ist der Modus genau der Wert, bei dem der Graph der Verteilung den höchsten Gipfel aufweist. Nicht selten treten Verteilungen auf die zwei oder mehr Modi aufweisen, demzufolge besitzen ihre Verteilungsfunktionen auch zwei oder mehr Gipfel. In einem solchen Fall müssen alle Modi angegeben werden. Je nach Anzahl der Modi einer Verteilung, nennt man diese *unimodale* (ein Modus), *bimodale* (zwei Modi) oder *polymodale* Verteilung.

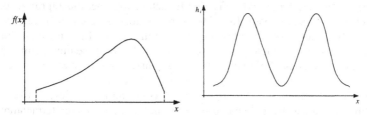

Kap.3 Abbildung 8 - a) Unimodale Verteilung b) bimodale Verteilung

Der Modus ist selbstverständlich auch bei Merkmalen ermittelbar, bei denen eine Klasseneinteilung vorgenommen wurde. Bei solchen Merkmalen ist der Modus definiert als die Klassenmitte der Klasse, die am dichtesten besetzt ist. Daher auch die Bezeichnung Dichtemittel für den Modus. Entscheidendes Kriterium, welche Klassenmitte den Modus repräsentiert, ist nicht nur die absolute Häufigkeit einer Klasse, wie wir es von den diskreten Merkmalen her kennen, sondern auch die Breite der Klasse. Man bedenke, dass die Klasse mit der größten absoluten Häufigkeit nicht die am dichtesten besetzte Klasse sein muss. Die Dichte einer Klasse ist das Verhältnis von absoluter Häufigkeit der Klasse und Klassenbreite. Auf die Ermittlung der Dichte kann verzichtet werden, wenn die Klassen äquidistant sind. In diesem Fall ist die Klasse mit der größten absoluten Häufigkeit auch die Klasse, die am dichtesten besetzt ist.

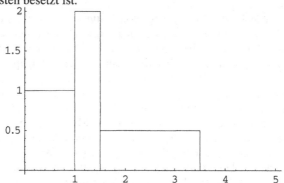

Kap.3 Abbildung 9 - Das Histogramm eines Merkmals, deren Messwerte in drei Klassen eingeteilt wurden

Alle Klassen besitzen die gleiche absolute Häufigkeit – jedoch unterschiedliche Klassenbreiten. Es ist deutlich zu erkennen, dass die mittlere Klasse die größte Dichte besitzt.

Kap.3 Definition 19:
Ist das Merkmal in Klassen eingeteilt, so ist der Modus als die Mitte der Klasse definiert, die am dichtesten besetzt ist.

$$Mod = \tfrac{1}{2}\left(x_{ko} + x_{ku}\right) \qquad \text{wobei } \frac{f_k}{b_k} = \max\left\{\frac{f_1}{b_1}, \frac{f_2}{b_2}, \ldots, \frac{f_N}{b_N}\right\} \qquad (3.19)$$

Bei stetigen Merkmalen wird häufig eine Entscheidung über die zugrundeliegende hypothetische Verteilung getroffen. Dabei treten die Modi dann als lokale Maxima in der Dichtefunktion der Verteilung auf. Damit ist die Entscheidung über die Anzahl der Modi ein wichtiges Hilfsmittel bei der Entscheidung, mit welchen Verteilungsmodell das Merkmal am besten beschrieben werden kann.

Mit den Erläuterungen zum Modus ist die Vorstellung der wichtigsten Lageparameter abgeschlossen. Im Folgenden werden einige allgemeinere Betrachtung vorgenommen.

3.1.4 Relative Positionen

Voraussetzung für die Berechnung des Mittelwertes, den wir gerade als optimalen Parameter zur Beschreibung der Lage einer Verteilung kennen gelernt haben, ist, dass das Merkmal zumindest auf dem Intervallniveau gemessen wurde. Dies ist in der Regel bei sozialwissenschaftlichen Umfragen nicht der Fall. Der Großteil der Merkmale (Fragen) eines Fragebogens sind ordinalskaliert. Etwa:

| | Immer | Oft | Selten | Nie |

Wie oft schlafen Sie in der Lehrveranstaltung ein?

Für diese Merkmale ist die Berechnung von Mittelwerten nicht sinnvoll, da die Größe der Differenzen zwischen den Merkmalsausprägungen nicht interpretierbar ist. (Wie viel wäre „Immer" minus „Oft"?) Für die Beschreibung der Lage dieser Merkmale ist man gezwungen sich nach einem anderen Lageparameter umzuschauen.

Für eine Gruppe von Lageparametern, den relativen Positionen, besteht keine so hohe Anforderung an das Messniveau wie beim Mittelwert. Sie verlangen nur Merkmale, die mindestens auf dem Ordinalniveau gemessen wurden – also Merkmale, die der Größe nach geordnet werden können. Bei der Berechnung der relativen Positionen bedient man sich eines sehr einfachen Tricks, um Ordinalskalierte Daten auf eine Skala zu übertragen, welche die Eigenschaften einer metrischen Skala aufweist. Man ordnet die Messwerte der Größe nach und gibt jedem Messwert einen Rang. Ein Rang entspricht dem Platz der Merkmalsausprägung, den diese in der Rangordnung aller Merkmalsausprägungen annimmt. Mit den vergebenen Rängen kann man nun fast wie mit Daten arbeiten, die auf dem Intervall- oder Verhältnisniveau gemessen wurden[36].

Beispiel 15:

Gegeben seien sieben Messwerte:

x_1	x_2	x_3	x_4	x_5	x_6	x_7
3	7	1	8	1	5	8

Ordnet man diese der Größe nach, so ergibt sich folgende Rangreihe.

$x_{(1)}$	$x_{(2)}$	$x_{(3)}$	$x_{(4)}$	$x_{(5)}$	$x_{(6)}$	$x_{(7)}$
1	1	3	5	7	8	8

Aus x_2 wurde $x_{(5)}$; aus x_4 wurde $x_{(7)}$; usf..

Die Identifizierung der Messwerte erfolgt nach ihrer Ordnung nicht mehr über die Nummerierung als wievielter Messwert sie gemessen wurden, sondern über den Rang, den sie in der Rangreihe einnehmen. Ist der Index einer Merkmalsausprägung in Klammern gefasst, so bedeutet dies, dass es sich hierbei um den Rangplatz der Merkmalsausprägung handelt.

Kap.3 Definition 20:
Der Erfolg der Neuordnung der Merkmalsausprägung über ihre Größe ist, dass man nun zumindest die Position eines Messwertes bestimmen kann, welche er in der geordneten Reihe der anderen Merkmalsausprägungen einnimmt, bzw. welchen Rang er relativ zu den anderen Merkmalsausprägungen hat. Dabei können mit den Rängen die gleichen Rechenoperationen durch geführt werden, wie dies nur für metrische Merkmale erlaubt ist, obwohl diese Operationen für die Daten an sich nicht erlaubt sind.

Kommen wir nun zu einzelnen Vertretern der relativen Positionen.

Die Quartile

Die Quartile beruht auf dem gleichem Prinzip wie der Median, mit dem Unterschied, dass der Median die geordnete Folge der Messwerte in zwei Hälften teilt, die Quartile die geordnete Folge der Messwerte aber in Viertel einteilt. Dem 1.Quartil wird der Messwert zugeordnet, unter dem ein Viertel der Messwerte liegen, dem 3.Quartil den, unter dem drei Viertel der Messwerte liegen. Wenn man will, kann man beim Median auch vom 2.Quartil sprechen, da beiden der

---

[36] Die Schwierigkeit, dass Differenzen zwischen den Daten nicht interpretierbar sind, bleibt allerdings erhalten.

Messwert zugeordnet wird, unter und über dem sich die Hälfte (zwei Viertel) der Messwerte befinden. Geläufiger von beiden Parametern ist jedoch der Median. Die Quartile sind nicht nur als Lageparameter von Bedeutung. Sie dienen vor allem der Ermittlung eines Streuungsparameters für ordinalskalierte Daten. (Siehe dazu Abschnitt „Quartilabstand, mittlerer Quartilabstand".)

Kap.3 Definition 21:
Das 1.Quartil ist dem Messwert gleich, unter dem ein Viertel und über dem drei Viertel der Messwerte liegen.

$$x_{0,25} = x_{(j)} \qquad \text{für} \quad j = \tfrac{1}{4}N \qquad (3.20)$$

Anmerkung: Ist j nicht ganzzahlig, so wird der gerundete Wert verwendet.

Ist das untersuchte Merkmal metrisch und in Klassen eingeteilt, so ist das 1.Quartil folgendermassen definiert:

$$x_{0,25} = \left(\frac{\tfrac{1}{4}N - H_{k-1}}{h_k} \right) \cdot b_k + x_{ku} \qquad \text{bzw.} \qquad (3.21)$$

$$x_{0,25} = \left(\frac{\tfrac{1}{4} \cdot \tfrac{N}{100} - F_{k-1}}{f_k} \right) \cdot b_k + x_{ku} \qquad (3.22)$$

Kap.3 Definition 22:
Für die Klasse k, in der sich das 1.Quartil befindet, gilt, dass $H_{k-1} < \tfrac{1}{4}$ N und $H_k \geq \tfrac{1}{4}$ N bzw., dass $F_{k-1} < 0,25$ und $F_k \geq 0,25$.
Das 3.Quartil ist dem Messwert gleich, unter dem drei Viertel und über dem ein Viertel der Messwerte liegen.

$$x_{0,75} = x_{(j)} \qquad \text{für} \quad j = \tfrac{3}{4}N \qquad (3.23)$$

Anmerkung: Ist j nicht ganzzahlig, so wird der gerundete Wert verwendet.

Ist das untersuchte Merkmal metrisch und in Klassen eingeteilt, so ist das 3.Quartil folgendermassen definert:

$$x_{0,75} = \left(\frac{\tfrac{3}{4}N - H_{k-1}}{h_k} \right) \cdot b_k + x_{ku} \qquad \text{bzw} \qquad (3.24)$$

$$x_{0,75} = \left(\frac{\tfrac{3}{4} \cdot \tfrac{N}{100} - F_{k-1}}{f_k} \right) \cdot b_k + x_{ku} \qquad (3.25)$$

Für die Klasse k, in der sich das 3.Quartil befindet, gilt, dass $H_{k-1} < \tfrac{3}{4}$ N und $H_k \geq \tfrac{3}{4}$ N bzw., dass $F_{k-1} < 0,75$ und $F_k \geq 0,75$.

Das Quantil

Beim Quantil findet sich die Verallgemeinerung der Idee von Median und Quartilen; und zwar dadurch, dass dem Quantil jener Messwert zugeordnet wird, unter dem ein bestimmter – vor der Berechnung angegebener – Prozentsatz der Messwerte liegt. Demzufolge ist das 50%-Quantil gleich dem Median, das 25%-Quantil gleich dem 1.Quartil und das 75%-Quantil gleich dem 3.Quartil. Die verallgemeinerte Form erlaubt die Beantwortung von Fragestellungen, die sich auf die Mengenverhältnisse in der Stichprobe beziehen. Etwa: Verdienen 90% der untersuchten Sozialpädagogikstudenten in Dresden weniger als 1000DM?

Kap.3 Definition 23:
Das α-Quantil ist dem Messwert gleich, unter dem $\alpha \cdot 100\%$ Messwerte liegen.

$$x_\alpha = x_{(j)} \qquad \text{für } j = \alpha \cdot N \qquad (3.26)$$

Anmerkungen:
α ist eine Zahl zwischen 0 und 1, wobei 0 gleich 0% entspricht und 1 gleich 100%.
Ist j nicht ganzzahlig, so wird der gerundete Wert verwendet.

Ist das untersuchte Merkmal metrisch und in Klassen eingeteilt, so ist das α-Quantil folgendermassen definiert:

$$x_\alpha = \left(\frac{\alpha \cdot N - H_{k-1}}{h_k} \right) \cdot b_k + x_{ku} \qquad \text{bzw.} \qquad (3.27)$$

$$x_\alpha = \left(\frac{\alpha \cdot \frac{N}{100} - F_{k-1}}{f_k} \right) \cdot b_k + x_{ku} \qquad (3.28)$$

Für die Klasse k, in der sich das α-Quantil befindet, gilt, dass $H_{k-1} < \alpha \cdot N$ und $H_k \geq \alpha \cdot N$ bzw., dass $F_{k-1} < \alpha$ und $F_k \geq \alpha$.

Der Prozentrang

Der Median und die Quartile sind spezielle Formen des Quantils. Sie alle beziehen sich auf einen bestimmten Messwert in einer nach der Größe der Messwerte geordneten Messwertreihe. Den Prozentrang kann man als Antagonisten des Quantils und seiner speziellen Formen auffassen. Ermittelt wird nicht ein bestimmter Messwert, sondern der Rang, den eine gegebenen Größe in der Messwertreihe einnimmt. Die Berechnungsformel des Prozentranges ergibt sich aus der Umstellung der Verhältnisgleichung, die bereits weiter oben im Text zur Berechnung des Medianes für klassierte Messwerte herangezogen wurde.

$$\frac{h_k}{b_k} = \frac{\frac{1}{2}N - H_{k-1}}{x_\alpha - x_{ku}} \qquad (3.29)$$

Die Verallgemeinerung dieser Formel für eine beliebige relative Position α hat die Gestalt:

$$\frac{h_k}{b_k} = \frac{\alpha \cdot N - H_{k-1}}{x_\alpha - x_{ku}} \qquad (3.30)$$

Die Umformung dieser Gleichung nach x_α ergibt die Berechnungsformel für das α-Quantil (vgl. Abschnitt Definition 16). Stellt man hingegen die Gleichung nach α um, so erhält man die Berechnungsformel für den Prozentrang.

Kap.3 Definition 24:

Der Prozentrang α für ein metrisches in Klassen eingeteiltes Merkmal ist definiert als:

$$\alpha(x_\alpha) = \frac{1}{N}\left[\left(\frac{x_\alpha - x_{ku}}{b_k}\right) \cdot h_k + H_{k-1}\right] \qquad \text{bzw.} \qquad (3.31)$$

$$\alpha(x_\alpha) = \frac{100}{N}\left[\left(\frac{x_\alpha - x_{ku}}{b_k}\right) \cdot f_k + F_{k-1}\right] \qquad (3.32)$$

Für die Klasse k gilt dabei, dass $x_{ku} \leq x_\alpha \leq x_{ko}$.

Mit Hilfe des Prozentranges können Aussagen über die prozentualen Mengenverhältnisse der untersuchten Stichprobe gegeben werden; etwa: In wie viel Prozent der untersuchten Familien herrscht ein aggressives Familienklima?

Beispiel 16:

Ziehen wir zur Veranschaulichung nochmals das Beispiel mit den Haltestationen heran. Für die Verkehrsbetriebe könnte beispielsweise interessant sein, wie viele der befragten Studenten mehr als 18 Stationen zur Universität fahren, und damit eine größere Strecke zurücklegen als für die Preisberechnung des Semestertickets veranschlagt wurde.

Der Wert, der dem gesuchten Prozentrang zugeordnet ist, liegt in der 4.Klasse, da $x_{4u} = 15,5$ und $x_{ko} = 20,5$ und damit $x_{ku} \leq 18 \leq x_{ko}$. Alle für die Berechnung nötigen Werte können nun der Tabelle entnommen werden.

Klasse [k]	Exakte Klassengrenzen [$x_{ku} - x_{ko}$]	Absolute Klassenhäufigkeit [h_k]	Abs. Klassensummenhäufigkeit [H_k]
1	0,5 – 5,5	11	11
2	5,5 – 10,5	34	45
3	10,5 – 15,5	31	76
4	15,5 – 20,5	19	95
5	20,5 – 25,5	5	100

$$\left| \alpha = \frac{1}{N}\left[\left(\frac{x_\alpha - x_{ku}}{b_k}\right) \cdot h_k + H_{k-1}\right] = \frac{1}{100}\left[\left(\frac{18 - 15,5}{5}\right) \cdot 19 + 76\right] = 0,855 \right.$$

85,5% der befragten Studenten fahren weniger als 18 Stationen von ihrer Wohnung zur Universität, demzufolge fahren 14,5% der Studenten mehr als 18 Stationen.

Zusammenfassung:
Der Mittelwert repräsentiert optimal die Mitte. Zu seiner Berechnung werden alle Daten herangezogen. Es wurde nachgewiesen, dass der Mittelwert ein linearer Parameter ist und auch auf die Berechnung des Mittelwertes bei klassierten Merkmalen wurde eingegangen. Das Zusammenfassen von Mittelwerten wurde mit einem Beispiel verdeutlicht. Danach wurde der Median definiert. Der Leser sollte nun den Median bei geradem und ungeradem Stichprobenumfang und bei klassierten Merkmalen bestimmen können. Genau wie bei arithmetischen Mittel und Median kann man nach dem Lesen des Kapitels nun auch Modus Quartile, Quantile und Prozentränge erkennen und ermitteln.

3.1.5 Zulässige und optimale Lageparameter der einzelnen Messniveaus

In diesem Kapitel werden die Lageparameter verglichen und ihre Vor- und Nachteile gegeneinander abgewogen, wie z. B. Median gegen Mittelwert. Ihre Empfindlichkeit gegenüber Ausreißerwerten wird betrachtet. Desweiteren wird der Leser erfahren, wie man über Lageparameter auf die Art der Verteilung schließt und die Berechenbarkeit von Lageparametern kennen lernen.

Jeder Lageparameter erfordert ein bestimmtes Messniveau der Daten, um sinnvoll angewendet zu werden. Der Modus ist für Daten jeden Messniveaus anwendbar, da er gleich dem am häufigsten aufgetretenen Messwert ist und damit nur die *Unterscheidbarkeit* (Gleichheit, Ungleichheit) der Merkmalsausprägungen verlangt. Der Median erfordert, wie alle relativen Positionen, ordinalskalierte Merkmale, da er aus der Reihe der *geordneten* Messwerte ermittelt wird. Aufgrund dieser Restriktion ist er für Variablen aller Messniveaus außer dem Nominalniveau bestimmbar. Bei der Berechnung des arithmetischen Mittels werden sämtliche Merkmalsausprägungen summiert. Dies erfordert von den Daten, dass *die Differenzen* zwischen den Merkmalsausprägungen eine empirische Bedeutung haben müssen. Das arithmetische Mittel ist folglich nur für Merkmale, die auf dem Intervall- oder Verhältnisniveau gemessen wurden, sinnvoll anwendbar.

Die folgende Tabelle fasst die eben getätigten Betrachtungen kurz zusammen.

Kap. 3 Tabelle 1. Anwendbare Lageparameter je Messniveau

Messniveau	Zulässige Lageparameter
Nominal	Modus
Ordinal	Modus, Median
Intervall	Modus, Median, Mittelwert
Verhältnis	Modus, Median, Mittelwert

Für Messwerte des Ordinal-, des Intervall- und des Verhältnisniveaus sind jeweils verschiedene Lageparameter berechenbar. Es stellt sich daher die Frage, welcher der optimalste von allen zulässigen Parametern ist. Als optimal wird in diesem Fall derjenige Lageparameter angesehen, in dem die meisten Information über die Daten enthalten sind. Betrachtet man den Modus, den Median und den Mittelwert aus dieser Perspektive, so ist der Modus der Lageparameter, der die geringste Information über die Daten in sich trägt, da er nur von der Häufigkeit einer Merkmalsausprägung ausgeht, die anderen Merkmalsausprägungen jedoch nicht berücksichtigt. Der Lageparameter mit dem größten Informationsgehalt ist der Mittelwert. In ihm werden alle Merkmalsausprägungen samt der Häufigkeit ihres Auftretens verrechnet. Ferner ist er genau der Punkt auf der Messwertskala, der die Mitte der Daten darstellt, und für den die Summe der Abweichungsquadrate am kleinsten ist (vgl. Abschnitt 3.1.1). Der Median ist zwischen Modus und Mittelwert angesiedelt. Er berücksichtigt zwar die gesamte Anzahl der Messwerte, jedoch nicht in ihren spezifischen Ausprägungen.

Unter Beachtung der Zulässigkeit der Lageparameter für die jeweiligen Messniveaus ergeben sich die optimalen Lageparameter für die Messniveaus nach den vorangegangenen Überlegungen wie folgt:

Kap. 3 Tabelle 2. Optimaler Lageparameter je Messniveau

Messniveau	Optimaler Lageparameter
Nominal	Modus
Ordinal	Median
Intervall	Mittelwert
Verhältnis	Mittelwert

Vergleich der Lageparameter

Der Eindruck, der sich vielleicht durch den letzten Abschnitt aufdrängt, dass für ein Merkmal nur der optimale Lageparameter berechnet werden muss, da er eben die meiste Information über die Daten in sich trägt, ist der Sache, eine möglichst umfassende Datenanalyse durchzuführen, wenig dienlich. Selbst bei metrischen Merkmalen empfiehlt es sich neben dem Mittelwert auch den Median und den Modus zu ermitteln, da jeder Lageparameter einen anderen Aspekt der Verteilung widerspiegelt. Für die Akzentuierung der Vor- und Nachteile bietet sich ein Vergleich der Lageparameter an.

Ein Vergleich von Median und Mittelwert unter dem Gesichtspunkt der Datenrepräsentation fällt bekanntlich zugunsten des Mittelwertes aus. Der Median bietet jedoch unter dem Aspekt der *Empfindlichkeit gegenüber Ausreißerwerten* und der Berechenbarkeit einige Vorzüge, die im Folgenden kurz umrissen werden.

„Ein "Ausreißer" ist ein großer beziehungsweise kleiner Wert, der nicht in den normalen Parametern liegt; also ein Wert, der sich in seiner Größe erheblich von den übrigen Messwerten unterscheidet. Er kann den Mittelwert verfälschen" (Ferschl, 1978: S. 79)

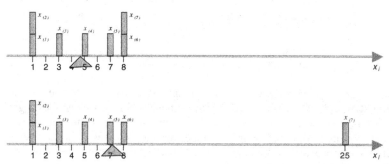

Kap.3 Abbildung 10 - Veranschaulichung der Empfindlichkeit des arithmetischen Mittels gegenüber Ausreißern

In den Mittelwert fließt jeder Messwert mit seiner spezifischen Ausprägung ein. Das Gewicht, mit dem jeder Messwert zum Mittelwert beiträgt, ist von der Größe der Stichprobe abhängig und beträgt exakt dem Reziproken des Stichprobenumfanges [$1/N$]. Besitzt die Stichprobe einen großen Umfang, so fließt jeder Messwert nur mit einem geringen Gewicht in den Mittelwert ein. Bei Stichproben, die aus einer geringen Anzahl von Merkmalsträgern besteht, liegt genau der entgegengesetzte Fall vor: jeder Messwert fließt mit hohem Gewicht in die Mittelwert ein.

Beispiel 17:

Stichprobenumfang: $N = 10$ Stichprobenumfang: $N = 100$
Messwerte: x_1 bis $x_9 = 10$ Messwerte: x_1 bis $x_{99} = 10$
Ausreißerwert: $x_{10} = 100$ Ausreißerwert: $x_{100} = 100$

$$\bar{x} = \frac{1}{10}(9 \cdot 10 + 1 \cdot 100) = 19 \qquad \bar{x} = \frac{1}{100}(99 \cdot 10 + 1 \cdot 100) = 10,9$$

Der Vergleich der beiden Mittelwerte (19 und 10,9) lässt deutlich erkennen, dass bei kleinem Stichprobenumfang ($N = 10$) der Mittelwert um ein erheblich größeres Maß (9 Einheiten) zum Ausreißer gezogen wird, als dies bei einem großen Stichprobenumfang ($N = 100$) der Fall ist (0,9 Einheiten).

Neben der Stichprobengröße ist natürlich auch die Größe des Ausreißers, bzw. seine Abweichung zur Mehrzahl der gemessenen Merkmalsausprägungen entscheidend. Es bedarf hier wohl keiner weiteren Erläuterung, dass, je mehr der Ausreißer von der Mehrzahl der Merkmalsausprägungen abweicht, der Mittelwert um so stärker zum Ausreißer gezogen wird.

> Beispiel 18:
>
> Stichprobenumfang: $N = 10$ Stichprobenumfang: $N = 10$
> Messwerte: x_1 bis $x_9 = 10$ Messwerte: x_1 bis $x_9 = 10$
> Ausreißerwert: $x_{10} = 25$ Ausreißerwert: $x_{10} = 50$
>
> $$\bar{x} = \frac{1}{10}(9 \cdot 10 + 1 \cdot 25) = 11{,}5 \qquad \bar{x} = \frac{1}{100}(9 \cdot 10 + 1 \cdot 50) = 14$$

Je mehr also ein Messwert in seiner Ausprägung von der Masse der anderen Merkmalsausprägungen abweicht und je kleiner die Stichprobe ist, desto größeren Einfluss besitzt dieser Messwert auf die Ausprägung des Mittelwertes. Der Mittelwert ist demzufolge nicht nur gegenüber der Größe eines Ausreißerwertes sensibel, der Einfluss des Ausreißers wird darüber hinaus durch den Stichprobenumfang verstärkt oder gemindert.

Die Empfindlichkeit des Medianes lässt sich im Vergleich zum Mittelwert sehr kurz abhandeln. Bekanntlich wird der Median über die Ränge der Merkmalsausprägungen ermittelt, die ihrer Position in der nach der Größe der Messwerte geordneten Messreihe entsprechen (vgl. Abschnitt 3.1.4). Demzufolge ist es für die Ermittlung des Medianes vollkommen irrelevant, wie groß die Ausprägung selbst ist, die zum Rangplatz geführt hat. Selbst der Stichprobenumfang hat – im Gegensatz zum Mittelwert – keine verstärkende oder abschwächende Wirkung des Extremwertes.

> Beispiel 19:

Stichprobenumfang: $N = 10$ Stichprobenumfang: $N = 100$
Messwerte: $x_{(1)}$ bis $x_{(9)} = 10$ Messwerte: $x_{(1)}$ bis $x_{(99)} = 10$
Ausreißerwert: $x_{(10)} = 100$ Ausreißerwert: $x_{(100)} = 10000000$

Da N gerade ist, ist $j = \frac{1}{2}N = \frac{10}{2} = 5$ Da N gerade ist, ist $j = \frac{1}{2}N = \frac{100}{2} = 50$

$x_{(i)} = x_{(5)} = 10$ $x_{(i)} = x_{(50)} = 10$

$x_{(j+1)} = x_{(6)} = 10$ $x_{(j+1)} = x_{(51)} = 10$

$x_{med} = \frac{1}{2}\left(x_{(j)} + x_{(j+1)}\right) = \frac{1}{2}(10 + 10)$ $x_{med} = \frac{1}{2}\left(x_{(j)} + x_{(j+1)}\right) = \frac{1}{2}(10 + 10)$

$= 10$ $= 10$

> Beide Mediane besitzen den gleichen Wert. Der Median ist demzufolge unempfindlich – man sagt auch: robust – gegenüber Ausreißern.

Auf Grund der Berechnungsweise des Medianes erweist sich dieser unter dem Aspekt der Empfindlichkeit gegenüber Ausreißerwerten als der deutlich robustere Lageparameter im Vergleich zum Mittelwert. Unter der Maßgabe, dass ein Extremwert bei einer empirischen Untersuchung einen unerwünschten Messwert darstellt, da er nicht dem Regelfall entspricht, ist der Median ein geeignetes Werkzeug zur Beschreibung der Lage einer Verteilung. Hingegen ist der Mittelwert zur Lagebeschreibung vorzuziehen, wenn der Extremwert in einer Untersuchung als gleichwertig gegenüber einem „Normalwert" angesehen wird.

Um den genaueren Lageparameter Mittelwert auch beim Vorhandensein von Ausreißern zu verbessern, wurden verschiedene Strategien verfolgt. Beim getrimmten Mittel $\bar{x}_\alpha$ mit $0 \leq \alpha < \dfrac{1}{2}$ werden die $n\alpha$ kleinsten und die $n\alpha$ größten Werte bei der Berechnung des getrimmten Mittels weggelassen. Beim winsonierten Mittel w_α hingegen werden diese Werte nicht weggelassen, sondern zum nächstliegenden der übrigen Werte verschoben, bevor der Mittelwert berechnet wird. Ausführungen zu der Frage, unter welchen Bedingungen diese angepassten Lageparameter benutzt werden sollten, würden an dieser Stelle allerdings zu weit führen. Der interessierte Leser sollte dazu weiter Informationen der Fachliteratur entnehmen.

Berechenbarkeit der Lageparameter

In der Regel unterscheiden sich Median und Mittelwert nicht in Hinsicht des Aufwandes, der für ihre Ermittlung notwendig ist, da die Berechnung nur noch in Ausnahmefällen nicht durch einen Computer durchgeführt wird. Nur in Hinsicht definitorischer Grenzen besitzt der Median einen Vorteil gegenüber dem Mittelwert. Bekanntlich ist der Mittelwert bei offenen Klassen nicht berechenbar, weil eine Klassengrenze keinen festen Wert besitzt und damit als Bezugsgröße wegfällt (siehe Kapitel Häufigkeiten „offene Klassen"). Der Median kennt diese Beschränkung nicht.

Über Lageparameter auf die Art der Verteilung schließen

Die wichtigsten Vertreter der Lageparameter stellen der Modus, der Median und das arithmetische Mittel dar. Alle drei Parameter zusammen liefern genügend Informationen, dass über sie ein Schluss auf die Form der Verteilung möglich ist. In diesem Zusammenhang bedeutet „die Form der Verteilung" Symmetrie oder Schiefe einer Verteilung. Bedenkt man, dass die Form einer Verteilung mit den bisher vorgestellten Methoden nur über die Häufigkeiten erschlossen werden konnte, indem etwa alle absoluten Häufigkeiten in einem Häufigkeitsdiagramm dargestellt werden, so stellen diese drei Lageparameter ein wichtiges Werkzeug zur Beschreibung einer Verteilung dar.

Bei symmetrischen Verteilungen fallen Median und arithmetisches Mittel in einem Punkt auf der Messwertskala zusammen (falls die symmetrische Verteilung zusätzlich noch unkmodal ist, liegt auch der Modus auf diesem Punkt).

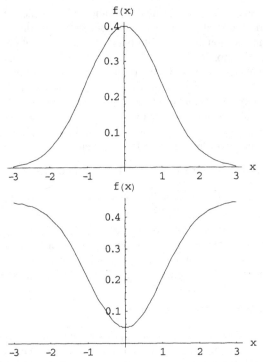

Kap.3 Abbildung 9 - Symmetrische Verteilungen

Bei schiefgipfligen Verteilungen fallen hingegen Modus, Median und Mittelwert nicht in einem Punkt zusammen. Rechtsgipfige Verteilungen (siehe Kap.3 Abbildung 10a) sind dadurch gekennzeichnet, dass der Modus größer ist als der Median und dieser wiederum größer ist als der Mittelwert. Bei linksgipfligen Verteilungen stehen die drei Lageparameter genau in umgekehrter Reihenfolge – der Mittelwert ist größer als der Median, der Median ist größer als der Modus (vgl. Kap.3 Abbildung 10b). Die Reihenfolge der drei Lageparameter kann man sich leicht erklären indem man sich vor Augen hält, dass der Modus immer den Gipfel der Verteilung markiert und die Art der Gipfligkeit einer Verteilung dadurch determiniert ist, wo der Gipfel bzw. der Modus relativ zum Mittelwert liegt. Befindet sich beispielsweise der Modus rechts vom Mittelwert, ist er also größer als der Mittelwert, so handelt es sich um eine rechtsgipfige Verteilung. Es häufen sich zwar die Datenwerte um den Modus, aber es existieren mehr Merkmalsausprägungen, die größer als der Modus sind, als Merkmalsausprägungen, die kleiner als der Modus sind. Damit ist geklärt, warum der Median vom Modus abweicht. Die Frage, warum der Mittelwert bei unsymmetrischen Verteilungen noch stärker vom Modus abweicht, wird durch die Tatsache erklärt, dass der Mittelwert nicht robust gegen die Ausreißer ist.

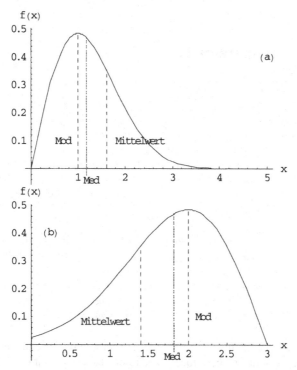

Kap.3 Abbildung 10 - a) linksgipflige Verteilung, b) rechtsgipflige Verteilung

Bei einer asymmetrischen *rechtsgipfligen* Verteilung liegt der Modus weiter rechts als der Median und dieser wieder weiter rechts als der arithmetische Mittelwert:

$\bar{x}$ < Mdn < Mod

Umgekehrt gilt für *linksgipflige* Verteilungen:

$\bar{x}$ > Mdn > Mod.

Zusammenfassung:
Dem Leser wurde in diesem Kapitel veranschaulicht, welche Lageparameter für ein Messniveau zulässig und welche optimal sind. Beim Vergleich Median gegen arithmetisches Mittel wird ihm gezeigt, dass der Median gegenüber dem Mittelwert unempfindlicher gegenüber Ausreißerwerten ist. Auch ist der Mittelwert bei offenen Klassen nicht berechenbar, was beim Median kein Problem darstellt. Der Leser kann nach dem Lesen dieses Kapitels über die Lageparameter auf die Form bzw. die Gipfligkeit der Verteilung schließen.

3.2 Dispersionsparameter

Nach diesem Kapitel soll der Benutzer
- *Dispersionsparameter in Abhängigkeit von den Messniveaus unterscheiden und zur Berechnung auswählen können,*
- *Varianz und Standardabweichung anhand ihrer Eigenschaften unterscheiden und berechnen können,*
- *Varianz und Standardabweichung bei in Klassen eingeteilten Daten mit und ohne linearer Transformation berechnen können,*
- *Vergleiche von Standardabweichung anhand von Variationskoeffizienten durchführen können,*
- *Varianzen zusammenfassen können,*
- *Quartilabweichung und Spannweite als weitere Dispersionsparameter kennen, über ihre Eigenschaften informiert sein und beide Parameter berechnen können,*
- *durch die Quartilabweichung Verteilungsformen unimodaler Verteilungen erkennen und kennzeichnen können und*
- *generell über Streuungsparameter informiert sein.*

Mittelwerte informieren über die zentrale Tendenz von Verteilungen. Sie geben jedoch keinen Aufschluss über Homogenität oder Heterogenität der Variablenwerte. Wie die folgende Abbildung demonstriert, können Verteilungen mit gleicher zentraler Tendenz völlig verschieden streuen.

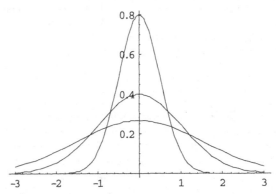

Kap.3 Abbildung 11 - Graphische Darstellung von drei Häufigkeitsverteilungen mit dem gleichen Mittelwert $\bar{x}$ und unterschiedlichen Streubereichen der Messwerte

Bisher haben wir Stichproben mit Hilfe von Lokalisationsparametern beschrieben.

Lokalisationsparameter (Mittelwert, Modus, Median) informieren über die zentrale Tendenz von Verteilungen. Sie sagen aber nichts über die Homogenität – Einheitlichkeit oder auch Geschlossenheit der Variablenwerte aus. Wie die Abbildung zeigt, reichen Lageparameter nicht zur vollständigen Beschreibung von Stichproben aus, denn Daten unterschiedlicher Verteilungen mit gleicher zentraler Tendenz können unterschiedlich *streuen*.

Zusätzlich zur Angabe von Lagemassen werden Verteilungen durch *Streuungsparameter*, sogenannte *Dispersionsparameter*, gekennzeichnet. Dispersionsparameter kennzeichnen die Ausbreitung der Messwerte einer Stichprobe längs der Messwertachse. Dispersionsparameter dienen also dazu, die Homogenität einer Merkmalsausprägung zu markieren.

Die Mehrzahl der Messwerte kann nur bei metrisch skalierten Merkmalen verwendet werden, weil Abstände (Differenzen) gemessen und interpretiert werden.

Ähnlich wie bei den Lageparametern gibt es auch bei den Parametern der Streuung eine Vielzahl von Maßzahlen, deren Aufgabe es ist, die Variation der Messwerte in einer einzigen Zahl zum Ausdruck zu bringen.

Wie bei den Lageparametern ist auch die Verwendung von Streuungsparametern abhängig vom Messniveau der Daten. Streuungsparameter sind von den Messniveaus der Daten abhängig und müssen dementsprechend diskutiert werden.

Kap. 3 Tabelle 3. Übersicht über optimale Dispersionsparameter zu den Messniveaus

Messniveau	optimaler Dispersionsparameter
Nominal	Häufigkeitsverteilung
Ordinal	Quartilabstand
Intervall	Standardabweichung, Varianz
Verhältnis	Variationskoeffizient

3.2.1 Spannweite

Die Spannweite - auch Variation oder *Streubereich* - einer Häufigkeitsverteilung ist der Bereich, in dem die Merkmalsausprägungen liegen. Durch Angabe des kleinsten und größten Messwertes lässt er sich vollständig beschreiben. Als Spannweite wird der Streubereich einer Verteilung bezeichnet, indem die Merkmalsausprägungen liegen, wobei der kleinste Messwert die untere Grenze und der größte Messwert die obere Grenze des Streubereichs darstellen.

Die Spannweite ist also das Maß für das Gesamtintervall, das von den Messwerten eingenommen wird.

Kap.3 Definition 25:

Die Breite des Streubereiches nennt man *Spannweite* oder *Range R* einer Häufigkeitsverteilung. Sie ist definiert als:

$$R = x_{max} - x_{min}. \tag{3.33}$$

Dabei sind:

x_{max}:   der größte unter den N Messwerten
x_{min}:   der kleinste unter den N Messwerten

Die Spannweite setzt prinzipiell metrische Daten voraus.

> Beispiel 1:
>
> In einem Haus wohnen zehn Studenten mit folgenden Monatsein-
> kommen:
>
> | Student | 1 | 2 | 3 | 4 | 5 | 6 | 7 | 8 | 9 | 10 |
> |---------|----|------|-----|-----|------|------|-----|-----|-----|------|
> | Monats-einkommen in DM | 560 | 1100 | 900 | 820 | 3000 | 1500 | 650 | 780 | 950 | 1350 |
>
> Bei diesen Messwerten ist $x_{min} = x_1 = 560$ DM und $x_{max} = x_5 = 3000$
> DM. Die Spannweite dieser Verteilung ist folglich gleich 2440 DM.

Bei in Klassen eingeteilten Messwerten ermittelt man die Differenz zwischen den
Klassenmitten der beiden extremen Klassenintervalle. Bei in Klassen eingeteilten
Daten bestimmt man die Spannweite der Verteilung durch Addition der Klassen-
mitten des größten und des kleinsten Klassenintervalls.

> Beispiel 2:
>
> Im Beispiel der Studenten, die zu den täglich mit öffentlichen Ver-
> kehrsmitteln zurückgelegten Stationen befragt wurden, errechnet
> sich die Spannweite also über die Klassenmitten der Randklassen:
> $x_{m1} = 3$ und $x_{m5} = 23$. Die Anzahl der zurückgelegten Stationen vari-
> iert also über einen Intervall von 20 Stationen.

Der größte Vorteil dieses Streuungsmaßes, seine Einfachheit, ist gleichzeitig auch
sein größter Nachteil. Betrachtet man nur den größten und kleinsten Wert, also die
Extremwerte der Verteilung, so sagt das noch nichts über die Streuung der restli-
chen Werte zwischen den Extremwerten aus.
Das heißt, dass die Anwendung der Spannweite R nur bei Stichproben mit geringem Umfang sinnvoll ist. Je größer die Anzahl der Messwerte, desto weniger ist R
als Streuungsmaß geeignet.
Die Spannweite ist ein sehr einfach zu berechnendes, aber auch sehr ungenaues
Maß für die Streuung, da lediglich Extremwerte – der kleinste und der größte
Messwert – einer Verteilung betrachtet werden. Sie ist demnach sehr anfällig
gegenüber „Ausreißern".

Ein Vergleich der Spannweiten mehrerer Stichproben ist nur dann sinnvoll, wenn
die Stichproben die gleiche Länge n haben, denn wenn n vergrößert wird, hat das

nur zwei mögliche Folgen: Die Spannweite ändert sich entweder nicht oder sie wird vergrößert. Eine Verkleinerung der Spannweite und demzufolge des Streuungsbereiches ist auf diese Weise nicht möglich[37]).

3.2.2 Der (mittlere) Quartilabstand

Es gibt zwei weitere einfache Streuungsmasse, die nicht so empfindlich auf Extremwerte reagieren, wie dies bei der Spannweite der Fall ist.

Kap.3 Definition 26:
Der *Quartilabstand* einer Stichprobe von N Messwerten, definiert durch

$$\text{Quartilabstand} = Q_3 - Q_1. \tag{3.34}$$

Nach der Definition kennzeichnet der Quartilabstand einen Bereich der Messskala, der die 50% der mittleren Messwerte umfasst, da zwischen dem ersten Quartil Q_1 und dem dritten Quartil Q_3 50 % der Messwerte liegen. Er kennzeichnet bei unimodalen Verteilungen den Bereich der Messskala, auf den sich die Verteilung konzentriert.

Wichtige Eigenschaften des Quartilabstandes:
- relativ einfach zu bestimmen
- unempfindlich gegenüber „Ausreißern"
- erfordert mindestens Ordinalniveau
- wird durch Abzählvorschrift ermittelt, daher ist es nicht möglich beim Zusammenfassen von Stichproben aus den einzelnen Quartilabständen den Quartilabstand der Gesamtstichprobe zu ermitteln.

Oft berechnet man anstelle des Quartilabstandes den mittleren Quartilabstand.

Kap.3 Definition 27:
Das zweite ist der *mittlere Quartilabstand mQ* einer Stichprobe von N Messwerten, definiert durch

$$mQ = \frac{Q_3 - Q_1}{2} \tag{3.35}$$

Der mittlere (oder halbe) Quartilabstand repräsentiert einen Bereich der Messskala, der 25 % der mittleren Messwerte umfasst.

---

[37]) Hartung, 1989: S. 41

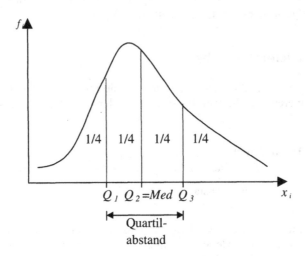

Kap.3 Abbildung 12 - Illustration der Quartile und des Quartilabstandes

Quartilabstand und mittlerer Quartilabstand setzten prinzipiell metrische Daten voraus. Trotzdem werden sie häufig auch für ordinale Daten berechnet.

3.2.3 Standardabweichung und Varianz

Sehr häufig angewandte Parameter sind die Standardabweichung und die Varianz, welche Daten mit mindestens Intervallniveau voraussetzen.
Der gebräuchlichste Streuungsparameter, der im folgenden behandelt werden soll, ist die *Standardabweichung* (bzw. *Varianz*). Im Unterschied zu Spannweite und zum Quartilabstand, die lediglich auf je zwei Messwerten basieren, berücksichtigen die Standardabweichung und die Varianz alle Messwerte der Verteilung, indem sie die Abweichung der Messwerte von ihrem arithmetischen Mittel berechnen. Bei der Bestimmung von Standardabweichung und Varianz werden alle Messwerte einer Verteilung verwendet, indem die Abweichungen der Daten von ihrem Mittelwert ausgewertet werden. Die Messwertdifferenzen müssen also empirisch interpretierbar sein, damit die Standardabweichung bzw. die Varianz eine Bedeutung erhalten. Standardabweichung und Varianz setzen demzufolge unbedingt metrische Daten voraus.

Kap.3 Definition 28:

Die Standardabweichung s ist definiert als die Quadratwurzel aus der Varianz s^2, die ihrerseits definiert ist als die Summe der quadrierten Abweichungen aller Messwerte von ihrem arithmetischen Mittel, geteilt durch $(N-1)$:

$$s = \sqrt{\frac{1}{N-1}\sum_{i=1}^{N}(x_i - \bar{x})^2} \;, \tag{3.36}$$

$$s^2 = \frac{1}{N-1}\sum_{i=1}^{N}(x_i - \bar{x})^2 \;. \tag{3.37}$$

Der Definition von s und s^2 ist zu entnehmen, dass jeder Stichprobenwert x_i einen Einfluss auf die Größe der Standardabweichung bzw. der Varianz hat.

Zur Berechnung von Standardabweichung und Varianz stehen etliche weitere Formeln zur Verfügung, die alle auf die obigen Definitionsformeln (3.36) und (3.37) zurückgehen. Solche sogenannten Rechenformeln haben den Zweck, Rechenaufwand und Fehlerrisiko möglichst gering zu halten.

$$s^2 = \frac{1}{N-1}\left[\sum_{i=1}^{N}x_i^2 - \frac{1}{N}\left(\sum_{i=1}^{N}x_i\right)^2\right] \tag{3.38}$$

$$s^2 = \frac{1}{N-1}\left[\sum_{i=1}^{N}x_i^2 - N\bar{x}^2\right] \tag{3.39}$$

Formel (3.38) lässt sich vor allem dann anwenden, wenn die Varianz aus den ursprünglichen Messwerten berechnet werden und somit nicht den Mittelwert mit einschließen soll. Wenn der Mittelwert bereits berechnet wurde und in die Rechnung mit einbezogen werden soll, ist es sinnvoll Formel (3.39) anzuwenden, da hier Rundungsfehler vermieden werden können.

Liegen die Messwerte bereits in Form einer Häufigkeitsverteilung vor, verwendet man eine der folgenden Formeln:

$$s^2 = \frac{1}{N-1}\sum_{i=1}^{k}f_i(x_i - \bar{x})^2 \tag{3.40}$$

$$s^2 = \frac{1}{N-1}\left[\sum_{i=1}^{k}f_i x_i^2 - \frac{1}{N}\left(\sum_{i=1}^{k}f_i x_i\right)^2\right] \tag{3.41}$$

$$s^2 = \frac{1}{N-1}\left[\sum_{i=1}^{k}f_i x_i^2 - N\bar{x}^2\right] \tag{3.42}$$

Dabei bedeuten:

f_i: Häufigkeit des i-ten möglichen Messwertes,
k: Anzahl der möglichen Messwerte.

Beispiel 3:

30 Schüler der 8. Klasse eines Gymnasiums absolvierten im Sport-
unterricht einen Leistungstest. Die Häufigkeitsverteilung der er-
reichten Punktwerte x_i von 1 bis 10 Punkten ist in der folgenden Tabelle zusammengestellt.

x_i	1	2	3	4	5	6	7	8	9	10
f_i	2	1	2	2	4	7	5	4	2	1

Zur Berechnung von s^2 empfiehlt sich Formel (3.41). Als erstes
muss eine der Formel angemessene Berechnungstabelle zusammengestellt werden.

$$s^2 = \frac{1}{N-1}\left[\sum_{i=1}^{k} f_i x_i^2 - \frac{1}{N}\left(\sum_{i=1}^{k} f_i x_i\right)^2\right]$$

Berechnet werden müssen also die Summen $\sum_{i=1}^{k} f_i x_i^2$ und $\sum_{i=1}^{k} f_i x_i$.

x_i	f_i	$f_i x_i$	$f_i x_i^2$
1	2	2	2
2	1	2	4
3	2	6	18
4	2	8	32
5	4	20	100
6	7	42	252
7	5	35	245
8	4	32	256
9	2	18	162
10	1	10	100
Σ	= 30	= 175	= 1171

Damit erhält man:

$$s^2 = \frac{1}{29}\left(1171 - \frac{175^2}{30}\right)$$

$$= \frac{1}{29}(1171 - 1020,7)$$

$$= \left(\frac{150,3}{29}\right)$$

$$= 5,2$$

und für s:

$$s = \sqrt{5,2} = 2,3$$

Bei klassierten Daten verwendet man eine der folgenden Formeln:

$$s^2 = \frac{1}{N-1}\sum_{i=1}^{k} f_i\left(x_{mi} - \bar{x}\right)^2 \tag{3.43}$$

$$s^2 = \frac{1}{N-1}\left[\sum_{i=1}^{k} f_i x_{mi}^2 - \frac{1}{N}\left(\sum_{i=1}^{k} f_i x_{mi}\right)^2\right] \tag{3.44}$$

$$s^2 = \frac{1}{N-1}\left[\sum_{i=1}^{k} f_i x_{mi}^2 - N\bar{x}^2\right] \tag{3.45}$$

Dabei bedeuten:

k: Anzahl der Klassen,
x_{mi}:   Mitte der i-ten Klasse,
f_i: Häufigkeit in der i-ten Klasse

Beispiel 4:

Für die in Klassen eingeteilten Messwerte des Beispiel 2 zur Befragung über die Nutzung öffentlicher Verkehrsmittel sollen s und s^2 berechnet werden.

Klasse	exakte Klassengrenzen	x_{mi}	f_i
1	0,5 – 5,5	3	11
2	5,5 – 10,5	8	34
3	10,5 – 15,5	13	31
4	15,5 – 20,5	18	19
5	20,5 – 25,5	23	5

Für Formel (3.44) wird wiederum eine Berechnungstabelle erstellt.

$$s^2 = \frac{1}{N-1}\left[\sum_{i=1}^{k} f_i x_{mi}^2 - \frac{1}{N}\left(\sum_{i=1}^{k} f_i x_{mi}\right)^2\right]$$

x_{mi}	f_i	$f_i x_{mi}$	$f_i x_{mi}^2$
3	11	33	99
8	34	272	2176
13	31	403	5239
18	19	342	6156
23	5	115	2645
Σ	= 100	= 1165	= 16315

Damit erhält man:

$$s^2 = \frac{1}{99}\left[16315 - \frac{1}{100}(1165)^2\right] = 27{,}70 \,(\text{gerundet})$$

$$s = \sqrt{27{,}70} = 5{,}26 \,(\text{gerundet})$$

Auch die Varianzberechnung in Klassen eingeteilter Messwerte ist mit einem Informationsverlust verbunden. Im Fall einer unimodalen, symmetrischen Häufigkeitsverteilung ist die Varianz der in Klassen eingeteilten Stichprobe s_k^2 immer größer als die Varianz s^2 der nicht in Klassen eingeteilten Stichprobe. Die Zunahme ist um so größer, je geringer die Zahl der Klassen ist.

Kap.3 Definition 29:
Bei einer unimodalen, symmetrischen Häufigkeitsverteilung kann die zu hohe Varianz mit Hilfe der *Sheppardschen Korrektur*

$$s_{korr}^2 = s_k^2 - \frac{b^2}{12} \qquad (b:\text{ Klassenbreite}) \qquad (3.46)$$

vermindert werden.

Varianz und Standardabweichung sind grundsätzlich als gleichwertige Streuungsmasse anzusehen. Für deskriptive Zwecke ist allerdings die Standardabweichung vorzuziehen, weil sie ein Kennwert in der Einheit der zugrundeliegenden

Messwerte ist (z. B. in der Einheit „gefahrene Stationen" und nicht Quadratstationen).

Zusammenfassung wichtiger Eigenschaften von Varianz und Standardabweichung:

- Varianz und Standardabweichung werden algebraisch ermittelt; dies ist später beim Zusammenfassen von Varianzen mehrerer Stichproben wichtig.
- Beide Parameter setzen Intervallniveau voraus
- Synonym für Varianz wird auch der Begriff „Streuung" verwendet.

3.2.4 Der Variationskoeffizient zum Vergleich mehrerer Stichproben

Sind zum Beispiel die Mittelwerte zweier Stichproben verschieden, so können Varianz und Standardabweichung nicht direkt miteinander verglichen werden. Ein wichtiger Grund dafür ist, dass eine gleiche Varianz, sprich eine gleichartige Geschlossenheit von Daten, bei unterschiedlichen Mittelwerten eine andere statistische Bedeutung hat.

Die Merkmalsstreuungen zweier Stichproben können in den meisten Fällen – wenn die Mittelwerte der Stichproben verschieden sind – nicht direkt miteinander verglichen werden.

> Beispiel 5:
>
> Im Betrieb A verdienen die Arbeiter durchschnittlich 13,14 DM pro Stunde, wobei die Stundenlöhne eine Standardabweichung von $s_A = 0{,}17$ DM aufweisen. In einem Betrieb B beträgt bei einer Standardabweichung von $s_B = 0{,}22$ DM der Durchschnittslohn 14,70 DM.

Die Aussage, dass die Homogenität bei A größer sei als bei B kann man nicht so einfach treffen, da A die Homogenität bei kleineren Messwerten erzielt hat als Betrieb B. Der Mittelwert muss also zum Vergleich der Standardabweichungen herangezogen werden.

Das lässt sich bewerkstelligen, indem die Standardabweichung auf ihren Mittelwert bezogen und als Prozentanteil ausgedrückt wird. Auf diese Weise wird ein neues Streuungsmaß, der *Variationskoeffizient V*, definiert.

Der Variationskoeffizient gibt also an, wie viel Prozent des Durchschnitts die Standardabweichung beträgt. Er ist ein Maß für die relative Streuung[38]. Außerdem ist der Variationskoeffizient maßstabsunabhängig und beschreibt den Begriff "Variabilität" vielfach besser als andere Streuungsparameter. Er wird häufig in Prozent angegeben[39].

---

[38]) Bohley, 1989: S. 165

[39]) Bamberg/Baur, 1993: S. 22

Der Variationskoeffizient erfasst also die Größe der zu vergleichenden Merkmale. So können nur in dieser Hinsicht Standardabweichungen verschiedener Stichproben miteinander verglichen werden.

Kap.3 Definition 30:
Der Variationskoeffizient V einer Stichprobe vom Umfang N mit dem Mittelwert $\bar{x}$ und der Standardabweichung s ist definiert als:

$$V = \frac{s}{\bar{x}} \cdot 100 \qquad (3.47)$$

Beispiel 6:

Betrieb A: $\dfrac{0,17}{13,14} \cdot 100 \approx 1,29\%$

Betrieb B: $\dfrac{0,22}{14,70} \cdot 100 \approx 1,50\%$

Das heißt, die Stundenlöhne variieren bei Betrieb A um 1,29% vom Mittelwert und bei Betrieb B um 1,50%. Betrieb A hat also eine etwas höhere Homogenität der Stundenlöhne.

Zur Verwendung von Variationskoeffizienten gibt es jedoch zwei Einschränkungen:

1. Es muss bei den Messwerten einen absoluten Nullpunkt geben, da sonst unsinnige negative Variationskoeffizienten möglich wären. Die Daten müssen also auf dem Verhältnisniveau gemessen sein.

2. Bei sehr kleinen Mittelwerten ist der Variationskoeffizient wenig brauchbar, da er dann empfindlich auf kleinere Mittelwertunterschiede reagiert.

Der Variationskoeffizient muss zum Vergleich der Standardabweichungen zweier Stichproben verwendet werden, wenn die Mittelwerte voneinander abweichen. Sind jedoch die Mittelwerte gleich, ist ein direkter Vergleich der Standardabweichungen bzw. Varianzen möglich.
Fassen wir zusammen: der Variationskoeffizient V wird zum Vergleich der Standardabweichungen verschiedener Stichproben verwendet, wenn die dazugehörigen Mittelwerte voneinander verschieden sind. Der Variationskoeffizient vergleicht – deshalb wird er auch oft in Prozent angegeben, da er Maß der relativen Streuung ist.
Sind die Mittelwerte der Stichproben gleich, so können die Standardabweichungen direkt miteinander verglichen werden.

3.2.5 Die Zusammenfassung von Varianzen

Auch bei Varianzen tritt häufiger das Problem auf, dass die Varianzen mehrerer Teilstichproben zur Varianz der Gesamtstichprobe zusammengefasst werden sollen, ohne dass die Gesamtvarianz noch einmal aus den Einzelmesswerten berechnet wird.

Im Falle zweier Stichproben würden nun beispielsweise folgende Parameter vorliegen:

Kap. 3 Tabelle 4.

Stichprobe	Umfang	Messwerte	Mittelwerte	Varianzen
St 1	N_1	x_{i1}	$\bar{x}_1$	s_1^2
St 2	N_2	x_{i2}	$\bar{x}_2$	s_2^2
Gesamtstichprobe	$N = N_1 + N_2$		$\bar{x}$	s^2

Die Formel zum Zusammenfassen der Varianzen der beiden Teilstichproben ergibt sich als:

$$s^2 = \frac{1}{N-1}\left[(N_1 - 1)s_1^2 + (N_2 - 1)s_2^2 + N_1(\bar{x}_1 - \bar{x})^2 + N_2(\bar{x}_2 - \bar{x})^2\right] \qquad (3.48)$$

Formel (54) lässt sich unter Verwendung des Summenzeichens in folgender Weise zusammenfassen:

$$s^2 = \frac{1}{N-1}\left[\sum_{j=1}^{2}(N_j - 1)s_j^2 + \sum_{j=1}^{2}N_j(\bar{x}_j - \bar{x})^2\right] \qquad (3.49)$$

Formel (55) lässt sich auf den Fall verallgemeinern, dass die Varianzen von k Stichproben zusammengefasst werden sollen.

$$s^2 = \frac{1}{N-1}\left[\sum_{j=1}^{k}(N_j - 1)s_j^2 + \sum_{j=1}^{k}N_j(\bar{x}_j - \bar{x})^2\right] \qquad (3.50)$$

3.2.6 Gesamtvarianz, systematische Varianz und Fehlervarianz

Eine große Varianz bedeutet also eine Inhomogenität der Merkmalsausprägungen. Liegt eine große Varianz vor, so bedeutet das, dass die Merkmalsausprägungen streuen, dass sie nicht dicht bei einander liegen und sich, wenn wir uns dies im Koordinatensystem vorstellen, entlang eines großen Bereichs der Messwertachse verteilen.

Wie kann man aber diese Inhomogenität erklären? Können Ursachen dafür angegeben werden, dass einige Merkmalsträger höhere Messwerte zugeschrieben bekommen als andere?

Aber wie kommt diese Inhomogenität zustande? Lassen sich Ursachen angeben dafür, dass ein Teil der Merkmalsträger höhere Messwerte erhält als andere?

Die Gesamtvarianz bezeichnet die Varianz einer Gruppe von Teilstichproben. Aber Vorsicht! Die Komponenten der Teilstichproben Fehlervarianz und systematische Varianz stehen nicht in einem additiven Verhältnis zueinander. Die Varianz der Messwerte der Gesamtgruppe wird mit Gesamtvarianz bezeichnet.
Die systematische Varianz wird auf die Wirkung eines bestimmten Faktors, der je nach Art und Grad seines Vorhandenseins allgemein – oder auch systematisch – Unterschiede zwischen den gemessenen Werten bewirkt, zurückgeführt. Wird dieser Faktor wirksam, vergrößert sich systematisch die Varianz, da ja offensichtlich Inhomogenität bezüglich des Faktors vorliegt.
Je größer die systematische Varianz, desto mehr streuen die Daten und desto mehr müssen sich die Mittelwerte der Gruppen unterscheiden.
Kurz gesagt: die systematische Varianz kennzeichnet den Anteil der gesamten Varianz, der durch diesen Faktor bewirkt wird – die systematische Varianz gibt Unterschiede zwischen den Gruppen wieder.
Die *Gesamtvarianz* lässt sich in zwei Komponenten zerlegen: in die *Fehlervarianz* und in die *systematische Varianz*. (Diese Zerlegung ist jedoch nicht additiv[40]).
Varianzen geben Faktoren in Zahlenwerten an, die als Ursachen für unterschiedliche Messergebnisse angesehen werden. Werden diese Faktoren wirksam, also ist eine Gruppe bezüglich dieses Faktors nicht homogen zusammengesetzt, vergrößert sich systematisch die Varianz. Die systematische Varianz bezeichnet also den Anteil der gesamten Varianz, der durch diesen Faktor zustande kommt[41]).

Jede Messung wird aus einer Stichprobe gewonnen, und obwohl Stichproben per Definition repräsentativ sind für die Population, aus der sie stammen, unterscheiden sie sich voneinander, selbst wenn sie aus derselben Population gezogen werden. Wenn es keine systematischen (einseitigen) Abweichungen der Merkmale der Stichprobe von den Merkmalen der Ausgangspopulation gibt, sagt man, dass die Abweichungen zufällig sind, und bezeichnet sie kollektiv als Fehlervarianz.
Die Fehlervarianz kennzeichnet die Varianz innerhalb einer Klasse oder Gruppe[42]).

---

[40] (Ferschl, 1978: S. 100)
[41]) Ferschl, 1978: S. 103
[42]) Phillips, 1997: S. 104

Beispiel 7:

Die Studenten im Studiengang Sozialpädagogik müssen eine Klausur in „Quantitative Methoden empirischer Sozialforschung" schreiben. Außer der Lehrveranstaltung können sie in Vorbereitung auf die Klausur ein Tutorium besuchen. Nun gibt es drei Gruppen von Studenten: A Studenten, die nur die Lehrveranstaltung besuchen, B Studenten, die nur das Tutorium besuchen, C Studenten, die Lehrveranstaltung und Tutorium besuchen. Die Messwerte (Klausurergebnis) werden hier stärker streuen, als wenn die Gruppe homogen zusammengesetzt wäre.

Beispiel 8:

Die Noten der Schüler einer achten Klasse im Fach Physik streuen stark. Es wird vermutet, dass ein Faktor für diese Streuung das Geschlecht der Schüler ist, nämlich das die Jungen im Fach Physik systematisch bessere Noten erreichen als die Mädchen.

Beispiel 9:

Bei den Daten dieses Beispiels handelt es sich um die Ergebnisse eines Sporttestes von 30 Schülern. Der Lehrer vermutet nun, dass die Leistungsunterschiede der Schüler mit der Intensität deren sportlichen Betätigung in der Freizeit erklärt werden können. Deshalb teilt er die Schüler in drei Gruppen ein (regelmäßiges Training im Sportverein, gelegentliche Sportaktivitäten in der Freizeit, keine oder kaum sportliche Aktivitäten). Er stellt fest, dass die Gruppe der Schüler, die regelmäßig in einem Sportverein trainieren tatsächlich besser abgeschnitten haben, als die Schüler, die gelegentlich in ihrer Freizeit sportlichen Betätigungen nachgehen und dieser wiederum besser abgeschnitten haben als Schüler, die keinen oder kaum Sport treiben. Der Faktor „Sport in der Freizeit" bewirkt also systematisch eine Vergrößerung der Varianz.

In den Beispielen konnte ein Faktor angegeben bzw. vermutet werden, der als Ursache für unterschiedliche Messergebnisse angesehen wird. Können diese Faktoren wirksam werden, d. h. die untersuchte Gruppe ist bezüglich dieses Faktors nicht homogen zusammengesetzt, führen sie zu einer systematischen Vergrößerung der Varianz. Der Anteil an der gesamten Varianz, der durch das Wirken eines solchen Faktors zustande kommt, entspricht also der systematischen Varianz.

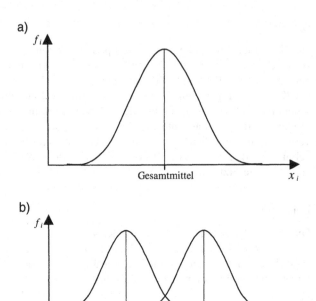

Kap.3 Abbildung 13 - Schematische Darstellung der Varianzvergrößerung durch das Wirken eines Faktors

Abbildung 3 soll veranschaulichen wie die Varianz s_G^2 einer Stichprobe durch das Wirken eines Faktors, hinsichtlich dessen die Stichprobe inhomogen ist, vergrößert wird. Das obere Diagramm zeigt die Messwerte aller Merkmalsträger der Stichprobe. Die Breite der Kurve zeigt, dass die Messwerte stark streuen und die Varianz groß ist.

Nun werden die Merkmalsträger entsprechend dem Faktor in zwei Gruppen geteilt (z. B. Schüler einer Klasse nach Geschlecht). Teilstichprobe A mit dem Mittelwert $\overline{x}_A$ bilden die Jungen, Teilstichprobe B mit $\overline{x}_B$ die Mädchen der Klasse. Das untere Diagramm zeigt die Häufigkeitsverteilung der Messwerte beider Teilstichproben. Die Kurven verlaufen „enger", das heißt die Varianzen innerhalb der Gruppen sind kleiner. Das Merkmal ist also innerhalb der Gruppen homogener ausgeprägt, das heißt die Varianzen innerhalb der Teilstichproben sind jeweils kleiner als die Varianz der Gesamtstichprobe.

Das Wirken von Faktoren auf die Varianz soll nun rechnerisch überprüft werden. Dazu kann als erstes auf bekannte Weise die *Varianz der Gesamtstichprobe* s_G^2 berechnet werden:

$$s_G^2 = \frac{1}{N-1} \sum_{i=1}^{N} (x_i - \overline{x})^2 \qquad (3.51)$$

Die *systematische Varianz* (oder auch Varianz zwischen den Teilstichproben) wird mit s_{syst}^2 bezeichnet. Liegen k Teilstichproben vor, so werden für jede die Mittelwerte $\bar{x}_j$ $(j = 1,2,...,k)$ berechnet, und es wird dann die Varianz dieser Mittelwerte bezüglich des Gesamtmittelwertes berechnet.

Kap.3 Definition 31:
Die Berechnungsgleichung für die systematische Varianz lautet also:

$$s_{syst}^2 = \frac{1}{k-1} \sum_{i=1}^{k} (\bar{x}_j - \bar{x}_G)^2 \qquad (3.52)$$

Aber auch innerhalb der Teilstichproben treten noch unterschiedliche Messwerte auf, die zu einer Varianz innerhalb einer Teilstichprobe führen. Als mögliche Ursachen können genannt werden:

- Es können weitere Faktoren wirken. Die verbleibende Varianz innerhalb der Teilstichproben kann also durch das Wirken noch nicht in die Untersuchung einbezogener Faktoren zustande kommen.

So kann im Beispiel 8 neben dem Geschlecht auch die Vorbereitung auf den Physikunterricht eine Rolle spielen.

- Die Varianz innerhalb einer Gruppe kann auch durch Messfehler, durch die Stichprobenauswahl, also durch sogenannte zufällige Effekte zustande kommen.

Kap.3 Definition 32:
Die verbleibende Varianz innerhalb der Teilstichproben wird als Fehlervarianz bezeichnet und wird wie folgt berechnet:

$$s_{F_j}^2 = \frac{1}{N_j - 1} \sum_{i=1}^{N_j} (x_{ij} - \bar{x}_j)^2 \qquad (3.53)$$

Dabei bedeuten:

$s_{F_j}^2$ Fehlervarianz der j-ten Teilstichprobe,

N_j Umfang der j-ten Teilstichprobe,

$\bar{x}_j$ Mittelwert der j-ten Teilstichprobe,

x_{ij} i = 1, 2, ..., N_j , Messwerte der j-ten Teilstichprobe

Die Fehlervarianz bezeichnet die Variabilität *innerhalb* einer Gruppe und wird durch Formel (3.53) berechnet.

Beispiel 10:

An der Methoden-Klausur, bei der 50 Punkte zu erreichen waren nahmen 48 Studenten mit unterschiedlichem Erfolg teil. Die Ergebnisse sind in der nachfolgenden Tabelle dargestellt.

Punktzahl x_i	9	12	15	18	21	24	27	30	33	36	39	42	45	58
f_i	1	1	1	3	3	4	5	9	7	4	3	2	2	1

Der Dozent vermutet nun, dass die Teilnahme an der Vorlesung und der Übung entscheidenden Einfluss auf die Klausurergebnisse hatte. Deshalb werden die Studenten in drei Gruppen eingeteilt, je nachdem ob sie nur an der Vorlesung (Gruppe A), nur an der Übung (Gruppe B) oder an beiden Veranstaltungen (Gruppe C) teilgenommen haben.

Gruppe A		Gruppe B		Gruppe C	
x_i	f_i	x_i	f_i	x_i	f_i
9	1	15	1	12	1
18	2	18	1	21	1
21	2	24	1	30	4
24	4	27	3	33	2
27	3	30	4	36	2
30	1	33	3	39	1
33	2	36	1	42	2
36	1	39	2	45	2
				48	1

Es soll nun festgestellt werden, ob der Besuch verschiedener Veranstaltungsarten wirklich ausschlaggebend für die Klausurergebnisse waren! Dafür berechnet man die Gesamtvarianz, die systematische Varianz und die Fehlervarianzen.

1. Schritt: Berechnung der Gesamtvarianz s_G^2 :

$$s_G^2 = \frac{1}{N-1} \sum_{i=1}^{N} f_i (x_i - \bar{x})^2$$

Berechnungstabelle zum Ermitteln der Gesamtvarianz:

x_i	f_i	$x_i \cdot f_i$	$x_i - \bar{x}$	$(x_i - \bar{x})^2$	$(x_i - \bar{x})^2 \cdot f_i$
9	1	9	-20,56	422,71	422,71
12	1	12	-17,56	308,35	308,35
15	1	15	-14,56	211,99	211,99
18	3	54	-11,56	133,63	400,90
21	3	63	-8,56	73,27	219,82
24	5	120	-5,56	30,91	154,57
27	6	162	-2,56	6,55	39,32
30	9	270	0,44	0,19	1,74
33	7	231	3,44	11,83	82,84
36	4	144	6,44	41,47	165,89
39	3	117	9,44	89,11	267,34
42	2	84	12,44	154,75	309,51
45	2	90	15,44	238,39	476,79
48	1	48	18,44	340,03	340,03
	$\Sigma = 48$	$\Sigma = 1419$			$\Sigma = 3401,81$
		$\bar{x} = \dfrac{1}{48} \cdot \sum\limits_{i=1}^{48} 1419$ $\approx 29,56$			$s_G^2 = \dfrac{1}{47} \cdot 3401{,}81$ $\approx 72,38$

2. Schritt: Berechnung der Fehlervarianzen $s_{F_j}^2$ für die drei Gruppen:

$$s_{F_j}^2 = \frac{1}{N_j - 1} \sum_{i=1}^{N_j} \left(x_{ij} - \bar{x}_j \right)^2$$

Gruppe A:

x_i	f_i	$x_i \cdot f_i$	$x_i - \bar{x}$	$(x_i - \bar{x})^2$	$(x_i - \bar{x})^2 \cdot f_i$
9	1	9	-15,75	248,06	248,06
18	2	36	-6,75	45,56	91,13
21	2	42	-3,75	14,06	28,13
24	4	96	-0,75	0,56	2,25
27	3	81	2,25	5,06	15,19
30	1	30	5,25	27,56	27,56
33	2	66	8,25	68,06	136,13
36	1	36	11,25	126,56	126,56
	$\Sigma = 16$	$\Sigma = 396$			$\Sigma = 675,00$
		$\bar{x} = \dfrac{1}{16} \cdot \sum\limits_{i=1}^{16} 396$ $\approx 24,75$			$s_{F_A}^2 = \dfrac{1}{15} \cdot 675$ ≈ 45

Gruppe B:

x_i	f_i	$x_i \cdot f_i$	$x_i - \bar{x}$	$(x_i - \bar{x})^2$	$(x_i - \bar{x})^2 \cdot f_i$
15	1	15	-14,44	208,51	208,51
18	1	18	-11,44	130,87	130,87
24	1	24	-5,44	29,594	29,59
27	3	81	-2,44	5,9536	17,86
30	4	120	0,56	0,3136	1,25
33	3	99	3,56	12,674	38,02
36	1	36	6,56	43,034	43,03
39	2	78	9,56	91,349	182,79
	$\Sigma = 16$	$\Sigma = 471$			$\Sigma = 651,94$
		$\bar{x} =$ $\dfrac{1}{16} \cdot \sum\limits_{i=1}^{16} 471$ $\approx 29,44$			$s_{F_B}^2 =$ $\dfrac{1}{15} \cdot 651,94$ $\approx 43,46$

Gruppe C:

x_i	f_i	$x_i \cdot f_i$	$x_i - \bar{x}$	$(x_i - \bar{x})^2$	$(x_i - \bar{x})^2 \cdot f_i$
12	1	12	-22,5	506,25	506,25
21	1	21	-13,5	182,25	182,25
30	4	120	-4,5	20,25	81,00
33	2	66	-1,5	2,25	4,50
36	2	72	1,5	2,25	4,50
39	1	39	4,5	20,25	20,25
42	2	84	7,5	56,25	112,50
45	2	90	10,5	110,25	220,50
48	1	48	13,5	182,25	182,25
	$\Sigma = 16$	$\Sigma = 552$			$\Sigma = 1314,00$
		$\bar{x} =$ $\dfrac{1}{16} \cdot \sum\limits_{i=1}^{16} 552$ $\approx 34,5$			$s_{F_C}^2 =$ $\dfrac{1}{15} \cdot 1314$ $\approx 87,6$

3. Schritt: Berechnung der systematischen Varianz s^2_{syst} zwischen den Gruppen:

Gruppe	Gruppenmittel $\bar{x}_j$	Gesamtmittel $\bar{x}_G$	$\bar{x}_j - \bar{x}_G$	$\left(\bar{x}_j - \bar{x}_G\right)^2$
A	24,75	29,56	-4,81	23,14
B	29,44	29,56	-0,12	0,01
C	34,5	29,56	4,94	24,40
			$\Sigma = 0$	$\Sigma = 47,55$
				s^2_{syst} $= \frac{1}{2} \cdot 47,55$ $\approx 23,78$

Interpretation:

Aus der vorliegenden Rechnung wird deutlich, dass die Fehlervarianzen im Vergleich zur Gesamtvarianz verhältnismäßig groß sind. Demnach variieren die Klausurergebnisse auch innerhalb der drei Gruppen sehr stark. Aber der Faktor, nach dem die drei Gruppen eingeteilt wurden – Teilnahme an den Veranstaltungsarten – kann nicht der alleinige Grund für die Varianz der Gesamtstichprobe sein. Es können also auch andere Faktoren (Geschlecht, Vorbereitung auf die Klausur, Prüfungsangst etc.) als Gründe für eine systematische Erhöhung der Gesamtvarianz vorliegen. Da aber eine systematische Varianz größer gleich Null existiert und auf Teilnahme an den verschiedenen Veranstaltungsarten untersucht wurde, kann das Merkmal „Teilnahme an den verschiedenen Lehrveranstaltungen" als ein Grund für die Varianz in den Klausurergebnissen interpretiert werden.

Die Fehlervarianzen sind im Vergleich zur Gesamtvarianz verhältnismäßig groß. Das bedeutet, dass die Klausurergebnisse auch innerhalb der drei Gruppen stark variieren. Der Faktor, nach dem die Gruppen gebildet wurden (Beteiligung an den Veranstaltungsarten), kann also keinesfalls alleinige Ursache der Varianz der Gesamtstichprobe sein. Die systematische Varianz ist aber trotzdem vorhanden, so dass die Beteiligung an den Veranstaltungsarten als eine Ursache für die Varianz in den Klausurergebnissen angesehen werden kann.

Fassen wir noch einmal die unterschiedlichen Varianzen zusammen:
- Die systematische Varianz gibt die Unterschiede *zwischen* den Gruppen wieder.
- Die Fehlervarianz kennzeichnet die Variation der Werte *innerhalb* einer Gruppe.
- Die Gesamtvarianz umfasst die Fehlervarianz und die systematische Varianz; dieses Verhältnis ist aber *nicht additiv*!

3.2.7 Die Summe der quadratischen Abweichungen

Manchmal reicht die Berechnung der Varianzen zur ausreichenden Analyse eines Sachverhaltes nicht aus. An dieser Stelle wird in der empirischen Forschung auf eine weitere Varianzkomponente zurückgegriffen, die Summe der quadratischen Abweichung.

Wir haben festgestellt, dass sich Fehlervarianz und systematische Varianz nicht zur Gesamtvarianz aufaddieren. *Die Summe der quadratischen Abweichungen* besitzt jedoch diese Eigenschaft.

Die Ergebnisse des vorangegangenen Abschnittes hatten gezeigt, dass sich die Varianzkomponenten nicht zur Gesamtvarianz aufaddieren. Die Summe der quadratischen Abweichungen (*SQ*) besitzt diese Eigenschaft. Summen der quadratischen Abweichung können ebenfalls als Dispersionsparameter angesehen werden, sie sind jedoch nicht auf den Stichprobenumfang relativiert.

Da es viele Teil- oder Ergebnisgruppen gibt, muss sich die Summe der quadratischen Abweichungen auf eine bestimmte Varianz beziehen. Jedem Varianztyp entspricht also ein Typ der Summen der quadratischen Abweichungen.

Ausgehend von den Definitionsformeln (3.51), (3.52) und (3.53) erhält man folgende Formeln für die Summen der quadratischen Abweichungen:

Die Summe der quadratischen Abweichungen bei $s_G^2 : SQG$

$$SQG = \sum_{i=1}^{N} (x_i - \bar{x})^2 \tag{3.54}$$

Führt man k Teilstichproben vom Umfang N_j, $j = 1, 2, ..., k$ ein, geht (3.54) in (3.55) über:

$$SQG = \sum_{j=1}^{k} \sum_{i=1}^{N_j} (x_{ij} - \bar{x})^2 \tag{3.55}$$

Die Summe der quadratischen Abweichungen bei $s_F^2 : SQI$

$$SQI = \sum_{i=1}^{N_1} (x_{i1} - \bar{x}_1)^2 + \sum_{i=1}^{N_2} (x_{i2} - \bar{x}_2)^2 + ... + \sum_{i=1}^{N_k} (x_{ik} - \bar{x}_k)^2$$
$$= \sum_{j=1}^{k} \sum_{i=1}^{N_j} (x_{ij} - \bar{x}_j)^2 \tag{3.56}$$

Die Summe der quadratischen Abweichungen bei $s_{syst}^2 : SQZ$ Hier werden die Umfänge der Teilstichproben berücksichtigt.

$$SQZ = \sum_{j=1}^{k} N_j (\bar{x}_j - \bar{x})^2 \tag{3.57}$$

Beispiel 13:

Berechnet man SQG, SQI und SQZ aus den Daten des Beispiel 13, erhält man:

$$SQG = \sum_{i=1}^{N} (x_i - \bar{x})^2 \cdot f_i = 3401,81$$

$$SQI = \sum_{j=1}^{k} \sum_{101}^{N_j} (x_{ij} - \bar{x}_j)^2 \cdot f_{ij} = 675,00 + 651,94 + 1314,00$$

$$= 2640,94$$

$$SQZ = \sum_{j=1}^{k} N_j (\bar{x}_j - \bar{x})^2 = 16 \cdot (23,1361 + 0,0144 + 24,4036)$$

$$= 760,86$$

SQG = SQI + SQZ => 3401,81 = 2640,94 + 760,86

Interpretation:

Mit Hilfe der Summe der quadratischen Abweichung lässt sich der Einfluss bestimmter Faktoren näher bestimmten. Es wird deutlich, dass auf die Varianz aller Klausurergebnisse (SQG = 3402) die Fehlervarianzen in den Gruppen (SQI = 2641) einen deutlich höheren Einfluss haben als die systematische Varianz (SQZ = 761).

Somit muss gesagt werden, dass der Faktor „Teilnahme an den verschiedenen Lehrveranstaltungen" nicht der einzige und ausschlaggebende Grund für die Varianz in den Klausurergebnissen ist.

Für die Summen der quadratischen Abweichungen gilt:

$$SQG = SQI + SQZ. \tag{3.58}$$

Allgemein lässt sich formulieren: Je größer SQZ und je kleiner SQI, desto eher ist der Faktor, nach dem die Teilstichproben gebildet wurden, verantwortlich für die Entstehung von systematischer Varianz, und desto sicherer ist es, dass sich die Gruppenmittelwerte nicht nur zufällig voneinander unterscheiden.

Zusammenfassung:

In diesem Abschnitt wurden die elementaren Grundlagen der Statistik vorgestellt. Das Fundament der Statistik bilden die Häufigkeiten der Ausprägungen eines Merkmales. Daher wurde am Anfang des Abschnittes dargelegt, wie aus den gemessenen Daten eine Häufigkeitstabelle erstellt wird und aus ihr die verschiedene Arten von Häufigkeiten ermittelt werden. Zu den vorgestellten Häufigkeiten zählen
- *die absolute Häufigkeit h_i, die angibt, wie oft die jeweilige Merkmalsausprägung in der Stichprobe aufgetreten ist,*
- *die relative Häufigkeit f_i, die angibt, wie oft die Merkmalsausprägung relativ zum Stichprobenumfang aufgetreten ist; in Untersuchungen kann man sie auch als die Wahrscheinlichkeit Werten, mit der eine Merkmalsausprägung auftritt, und*
- *die prozentuale Häufigkeit $\%f_i$, die angibt, wie viel Prozent am Stichprobenumfang die jeweilige Merkmalsausprägung haben; besonders bekannt ist diese Häufigkeit durch die Bundestagswahlen, dort wird immer angeben, wie viel Prozent der Wähler für eine bestimmte Partei (Merkmalsausprägung) votiert hat.*

Im nächsten Teilabschnitt wurde die Häufigkeitsfunktion eingeführt. Ihre Funktionswerte nehmen die relative Häufigkeit (Wahrscheinlichkeit des Auftretens) der jeweils angebenden Merkmalsausprägung ein. Der Graph der Häufigkeitsfunktion gewährt einen ersten Überblick über die Art der Verteilung der Merkmalsausprägungen über die Messwertskala. Im Anschluss daran wurden die Graphen einiger charakteristischer Verteilungsfunktionen vorgestellt.

Der anschließende Teilabschnitt widmete sich der Möglichkeiten der graphischen Darstellung von absoluten, relativen und prozentualen Häufigkeiten klassierter, wie nichtklassierter Merkmale. Dazu zählen das Balkendiagramm, das Kreisdiagramm sowie das Histogramm und das Häufigkeitspolygon.

Im nächsten Teilabschnitt wurde die Berechnung und Darstellung der empirischen Verteilungsfunktion vorgestellt. Ihre Funktionswerte geben die kumulierte relativen Häufigkeit aller Merkmalsausprägungen wieder, die kleiner oder gleich der angegebenen Merkmalsausprägung sind. Sie verwendet man u.a., wenn man Aussagen über die Wahrscheinlichkeit des Auftretens einer Merkmalsausprägung treffen will.

Der letzte Teilabschnitt befasste sich mit der Einteilung eines Merkmales in Klassen. Unter einer Klasse versteht man ein Intervall mit seinen spezifischen Grenzen auf der Messwertskala, dem ein repräsentativer Wert zugeordnet wird. Dieser Wert ist in der Regel die Klassenmitte. Zu beachten ist, dass sich die Intervalle der Klassen nicht überlappen und nach Möglichkeit die Messwertskala vollständig abdecken sollten. Neben den Gründen die für eine Klassierung eines Merkmales sprechen, wurden auch die Schwierigkeiten erläutert, die mit der Klassierung einhergehen.

Aufgaben

1. Beweisen Sie:

$$\sum_{i=1}^{k} f_i = 1$$

2. Warum sind U-förmige Verteilungen bimodal?

3. Was ist der Unterschied zwischen halboffenen Klassen und halboffenen Intervallen? Wann werden sie benötigt?

4. Definieren Sie die Begriffe Median, arithmetisches Mittel, Modus und Varianz!

5. Welche Aufgabe haben die Dispersionsparameter?

6. Was hat die systematische Varianz für eine Aussage?

7. Vergleichen sie den Median mit dem Mittelwert!

8. Was sind Dispersionsparameter?

9. Wozu werden Dispersionsparameter erhoben?

10. Was versteht man unter Homogenität?

11. Wie kann bei einer unimodalen, symmetrischen Häufigkeitsverteilung eine zu hohe Varianz korrigiert werden?

12. Wozu benutzt man den Variationskoeffizienten?

13. Was wird im allgemeinen bei der Verwendung des Variationskoeffizienten vorausgesetzt?

14. Wie wird der mittlere Quartilabstand definiert?

15. Was versteht man unter Spannweite?

16. Vergleichen Sie Gesamtvarianz und ihre Varianzkomponenten mit der Summe der quadratischen Abweichung hinsichtlich ihrer Interpretationsmöglichkeiten?

17. Nennen Sie je drei wichtige Merkmale zu Varianz, Quartilabstand und Spannweite

18. Nennen Sie zwei Beispiele für Streuungsparameter.

19.   Weshalb werden bei der Varianzberechnung anstelle der Abweichungen vom Mittelwert die Quadrate der Abweichungen zusammengefasst?

4 Maßzahlen zweidimensionaler Verteilungen

4.1 Vorbemerkungen

Im folgenden Abschnitt lernen sie Maßzahlen kennen, die den Zusammenhang zweier Variablen kennzeichnen. Dabei wird hinsichtlich des zugrundeliegenden Messniveaus unterschieden. Aus didaktischen Gründen beginne wir mit der Korrelation der intervallskalierten Daten, setzen mit der Rangkorrelation ordinal skalierter Daten fort und schließen dieses Kapitel mit Betrachtungen über Maßzahlen für die Stärke des Zusammenhangs zwischen nominal skalierten Daten.

Nachdem wir im Kapitel 3 Parameter kennen gelernt haben, mit denen sich die Messwerte monovariater Verteilungen zusammenfassen ließen, wenden wir uns nun den sogenannten bivariaten Verteilungen zu.

Rufen wir uns zuerst noch einmal Abbildung 2.1 in Erinnerung:

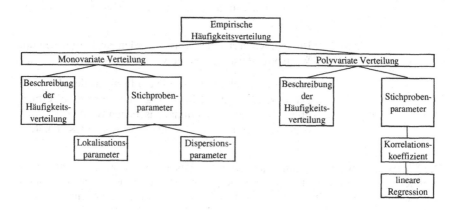

Kap.4 Abbildung 1 - Übersicht der deskriptiven Statistik

Den linken Teil der Abbildung - die monovariaten Verteilungen, ihre Darstellung und Maßzahlen zur Charakterisierung ihrer Gestalt - haben wir also in Kapitel 2 behandelt. Empirische Häufigkeitsverteilungen treten aber in der Realität häufiger in Form polyvariater Verteilungen auf, das heißt es werden mehrere Merkmale pro Untersuchungseinheit gemessen. Neben der Verteilung der einzelnen Merkmale interessiert dann auch die gemeinsame Verteilung mehrerer Merkmale und der Zusammenhang zwischen ihnen. Eigentlicher Inhalt empirischer Untersuchungen ist in der Regel die Analyse von *Beziehungen* (Assoziationen, Korrelationen) *zwischen Variablen.*

In diesem Kapitel werden wir uns mit einem Spezialfall polyvariater Verteilungen beschäftigen – den bivariaten Verteilungen. Eine *bivariate Verteilung* liegt vor, wenn pro Untersuchungseinheit zwei Merkmale gemessen werden.

> Beispiele bivariater Verteilungen:
>
> 1. Bei den Studierenden einer Universität werden Geschlecht und Studiengang erhoben, um festzustellen, ob es einen Zusammenhang zwischen Geschlecht und Wahl des Studienganges gibt.
>
> 2. Bei 100 Kindern einer Dresdner Mittelschule werden Körpergröße und Gewicht gemessen.
>
> 3. Bei den Schülern einer 8. Klasse werden die Noten in den Fächern Mathematik und Physik ermittelt.
>
> 4. Bei 50 vierköpfigen Familien werden die Höhe des Nettofamilieneinkommens und die Höhe der monatlichen Ausgaben für Kultur erfragt.
>
> 5. Die Schüler einer Klasse werden von ihrem Lehrer mit Hilfe eines Soziogramms in eine Beliebtheitsrangfolge und mit Hilfe ihrer Noten in eine Leistungsrangfolge gebracht.
>
> 6. Bei den Kindern einer Klasse werden Körpergewicht und Weitsprungleistung ermittelt.
>
> 7. 100 Kinobesuchern werden je ein Film aus dem Horrorgenre und ein Liebesfilm gezeigt und sie werden gefragt, ob sie den Film noch einmal anschauen würden.
>   Daneben wird das Geschlecht der Personen festgehalten.

Die Untersuchungseinheit muss jedoch nicht aus einer Person / einem Objekt bestehen. So könnte zum Beispiel für die Untersuchungseinheit Vater / Sohn das Körpergewicht ermittelt werden. Auch auf diese Art erhält man eine bivariate Verteilung.
Bivariate Verteilungen ermöglichen Aussagen über den Zusammenhang der Merkmale.

> Besteht z. B. eine Beziehung zwischen der Höhe des Nettofamilieneinkommens und der Höhe der Ausgaben für Kultur? Gilt z. B., dass Familien mit höherem Einkommen höhere Ausgaben für Kultur haben?

Fragen dieser Art führen je nach Messniveau zu *Korrelations-* oder *Kontingenzkoeffizienten*, die wir im Abschnitt 4.2 kennenlernen werden.

Besteht ein Zusammenhang zwischen den Merkmalen, interessiert oft weiterhin, wie die Merkmalsausprägung der Variablen B bei Kenntnis der Ausprägung der Variablen A vorhergesagt werden kann.

Fragen dieser Art führen bei Merkmalen, die mindestens auf dem Intervallniveau gemessen wurden, zur *Regressionsrechnung*, die in ihrer einfachsten Form in Abschnitt 4.3 vorgestellt wird.

Im folgenden werden Betrachtungen geführt über den Spezialfall, dass bei einer statistischen Untersuchung genau 2 Merkmale erhoben werden. Es ist natürlich möglich – und oftmals sinnvoll – die Merkmale einer statistischen Untersuchung nach den Prinzipien der monovariaten Statistik zu untersuchen. Man erhält dann für beide Merkmale separate Ergebnisse. In diesem Teil wird gezeigt, dass man mit einfachen Mitteln statistische Ergebnisse gewinnen kann, die über die Möglichkeiten der monovariaten Statistik hinausgehen. Dabei spielt der Begriff der stochastischen Abhängigkeit eine zentrale Rolle. Zu Beginn werden die Methoden anhand mindestens intervallskalierter Merkmale eingeführt. Später werden die Methoden auch auf andere Messniveaus erweitert.

Im Gegensatz zu monovariaten Stichproben werden bei bivariaten Stichproben zwei Merkmale pro Untersuchungseinheit erhoben.

Beispiel 1:

Von 12 Vätern und ihren ältesten erwachsenen Söhnen wird die Körpergröße (stetiges Merkmal) gemessen. Die Ergebnisse zeigt die nachfolgende Tabelle:

Untersuchungseinheit	Größe Vater	Größe Sohn
1	1,65	1,73
2	1,60	1,68
3	1,70	1,73
4	1,63	1,65
5	1,73	1,75
6	1,57	1,58
7	1,78	1,73
8	1,68	1,65
9	1,73	1,78
10	1,70	1,70
11	1,75	1,73
12	1,80	1,78

Betrachten wir die Histogramme der einzelnen Merkmale:

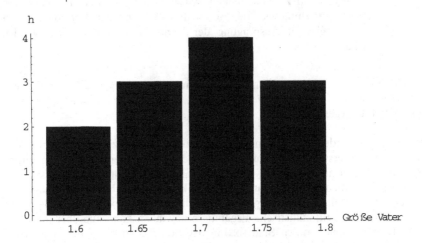

Kap.4 Abbildung 2 - Histogramm des Merkmals „Größe des Vaters"

Mittelwert der Variable „Größe des Vaters":   1,693

Varianz der Variable „Größe des Vaters":   0,00499

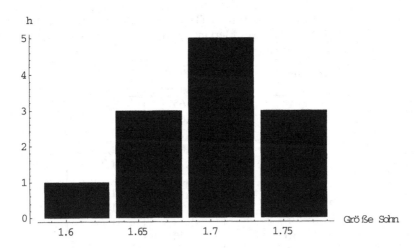

Kap. 4 Abbildung 3 - Histogramm des Merkmals „Größe des Sohns"

Mittelwert der Variable „Größe des Sohns":   1,708

Varianz der Variable „Größe des Sohns":   0,00346

Mit diesen Ergebnissen können die Verteilungen beider Variablen leicht verglichen werden:

	Variable „Größe des Vaters"	Variable „Größe des Sohns"
Mittelwert	1,693	1,708
Varianz	0,00499	0,00346
Variations- koeffizient	0,295%	0,202%

Der Vergleich beider Verteilungen zeigt, dass die Söhne im Durchschnitt etwas größer sind und die Variation der Ausprägungen abgenommen hat.

Diese Informationen hätte man allerdings auch auf eine andere Art gewinnen können. Man misst die Merkmale einer Stichprobe der „Vaterpopulation" und anschließend unabhängig davon die Körpergrößen von Untersuchungseinheiten aus der „Sohn-Population". Auf diese Art erhält man zwei Verteilungen, bei denen die Merkmalsträger beider Stichproben keinen Zusammenhang aufweisen, wenn sie zufällig gezogen wurden. Bei unserem Beispiel liegt der Fall aber anders. Es wurden Vater-Sohn-Paare aus der Grundgesamtheit aller Vater- und Sohn – Paare gezogen[43]. Damit existiert ein Zusammenhang zwischen den Merkmalsträgern. Dies findet Ausdruck in der gemeinsamen Verteilung:

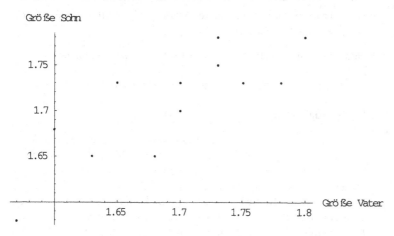

Kap. 4 Abbildung 4 - Punktdiagramm der Verteilungen von Merkmale

---

[43] Es sind nur Väter mit einem ausgewachsenem Sohn in der Grundgesamtheit, bei mehreren Söhnen wird immer der älteste gewählt.

Ziel der weiteren Betrachtung ist, solche Zusammenhänge bei bivariaten Verteilungen zu untersuchen.

4.1.1 Linearität

Eine Form der Abhängigkeit spielt in der Statistik eine besondere Rolle: Die lineare Abhängigkeit.
Im deterministischem Fall wird Linearität als Eigenschaft einer Abbildung definiert:

> **Kap. 4 Definition 1 Linearität:**
> Eine Abbildung $f : X \mapsto Y$ heißt linear, falls für alle $a, b \in X$ und alle $\lambda \in R$ gilt:
>
> $$f(\lambda a) = \lambda f(a) \qquad (4.1)$$
>
> $$f(a + b) = f(a) + f(b) \qquad (4.2)$$

In der Statistik spielen lineare Abbildungen eine so starke Rolle, weil sie so einfach zu handhabende Eigenschaften besitzen.

> Beispiel für die lineare Transformation:
>
> Sei X ein Merkmal, mit $E(X)$ und $Var(X)$. Wird aus X durch lineare Transformation ein anderes Merkmal Y gebildet, also in der Form $Y = aX + b$, dann gilt für
>
> Den Erwartungswert: $E(Y) = E(aX + b) = aE(X) + b$
>
> Die Varianz: $Var(Y) = a^2 Var(X)$
>
> Die Standardabweichung: $\sigma_Y = a\sigma_X$
>
> Solche Transformationen werden bei der Berechnung der Varianz und des Mittelwertes sinnvoll eingesetzt: Wird das Einkommen der Beschäftigten eines Betriebes untersucht, kann man Zahlenwerte in der Größenordnung mehrerer tausend DM erwarten. Bei der Berechnung von Mittelwert und Varianz kommt es dann zu unerwünschten großen Zahlen. Dies kann vermieden werden, wenn die Daten durch eine lineare Transformation (Division durch 1000) auf kleinere, besser zu handhabende Zahlen transformiert werden. Die Rechenergebnisse müssen dann im letzten Schritt zurücktransformiert werden:

Nr.	1	2	3	4	5	6	7	8	9	10
Einkommen (DM, klassiert)	1800	2400	1900	2300	2300	2700	1900	2100	2200	2100

Bei der Berechnung von Mittelwert und Varianz mittels transformierter Daten (Division durch 1000) treten nur kleine Zahlen auf:

$$E(Y) \approx \overline{y}$$

$$= \frac{1}{10}\left(1{,}8 + 2{,}4 + 1{,}9 + 2{,}3 + 2{,}3 + 2{,}7 + 1{,}9 + 2{,}1 + 2{,}2 + 2{,}1\right)$$

$$= \frac{21{,}7}{10} = 2{,}17$$

Wegen $E(Y) = aE(X) \Rightarrow E(X) = \dfrac{E(Y)}{a}$ mit $a = \dfrac{1}{1000}$ folgt:

$$E(X) = 2{,}17 \cdot 1000 = 2170 .$$

Gerade bei den bivariaten Verteilungen treten lineare Transformationen häufig auf.

4.1.2 Die gemeinsame Verteilung

Die gemeinsame Verteilung wird dem Umstand gerecht, dass die Datenwerte für jeden Merkmalsträger zusammen ermittelt werden. Die Daten selbst spannen eine Ebene auf. Man könnte ein Histogramm erstellen, indem man diese Ebene in Teilflächen (z.B. durch ein Gitternetz) zerlegt und jeder dieser Teilflächen ihre relative Häufigkeit zuordnet, mit dem ein Merkmalspaar in diesem Flächensegment aufgetreten ist. Bei stetigen Merkmalen wird man bei den Daten vorher eine Klassierung vornehmen müssen. Dabei wird jetzt nicht nur eine Dimension in Intervalle eingeteilt, sondern beide. Damit werden die untersuchten Daten in einer Ebene dargestellt, die nicht in Intervalle wie im univariaten Fall sondern in Rechtecke eingeteilt ist. Bei diesem Vorgehen müssen allerdings sehr viele Merkmalsträger gemessen werden.

Eine bivariable Häufigkeitsverteilung liegt dann vor, wenn für jedes Element einer Stichprobe zwei Variablen A und B gemessen werden können.
Man kann mit ihnen den Zusammenhang zweier Variablen untersuchen. Außerdem ist es an Hand der bivariablen Verteilung möglich, Schlüsse über den Zusammenhang dieser beiden Variablen zu ziehen.

Kap. 4 Tabelle1. Beispiel einer bivariaten Häufigkeitsverteilung

X\Y	1	2	3	4	5	Σ
1	2	1	0	0	0	3
2	2	9	1		0	12
3	0	4	9	2	0	15
4	0	0	0	2	1	3
5	0	0	0	0	1	1
Σ	4	14	10	4	2	34

Horizontal (Y):   Zensur Physik
Vertikal (X):   Zensur Mathematik

Auch bei der Darstellung bivariater Verteilungen muss wieder berücksichtigt werden, ob die Merkmale stetiger oder diskreter Art sind. Sind beide gemessenen Merkmale stetig, erhält man eine überschaubare Anzahl möglicher Kombinationen von Ausprägungen der beiden Merkmale. Sind beide gemessenen Merkmale stetig, erhält man in der Regel bei n Untersuchungseinheiten annähernd n Kombinationen von Merkmalsausprägungen.

Beispiel 1:

An der Fakultät Mathematik / Naturwissenschaften der Technischen Universität Dresden begannen im Wintersemester 1997 328 Studierende ein Diplomstudium. Aus den Daten des Lehrberichtes kann eine bivariate Verteilung nach Geschlecht und Studiengang (diskrete Merkmale) dieser Studierenden entnommen werden.

	Frauen	Männer
Biologie (48 Studienanfänger)	34	14
Chemie (29)	15	14
Lebensmittelchemie (36)	23	13
Mathematik (14)	7	7
Physik (48)	3	45
Psychologie (116)	93	23
Technomathematik (7)	2	5
Wirtschaftsmathematik (30)	13	17

Beispiel 2:

Von 12 Vätern und ihren ältesten erwachsenen Söhnen wird die Körpergröße (stetiges Merkmal) gemessen.

Die Ergebnisse zeigt die nachfolgende Tabelle:

Untersuchungseinheit	Größe Vater	Größe Sohn
1	1,65	1,73
2	1,60	1,68
3	1,70	1,73
4	1,63	1,65
5	1,73	1,75
6	1,57	1,58
7	1,78	1,73
8	1,68	1,65
9	1,73	1,78
10	1,70	1,70
11	1,75	1,73
12	1,80	1,78

Eine bivariable Häufigkeitsverteilung liegt dann vor, wenn für jedes Element einer Stichprobe zwei Variablen A und B gemessen werden können.
Man kann mit ihnen den Zusammenhang zweier Variablen untersuchen.

Kontingenztafeln

Sind die beiden gemessenen Merkmale X und Y diskret (wie im Beispiel 1), so gibt es eine überschaubare Anzahl möglicher Kombinationen von Ausprägungen der beiden Merkmale. Es seien x_1, ..., x_k die Merkmalsausprägungen von X und y_1, ..., y_l die Merkmalsausprägungen von Y. Nun lassen sich für jede Untersuchungseinheit die gemeinsamen Merkmalsausprägungen (x_i, y_j) und ihre jeweiligen absoluten Häufigkeiten f_{ij} ($i = 1, 2, ..., k$; $j = 1, 2, ..., l$) in einer kxl-Kontingenztafel angeben.

Kap. 4 Tabelle 2. Schema einer kxl-Kontingenztafel

		Merkmal Y				
		y_1	...	y_j	...	y_l	Σ
	x_1	f_{11}	...	f_{1j}	...	f_{1l}	f_{1+}
	⋮	⋮		⋮		⋮	
Merkmal X	x_i	f_{i1}	...	f_{ij}	...	f_{il}	f_{i+}
	⋮	⋮		⋮		⋮	
	x_k	f_{k1}	...	f_{kj}	...	f_{kl}	f_{k+}
	Σ	f_{+1}		f_{+j}		f_{+l}	N

Die Häufigkeiten f_{ij} ($i = 1, ..., k$; $j = 1, ..., l$) stellen die *gemeinsame Verteilung* des zweidimensionalen Merkmals dar.
Die Notation f_{i+} bezeichnet die i-te Zeilensumme, d. h. die Summation über den Index j gemäß $f_{i+} = \sum_{j=1}^{l} f_{ij}$. Man nennt sie die Häufigkeiten der *Randverteilung* von X. Die Randverteilung ist nichts anderes als die Verteilung des Einzelmerk-

mals X. Das bedeutet: Berechnet man die Zeilensummen erhält man die eindimensionale Verteilung des Merkmals X. Analog erhält man die j-te Spaltensumme f_{+j} durch Summation über den Index i als $f_{+j} = \sum_{i=1}^{k} f_{ij}$. Die Spaltensummen ergeben also die eindimensionale Verteilung des Merkmals Y. Der Gesamtumfang aller Beobachtungen ist dann

$$N = \sum_{i=1}^{k} f_{i+} = \sum_{j=1}^{l} f_{+j} = \sum_{i=1}^{k} \sum_{j=1}^{l} f_{ij} \qquad (4.3)$$

Die Urliste wird über eine zweidimensionale Strichliste in eine zweidimensionale Häufigkeitstabelle ($k \times l$-Kontingenztafel) überführt. Die Merkmalsausprägungen der Variablen A bilden dabei die Rand-, die der Variablen B die Kopfleiste.
Durch Auszählen der Häufigkeiten pro Feld erhält man die zweidimensionale Häufigkeitstabelle. Die Randverteilungen ergeben die eindimensionalen Häufigkeitsverteilungen der Merkmale A und B.
Wiederholen wir diese Arbeitsschritte am Beispiel 1, erhalten wir folgende Kontingenztafel:

Beispiel 1:

		Geschlecht		
		weibl.	männl.	Σ
	Bio	34	14	48
	Chemie	15	14	29
	L-chemie	23	13	36
Studien-	Mathe	7	7	14
gang	Physik	3	45	48
	Psycho	93	23	116
	T-mathe	2	5	7
	W-mathe	13	17	30
Σ		190	138	328

Als Summe der Spalte weiblich ergibt sich 190, was soviel bedeutet wie 190 Frauen fangen an der Fakultät ein Studium an. Analog kann man aus der Summe der ersten Zeile ablesen, dass 48 Studierende im Fach Biologie ein Studium aufnehmen.
Im Beispiel 2 wäre eine Kontingenztafel wenig aussagekräftig, da die Häufigkeit des gemeinsamen Auftretens zweier Merkmalsausprägungen in der Regel 0 oder 1 betragen wird.

Beispiel 2:

| | | Größe Söhne | | | | | |
		1,58	1,65	1,68	1,70	...	1,78
	1,57	1	0	0	0	...	0
	1,60	0	0	1	0	...	0
Größe	1,63	0	1	0	0	...	0
Väter	1,65	0	0	0	0	...	0
	:	:	:	:	:		:
	1,80	0	0	0	0	...	1

Durch Klassenbildung lässt sich aber auch eine stetige Verteilung in einer Kontingenztafel darstellen.

Beispiel 2:

| | | Größe Söhne | | | |
		1,50-1,59	1,60-1,69	1,70-1,79	Σ
	1,50-1,59	1	0	0	1
Größe	1,60-1,69	0	3	1	4
Väter	1,70-1,79	0	0	6	6
	1,80-1,89	0	0	1	1
	Σ	1	3	8	12

Ein Spezialfall von Kontingenztafeln sind *Vier-Felder-Tafeln* (2×2-Kontingenztafeln). Diese entstehen, wenn die gemessenen Merkmale dichotom sind, d.h. je nur zwei Ausprägungen zeigen. Für solche gibt es spezielle Maßzahlen, wie wir später zeigen werden.

Kap. 4 Tabelle 3. Schema einer Vier-Felder-Tafel

| | | Merkmal Y | | |
		y_1	y_2	Σ
Merkmal X	x_1	a	b	$a+b$
	x_2	c	d	$c+d$
Σ		$a+c$	$b+d$	N

Beispiel 3:

Betrachten wir in Beispiel 1 neben dem Geschlecht der Studienanfänger nur die Studiengänge Biologie und Physik erhalten wir eine Vier-Felder-Tafel:

| | | Geschlecht | | |
		weibl.	männl.	Σ
Studien-	Biologie	34	14	48
gang	Physik	3	45	48
	Σ	37	59	96

Grafische Darstellung bei diskreten Merkmalen

Gemeinsame Verteilungen zweier Merkmale könnten in einer dreidimensionalen Grafik dargestellt werden. Die Ausprägungen der beiden Merkmale würden dabei eine Ebene aufspannen und die Häufigkeiten ihres gemeinsamen Auftretens stellen die dritte Dimension, die Höhe, dar. Die Projektion solcher Grafiken in den zweidimensionalen Raum ist jedoch mit dem Risiko der Fehlinterpretation verbunden, da die Anschaulichkeit solcher Darstellungen nicht besonders hoch ist.

Deshalb nutzt man häufig zweidimensionale Balkendiagramme, bei denen innerhalb jeder Ausprägung des ersten Merkmals die verschiedenen Ausprägungen des anderen Merkmals angegeben werden. Dies kann auch in gestapelter Form geschehen, bei der die Balken innerhalb des ersten Merkmals nicht nebeneinander sondern übereinander angeordnet werden.

Dazu zerlegt man die dreidimensionale Darstellung in Folgen leicht vergleichbarer zweidimensionaler Darstellungen. Dabei lassen sich zwei Darstellungen unterscheiden, je nach der interessierenden Fragestellung:

1. Wie ist innerhalb jeder Merkmalsausprägung von A das Merkmal B verteilt?
    Im Beispiel 1: Wie sind im Studiengang Biologie die Geschlechter verteilt, wie im Studiengang Chemie, in Mathe usw.
2. Wie ist innerhalb jeder Merkmalsausprägung von B das Merkmal A verteilt?
    Im Beispiel 1: Wie verteilen sich die Frauen auf die verschiedenen Studiengänge und welche Studiengänge wählen die Männer?

Stellen wir nun die Daten aus Beispiel 1 grafisch dar. (Kap. 4 Abbildung 5 a) stellt zugleich die Randverteilung des Merkmals Studiengang; (Kap. 4 Abbildung 5 b) die Randverteilung des Merkmals Geschlecht dar.

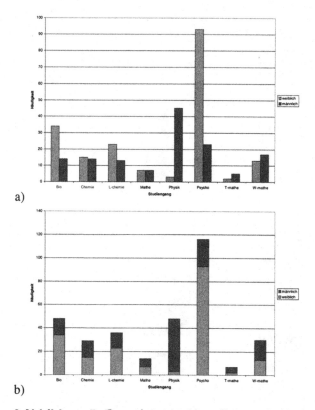

a)

b)

Kap. 4 Abbildung 5 -Gemeinsame Verteilung mit absoluten Häufigkei-ten in gestapelter Darstellung über den Studiengang (Frage 1)

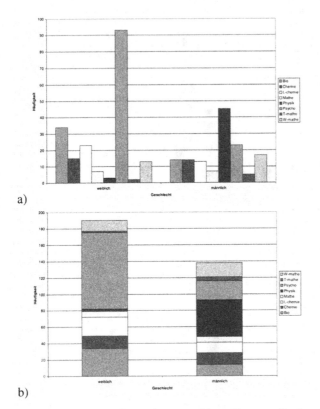

**Kap. 4 Abbildung 6 - Gemeinsame Verteilung mit absoluten Häufig-
keiten in gestapelter Darstellung über das Geschlecht (Frage 2)**

Für zahlreiche Zwecke bedient man sich jedoch anderer Darstellungsformen, vor
allem Punktdiagrammen. Jedes Messwertpaar wird dabei als Punkt in der Ebene
dargestellt.
Dabei wird jedoch außer acht gelassen, dass Messwertpaare auch mehrmals auftreten können, die Punkte also unterschiedliches Gewicht haben müssten.

*Grafische Darstellung der Verteilung stetiger bzw. gemischt stetig-
diskreter Merkmale*

Wie im vorangegangenen Abschnitt bereits ausgeführt, treten in der Regel sehr
viele verschiedene Kombinationen von Merkmalsausprägungen auf, wenn mindestens eines der Merkmale stetig ist. Die Auflistung der vorkommenden Merkmalsausprägungen bietet dann keinen Informationsgewinn im Vergleich zu den
einzelnen Beobachtungen.
Grafische Darstellungen können in diesem Fall die gemeinsame Verteilung anschaulich charakterisieren. Dazu verwendet man in der Regel ebenfalls einen

Scatterplot (Punktdiagramm). Hier werden die Werte (x_i, y_i) in ein *X-Y-*Koordinatensystem eingezeichnet. Kap. 4 Abbildung 7 zeigt das Punktdiagramm der Daten aus Beispiel 2.

Beispiel 4:

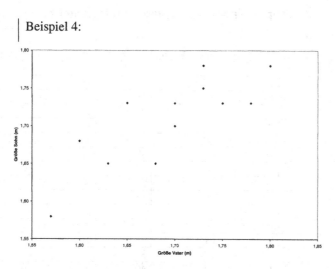

Kap. 4 Abbildung 7 - Punktdiagramm der Merkmale „Größe des Vaters" und „Größe des ältesten Sohnes"

Aus der grafischen Darstellung der Verteilung lässt sich häufig bereits erkennen, ob ein Zusammenhang zwischen den Merkmalen vorliegt und welcher Art er ist. In Kap. 4 Abbildung 7 zum Beispiel lässt sich ein Zusammenhang erkennen, da große Väter in der Regel große Söhne und kleine Väter kleine Söhne haben.

4.1.3 Ein einfaches Beispiel zur Darstellung bivariater Verteilungen

Überprüft werden soll, ob ein Zusammenhang zwischen der Studiendauer (gemessen in Semestern) und der Arbeitszeit (gemessen in Stunden pro Woche), die ein Student erbringen muss, um für seinen Lebensunterhalt aufkommen zu können. Die zu erwartenden unterschiedlichen Arbeitszeiten der Studenten ergeben sich natürlich aus den unterschiedlichen finanziellen Hintergründen mit denen sie ihr Studium beginnen. Ohne Bedeutung sollen dabei sein:

- das Geschlecht,
- familiäre Bedingungen (eigene Familie bzw. Kinder).

Ausgegangen wird von einer Regelstudienzeit von 9 Semestern. Ist die Studienzeit kürzer, handelt es sich demzufolge um einen Studienabbruch. Die maximale Studiendauer ist auf 13 Semester beschränkt.

Die folgende Urliste enthält als Merkmal A, die Studiendauer("t_S"), gemessen in Semestern und als Merkmal B, die Arbeitszeit (" t_A ") des Studenten, gemessen in Stunden pro Woche.

Kap. 4 Tabelle 4.: Urliste [44]zu Beispiel 1

Nr. des Studenten	t_S in Semester	t_A in h/Woche	Nr. des Studenten	t_S in Semester	t_A in h/Woche
1	9	3	26	10	4
2	9	1	27	10	4
3	9	5	28	9	2
4	9	0	29	9	2
5	9	0	30	13	5
6	5	6	31	12	6
7	10	4	32	10	4
8	9	5	33	9	0
9	10	2	34	9	0
10	12	6	35	9	0
11	9	2	36	11	4
12	9	3	37	9	1
13	9	1	38	10	3
14	12	2	39	10	4
15	13	7	40	9	0
16	3	10	41	12	4
17	9	2	42	9	0
18	9	0	43	9	0
19	9	0	44	10	6
20	9	0	45	13	7
21	10	7	46	2	4
22	9	2	47	12	6
23	9	3	48	12	5
24	9	3	49	9	2
25	11	2	50	9	4

Wie sieht nun die zweidimensionale Häufigkeitstabelle aus ? Die betreffenden Merkmale A Studiendauer und B die Stundenzahl werden in der Kopfzeile bzw. linken Randleiste der Matrix abgetragen. $A(x_i)$ kennzeichnet den Grad der Merkmalsausprägung bei m verschiedenen Ausprägungen. Geht man also von einer Studiendauer von 13 möglichen Semestern aus, müssten in der linken Randleiste die Ausprägungen x_1 bis x_{13} auftauchen. Ähnlich verhält es sich bei der Arbeitszeit gemessen in Stunden pro Woche. B(y_j) gibt den Grad der Ausprägung bei n verschiedenen Möglichkeiten an. In unserem Falle soll n=10 sein, es sind also y_1 bis y_{10} möglich.

---

[44] Die in der Urliste enthaltenen Daten sind von mir willkürlich gewählt worden, entsprechen keiner tatsächlich aufgenommenen Urliste .

Werden nun die Zeilensummen gebildet, so erhält man die eindimensionale Verteilung des Merkmals A, der Semesteranzahl. Die Bildung der Spaltensummen ergibt die eindimensionale Verteilung des Merkmals B, der Arbeitsstunden.

Kap. 4 Tabelle 5. Häufigkeitstabelle zu Beispiel 1

t_A in h / t_s in Semestern	0	1	2	3	4	5	6	7	8	9	10	Σ
1												0
2					1							1
3											1	1
4												0
5							1					1
6												0
7												0
8												0
9	11	3	6	4	1	2						27
10			1	2	4		1	1				9
11			1		1							2
12			1		1	1	3					6
13						1		2				3
Σ	11	3	9	6	8	4	5	3			1	50

Bei näherer Betrachtung wird offensichtlich, dass es vorteilhafter ist, die Studenten in drei Kategorien oder Klassen einzuteilen. Das sind a) die Studienabbrecher, b) die Studenten, die ihr Studium in der Regelstudienzeit beenden und c) Studenten die länger als 9 Semester brauchen, ihr Studium aber in der maximalen Studiendauer abschließen. Die 50 Probanden teilen sich wie folgt auf diese Kategorien auf:

a) 3 Studenten = 6 %
b) 27 Studenten = 54 %
c) 20 Studenten = 40 %
Σ = 100%.

Um diesen Überlegungen Rechnung zu tragen, scheint es sinnvoller die obige Häufigkeitstabelle noch einmal in verkürzter Form, bezogen auf die drei Kategorien darzustellen.

Kap. 4 Tabelle 6. Verkürzte Form der Tab. 2 mit abs. Häufigkeiten

t_A in h / Kategorie	0	1	2	3	4	5	6	7	8	9	10	Σ
a					1		1				1	3
b	11	3	6	4	1	2						27
c			3	2	6	2	4	3				20
Σ	11	3	9	6	8	4	5	3			1	50

Eine andere Möglichkeit der Darstellung bivariabler Häufigkeitsverteilungen bietet die dreidimensionale graphische Darstellung (Histogramm) in Kap. 4 Abbildung 8. Sie erfolgt in Form eines dreidimensionalen Kartesischen Koordinatensystems. Die x-Achse wird entsprechend der Ausprägungen des Merkmals A , die y-Achse entsprechend der des Merkmals B eingeteilt. Auf der z-Achse werden dann die absoluten Häufigkeiten der Kombinationen der verschiedenen Merkmalsausprägungen abgetragen. Dies kann der Anschaulichkeit wegen in Stäben oder Säulen erfolgen.

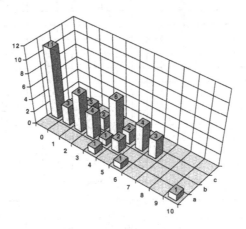

Kap. 4 Abbildung 8 - Dreidimensionale Darstellung der Tabelle 3 als Säulendiagramm. Die Höhe der Säulen stellen die absoluten Häufigkeiten f_{ij} dar

Zerlegt man dieses Diagramm nun einmal senkrecht und waagerecht, dann gleicht dies der Betrachtung der vorhergehenden Häufigkeitstabelle spalten- bzw. zeilenweise. Es können für ein konstantes x_i die verschiedenen Merkmalsausprägungen y_j und umgekehrt betrachtet werden. Die Art der Darstellung dieser *bedingten Häufigkeiten* richtet sich in der Regel nach der Aufgabenstellung. Soll die Verteilung des Merkmals A in B untersucht werden, kann also beispielsweise eine Aussage darüber gemacht werden, wie hoch der Anteil der Studenten ist, die ihr Studium abbrechen, in der Regelzeit oder bis zum 13. Semester beenden. In Abhängigkeit von der geleisteten wöchentlichen Arbeitszeit. Anders dagegen gibt die Verteilung des Merkmals B in A Auskunft darüber, wie viele Stunden pro Woche Studenten arbeiten gehen, die ihr Studium abbrechen, nach dem 9. bzw. bis zum 13. Semester ihr Studium abschließen.

für die Kategorie a

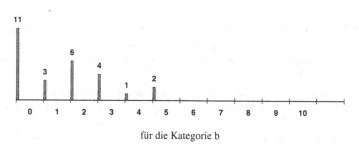

für die Kategorie b

für die Kategorie c

Abbildung 2: Zeigt die bedingten Verteilungen der Studenten in den drei Kategorien bezogen auf ihre geleistete Wochenarbeitszeit in Stunden.

Bei einigen Vergleichen ist es günstiger nicht die absoluten sondern die relativen oder auch prozentualen Häufigkeiten darzustellen. Würde man die Anzahl der Studienabbrecher verschiedener Studiengänge an der TU Dresden miteinander vergleichen, wäre eine Prozentangabe wesentlich aussagekräftiger als die absoluten Zahlen. Aber auch in einer Häufigkeitstabelle kann eine prozentuale Angabe der Häufigkeiten den Vergleich der Spalten und Zeilen untereinander erleichtern.

Kap. 4 Tabelle 7. Wie Tabelle 3, jedoch zeilenweise prozentuale Verteilung der Häufigkeiten.

t in h $\hat{}$ Kategorie	0	1	2	3	4	5	6	7	8	9	10	Σ
a					33		33				33	100%
b	41	11	22	15	4	7						100%
c			15	10	30	10	20	15				100%
Σ												

Kap. 4 Tabelle 8. Wie Tabelle 3, jedoch Spaltenweise prozentuale Verteilung der Häufigkeiten.

t in h $\hat{}$ Kategorie	0	1	2	3	4	5	6	7	8	9	10	Σ
a					12,5		20				100	
b	100	100	66	66	12,5	50						
c			33	33	75	50	80	100				
Σ	100%	100%	100%	100%	100%	100%	100%	100%			100%	

für die Kategorie a

für die Kategorie b

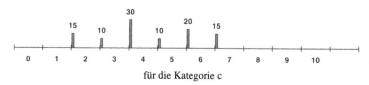

für die Kategorie c

Abbildung 3: Zeigt die bedingten prozentualen Verteilungen aus Tabelle 4 an Wochenarbeitszeit in Stunden für jede Kategorie.

Aus Kap. 4 Tabelle 7., der Zeilenweisen prozentualen Verteilung der Häufigkeiten wird ersichtlich, dass 41 % der Studenten, die ihr Studium in der Regelstudienzeit abschließen, keiner Nebentätigkeit nachgehen. Der Spaltenweisen Interpretation der Tabelle 5 können die aussagekräftigsten Zusammenhänge entnommen werden. Beispielsweise schließen 100% der Studenten, die nicht arbeiten gehen, ihr Studium in der Regelstudienzeit. Dagegen brechen 100% der Studenten, die 10 Stunden pro Woche arbeiten gehen, ihr Studium ab.

Eine andere graphische Darstellungsart sind Punkt- oder Korrelationsdiagramme. In ihnen werden alle Messwertpaare (x_i, y_j) als Punkte dargestellt. Auf Grund der Zweidimensionalität kann aber hieraus keine Aussage über die Häufigkeit eines Messpunktes gemacht werden. Deswegen werden für bestimmte Zwecke noch über den Achsen die Graphen der jeweilige Häufigkeitsverteilung gezeichnet. Für den Fall, dass jeder Messwert nur einmal auftritt, ist dies allerdings nicht notwendig. Die Punktwolke stellt dann die Zweidimensionale Verteilung exakt dar.

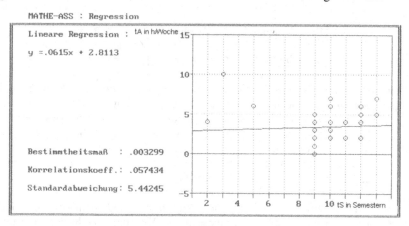

Kap. 4 Abbildung 9 - Punktdiagramm zu Beispiel 1

Dieses mit dem Programm "Matheass" erstellte zweidimensionale Diagramm zeigt die Verteilung der im Beispiel 1 erfassten Merkmalsausprägungen $A(x_i)$ und $B(y_j)$. Eine Aussage über die Häufigkeit der Messpunkte kann aus dieser Abbildung nicht entnommen werden.

4.2 Korrelation

In diesem Kapitel beschäftigen wir uns mit bivariaten Verteilungen und fragen nach einem möglichen Zusammenhang der beiden gemessenen Merkmale. Es werden Methoden vorgestellt, mit denen es möglich ist, lineare Zusammenhänge zwischen zwei Merkmalen zu finden und zu charakterisieren. Wie im Verlauf des Kapitels gezeigt wird, muss dabei auf das Messniveau der Variablen geachtet werden.

In Abschnitt 4.1 haben wir eine Reihe möglicher Untersuchungen vorgestellt, bei denen zwei Merkmale gemessen werden.

Beispiel 1:

1. Bei 100 Kindern einer Dresdner Mittelschule werden Körpergröße und Gewicht gemessen.

2. Bei den Studierenden einer Universität werden Geschlecht und Studiengang erhoben, um festzustellen, ob es einen Zusammenhang zwischen Geschlecht und Wahl des Studienganges gibt.

Untersuchungseinheit	Variable A	Variable B
1. Kinder	Körpergröße	Gewicht
2. Studierende	Geschlecht	Studiengang

Betrachten wir nun Beispiel 1: Hier ist es sinnvoll zu fragen, ob mit zunehmender Körpergröße auch das Gewicht zunimmt Allgemeiner kann man formulieren:
-    Treffen bei den Untersuchungseinheiten häufig niedrige Messwerte des Merkmals A mit niedrigen des Merkmals B und hohe Messwerte des Merkmals A mit hohen des Merkmals B zusammen?
-    Gilt: Je kleiner A, desto kleiner im allgemeinen auch B und je größer A desto größer im allgemeinen auch B?

Es wird danach gefragt, ob zwischen den Variablen A und B ein gewisser (linearer) Zusammenhang existiert. Dabei müssen die Wertepaare nicht auf einer Linie liegen, sollten sich aber um eine gedachte Linie gruppieren. Diese Linie gibt dann eine angenäherte lineare Beziehung zwischen den Variablen an.

Unterstellt man für die Daten des Beispiel 4.1 eine solche „Je größer, desto grösser"-Beziehung, könnte Abbildung 4.6 eine mögliche Verteilung der Messwerte darstellen.

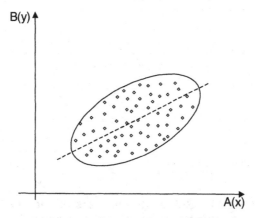

Kap.4 Abbildung 10 - Schematische Darstellung der Messwertpunktwolke bei linearer Abhängigkeit

Das sogenannte *Korrelationsdiagramm* nimmt die Form einer ellipsenförmigen Punktwolke an, die annähernd durch eine Gerade – durch das Bild einer linearen Funktion – dargestellt werden kann. Sie bestätigt die Annahme einer gemeinsamen Variation der Variablen A und B. Da die Gerade eine positive Steigung hat, spricht man von einem *positiven linearen Zusammenhang* der Variablen A und B oder von einer *positiven Korrelation* (lat. korrelat = sich gegenseitig bedingend).

Wenn die Voraussetzung für einen positiven linearen Zusammenhang zweier Variablen eine „Je größer, desto grösser"-Beziehung ist, müssen die beiden Variablen mindestens intervallskaliert sein, d. h. der „grösser-kleiner-Beziehung" kommt eine empirische Bedeutung bei.

Eine „Je-desto-Beziehung" kann auch die Form „Je größer, desto kleiner" haben, also je größer Merkmal A, desto kleiner wird Merkmal B. Auch hier variieren die Merkmale gemeinsam, aber gegenseitig.

Beispiel 2:

Bei den Kindern einer Klasse werden Körpergewicht und Weitsprungleistung ermittelt. Hier gilt, je größer bei einem Schüler das Körpergewicht ausgeprägt ist, desto kleiner ist im allgemeinen die Weitsprungleistung und je kleiner das Körpergewicht, desto größer ist im allgemeinen auch die Weitsprungleistung.

Die graphische Darstellung einer solchen „Je größer, desto kleiner"-Beziehung zeigt die folgende Abbildung:

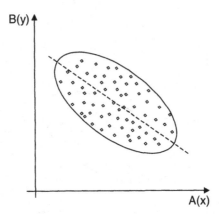

Kap.4 Abbildung 11 - Schematische Darstellung der Messwert-punktwolke bei einer negativen Korrelation

Diesmal kann die ellipsenförmige Punktwolke durch eine Gerade wiedergegeben werden, die einen negativen Anstieg hat. Dann spricht man von einem *negativen linearen Zusammenhang*.
Was macht aber nun einen *linearen* Zusammenhang aus? Die Punktwolke der Messwerte muss eine bestimmte Form haben, um eine Gerade hineinlegen zu können. Punktwolken können aber auch andere Formen annehmen, wie folgende Abbildung verdeutlicht:

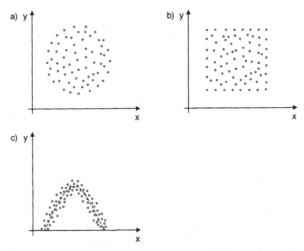

Kap.4 Abbildung 12 – Punktwolken für Variablen ohne linearen Zu-sammenhang (a und b) und mit nicht-linearen Zusammenhang (c)

In die Punktwolken a) und b) der Kap. 4 Abbildung 12 kann man nicht *eine* Gerade hineinlegen, welche die Punktwolke angenähert wiedergibt, denn alle Geraden durch den Mittelpunkt des Kreises bzw. des Quadrates enthalten offensichtlich ein gleiches Maß an Information über die Punktwolke. Diese Variablen haben offenbar keinen linearen Zusammenhang.

Dies bedeutet aber nicht, dass überhaupt kein Zusammenhang zwischen den Variablen besteht. Dies kann sehr wohl möglich sein, nur linear kann er nicht sein. Es kann aber ein komplizierter nicht-linearer Zusammenhang vorliegen, auch wenn dieser zunächst nicht erkennbar ist.

In Teil c) der Kap. 4 Abbildung 12 lässt sich deutlich ein Zusammenhang der Variablen A und B erkennen, der aber nicht linear ist, sondern durch eine Parabel annähernd wiedergegeben wird. Hier handelt es sich also um einen *nichtlinearen Zusammenhang*, der nicht durch eine „Je-desto-Beziehung" gekennzeichnet werden kann.

Die folgende Abbildung fasst die bisherigen Überlegungen zusammen:

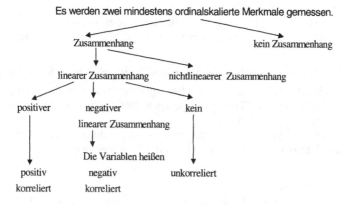

Kap.4 Abbildung 13 - Übersicht über die Arten des Zusammenhangs zweier Merkmale

Wie die Aspekte univariater Verteilungen so können auch bivariate Verteilungen mit Maßzahlen, sogenannten *Koeffizienten*, charakterisiert werden. Auch hier sollen bestimmte Aspekte einer Verteilung mit einer einzigen Zahl beschrieben werden. Wir verwenden also wieder das Prinzip der Datenreduktion auf Kosten von Informationsverlust.

In den nächsten Abschnitten werden wir uns ausschließlich mit linearen Zusammenhängen beschäftigen und Parameter kennen lernen, mit deren Hilfe wir Art und/oder Stärke des Zusammenhanges ermitteln können.

4.2.1 Intervallniveau

Für bivariate Verteilungen, die mindestens intervallskaliert sind, ist die Bestimmung von Koeffizienten, welche die Stärke eines linearen Zusammenhangs beschreiben, am einfachsten.

Grundlage des Vorgehens ist die Einschränkung auf Linearität. Bei einem positiven linearen Zusammenhang bedeutet dieser, dass hohe Ausprägungen oder niedrige Ausprägungen der Variablen häufig zusammen auftreten.

Ob eine Ausprägung hoch oder niedrig ist, hängt von den übrigen Ausprägungen ab. Man kann sich vorstellen, dass der Mittelwert ein geeigneter Vergleichswert ist:

$$x - \bar{x}$$

Für hohe Ausprägungen von x ist dieser Wert größer, für kleine Ausprägungen kleiner Null. Der Betrag dieser Differenz ist groß, wenn die Ausprägung stark vom Mittelwert abweicht. Dieselben Überlegung gelten auch für die Ausprägungen der y -Werte der 2. Variable:

$$y - \bar{y}.$$

Um ein Maß zu erhalten, ob häufig gleichzeitig hohe oder niedrige Ausprägungen der Variablen auftreten, können diese Werte miteinander multipliziert werden:

$$(x - \bar{x})(y - \bar{y})$$

Dieser Wert ist jetzt größer als Null, wenn x und y in die gleiche Richtung vom Mittelwert abweichen, d.h. wenn sie gleichzeitig hohe oder niedrige Ausprägungen der Variablen darstellen. Weichen sie entgegengesetzt von ihrem Mittelwert ab, erhält man einen negativen Wert.

Der Mittelwert dieser Größe – der gemeinsamen Abweichung vom Mittelwert – beschreibt also Richtung und Stärke des linearen Zusammenhangs:

Kap.4 Definition 2:

Es seien X und Y mindestens intervallskalierte Merkmale einer bivariaten Verteilung. Dann heißt

$$s_{xy} = \frac{1}{N-1} \sum_{i=1}^{N} (x_i - \bar{x})(y_i - \bar{y}) \qquad (4.4)$$

die Kovarianz zwischen X und Y.

Die Kovarianz gibt die Richtung des linearen Zusammenhangs an. Ist die durchschnittliche gemeinsame Abweichung positiv, weichen die Variablen im Durchschnitt gemeinsam in dieselbe Richtung von ihrem Mittelwert ab. Ist die Kovarianz dagegen negativ, weichen die Variablen eher in entgegengesetzter Richtung von ihrem Mittelwert ab.

Kap. 4 Tabelle 9. Beispiel Größe von Vater und Sohn

Untersuchungseinheit	Größe Vater x	Größe Sohn y	$x - \bar{x}$	$y - \bar{y}$	$(x - \bar{x})(y - \bar{y})$
1	1,65	1,73	-0,043	0,022	-0,000946
2	1,60	1,68	-0,093	-0,028	0,002604
3	1,70	1,73	0,007	0,022	0,000154
4	1,63	1,65	-0,063	-0,058	0,003654
5	1,73	1,75	0,037	0,042	0,001554
6	1,57	1,58	-0,123	-0,128	0,015744
7	1,78	1,73	0,087	0,022	0,001914
8	1,68	1,65	-0,013	-0,058	0,000754
9	1,73	1,78	0,037	0,072	0,002664
10	1,70	1,70	0,007	-0,008	-0,000056
11	1,75	1,73	0,057	0,022	0,001254
12	1,80	1,78	0,107	0,072	0,007704
Mittelwert	1,693	1,708	0	0	0,003363

An den Werten der Spalte $(x - \bar{x})(y - \bar{y})$ in der Tabelle ist ersichtlich, dass die große Mehrheit der Ausprägungen beider Variablen gleichzeitig gleichgerichtet vom Mittelwert abweichen. Daher ist die Kovarianz größer als Null. Bemerkenswert ist, dass der Kovarianzanteil der Untersuchungseinheit 6 einen Großteil der Gesamtkovarianz ausmacht. Der Grund dafür ist, dass die Ausprägungen der Variablen in dieser Untersuchungseinheit in beiden Fällen Ausreißer darstellen. Auch bei der Berechnung der Kovarianz gehen Ausreißer also mit einem höheren Gewicht ein.

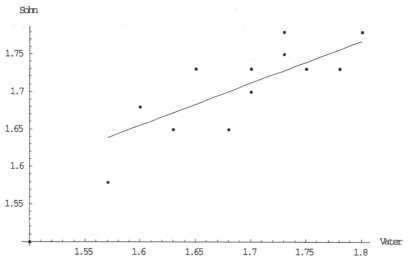

Kap.4 Abbildung 14 Linearer Zusammenhang im Beispiel „Größe von Vater und Sohn"

Die Berechnung der Kovarianz hat einen positiven linearen Zusammenhang ergeben. Aber welche Aussagen können über die Stärke dieses linearen Zusammenhangs getroffen werden? Da die Werte der Kovarianz hauptsächlich von den Abständen zwischen den Ausprägungen der Merkmale und deren Mittelwerten abhängig sind, werden unterschiedliche Verteilungen mit unterschiedlichen Varianzen auch sehr unterschiedliche Kovarianzen aufweisen. Der Umstand, dass der Betrag der Kovarianz nicht zum Vergleich der Stärken von linearen Abhängigkeiten erfolgen kann, erfordert ein verbessertes Maß, das nicht mehr von der Varianz der Variablen abhängig ist, so dass bei unterschiedlichen bivariaten Verteilungen die Stärken des Zusammenhangs der Variablen verglichen werden kann.
Ein solches gesuchtes Maß ist die Korrelation.

Als Maß für Art und Stärke des linearen Zusammenhangs zweier metrischer Merkmale dient der Produkt-Moment-Korrelationskoeffizient r von Pearson, der die Abstände zwischen den Beobachtungen der beiden Merkmale und deren arithmetischen Mitteln zueinander in Beziehung setzt.

Kap.4 Definition 3 - Definition des Produkt-Moment-Korrelationskoeffizienten r:
In einer Stichprobe von N mindestens auf dem Intervallniveau gemessenen Messwertpaaren $(x_i; y_i)$ zweier Variablen X und Y wird der Produkt-Moment-Korrelationskoeffizient r definiert durch

$$r = \frac{s_{xy}}{s_x \cdot s_y} \qquad (4.5)$$

r gibt Art und Stärke des linearen Zusammenhangs zwischen X und Y wieder.
r nimmt nur Werte an im Intervall von $\qquad -1 \leq r \leq +1$.

Wenn $r = +1$, dann liegt ein maximaler positiver linearer Zusammenhang vor, der auch positiver deterministischer (funktionaler) Zusammenhang genannt wird, denn alle Messwertpaare liegen dann auf einer linearen Funktion der Art $y = m \cdot x + n$

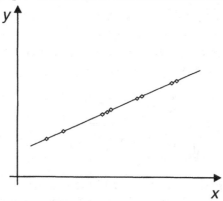

Kap.4 Abbildung 15 - Darstellung eines positiven deterministischen Zusammenhangs

Analoges gilt für einen negativen deterministischen Zusammenhang bei $r = -1$.

Stellen wir die Eigenschaften von r abschließend noch einmal zusammen:

1. r kennzeichnet die **Art** eines linearen Zusammenhangs zweier intervallskalierter Variablen:
      a)   Für einen positiven Zusammenhang gilt: $r > 0$.
      b)   Für einen negativen Zusammenhang gilt: $r < 0$.
      c)   Liegt keine Korrelation vor, so gilt: $r \approx 0$.

2. r ist ein Maß für die **Stärke** des linearen Zusammenhangs.
      a) r nimmt nur Werte aus dem Intervall $-1 \leq r \leq +1$ an.
      b)   Bei einem positiven funktionalen Zusammenhang gilt: $r = +1$.
      c)   Bei einem negativen funktionalen Zusammenhang gilt: $r = -1$.
      d)   Die Größe von r kann folgendermaßen interpretiert werden:

		0,00	kein Zusammenhang
0,00	bis $\leq$	$\lvert 0,40 \rvert$	niedriger Zusammenhang
$\lvert 0,40 \rvert$	bis $\leq$	$\lvert 0,70 \rvert$	mittlerer Zusammenhang
$\lvert 0,70 \rvert$	bis $<$	$\lvert 1,00 \rvert$	hoher Zusammenhang
		$\lvert 1,00 \rvert$	vollständiger Zusammenhang

Zur Berechnung von r formen wir nun die Definitionsgleichung des Korrelationskoeffizienten durch Einsetzen um:

$$r = \frac{s_{xy}}{s_x \cdot s_y} = \frac{\dfrac{1}{N-1} \displaystyle\sum_{i=1}^{N} (x_i - \bar{x})(y_i - \bar{y})}{\sqrt{\left(\dfrac{1}{N-1} \displaystyle\sum_{i=1}^{N} (x_i - \bar{x})^2 \right) \cdot \left(\dfrac{1}{N-1} \displaystyle\sum_{i=1}^{N} (y_i - \bar{y})^2 \right)}} \qquad (4.6)$$

Wir erhalten nun eine erste Formel, welche die praktische Berechnung von r aus den ursprünglichen Messwerten ermöglicht:

$$r = \frac{\displaystyle\sum_{i=1}^{N} (x_i - \bar{x})(y_i - \bar{y})}{\sqrt{\displaystyle\sum_{i=1}^{N} (x_i - \bar{x})^2 \cdot \sum_{i=1}^{N} (y_i - \bar{y})^2}} \qquad (4.7)$$

Diese Form des Korrelationskoeffizienten ist jedoch zur Berechnung von r recht unzweckmäßig, da die notwendige Berechnung der Mittelwerte $\bar{x}$ und $\bar{y}$ mit erheblichem Aufwand verbunden sein kann und durch Rundungen zu starken Abweichungen im Ergebnis führen kann. Also formen wir Zähler und Nenner in Formel in leichter zu handhabende Ausdrücke um.

Wir erhalten zwei zu weitere Formen als äquivalente Berechnungsformeln für r:

$$r = \frac{\displaystyle\sum_{i=1}^{N} x_i y_i - N \cdot \bar{x} \cdot \bar{y}}{\sqrt{\left(\displaystyle\sum_{i=1}^{N} x_i^2 - N \cdot \bar{x}^2 \right) \left(\sum_{i=1}^{N} y_i^2 - N \cdot \bar{y}^2 \right)}} \qquad (4.8)$$

$$r = \frac{N \displaystyle\sum_{i=1}^{N} x_i y_i - \sum_{i=1}^{N} x_i \cdot \sum_{i=1}^{N} y_i}{\sqrt{\left[N \displaystyle\sum_{i=1}^{N} x_i^2 - \left(\sum_{i=1}^{N} x_i \right)^2 \right] \left[N \sum_{i=1}^{N} y_i^2 - \left(\sum_{i=1}^{N} y_i \right)^2 \right]}} \qquad (4.9)$$

Illustrieren wir die Anwendung der Formeln an unserem einfachen Beispiel:

Kap. 4 Tabelle 10.

Untersuchungs-einheit	Größe Vater x	Größe Sohn y	x^2	y^2	$x \cdot y$
1	1,65	1,73	2,7225	2,9929	2,8545
2	1,60	1,68	2,56	2,8224	2,688
3	1,70	1,73	2,89	2,9929	2,941
4	1,63	1,65	2,6569	2,7225	2,6895
5	1,73	1,75	2,9929	3,0625	3,0275
6	1,57	1,58	2,4649	2,4964	2,4806
7	1,78	1,73	3,1684	2,9929	3,0794
8	1,68	1,65	2,8224	2,7225	2,772
9	1,73	1,78	2,9929	3,1684	3,0794
10	1,70	1,70	2,89	2,89	2,89
11	1,75	1,73	3,0625	2,9929	3,0275
12	1,80	1,78	3,24	3,1684	3,204
Summe	20,32	20,49	34,4634	35,0247	34,7334
Mittelwert	1,693	1,7075	2,87	2,92	2,89

Mit Hilfe der Berechnungsformel für r erhält man:

$$r = \frac{34,7334 - 12 \cdot (1.693 \cdot 1,7075)}{\sqrt{(34,4634 - 12 \cdot 1,693^2)(35,0247 - 12 \cdot 1,7075^2)}}$$

$$= \frac{0,037}{0,04568} = 0,8099$$

oder

$$r = \frac{12 \cdot 34,7334 - (20,32 \cdot 20,49)}{\sqrt{(12 \cdot 34,46434 - 20,32^2)(12 \cdot 35,0247 - 20,49^2)}}$$

$$= \frac{0,444}{\sqrt{0,66968 \cdot 0,4563}} = 0,803$$

Die Ergebnisse unterscheiden sich etwas, weil durch die unterschiedlichen Rechenwege die eingehenden Rundungsfehler verschiedene Auswirkungen auf das Ergebnis haben. Die direkte Berechnung von r über diese Berechnungsformeln ist in der Praxis wesentlich einfacher, als die Berechnung über die Kovarianz und die Standardabweichungen. Bei größeren Auswertungen kann die Bestimmung von Korrelationskoeffizienten eine sehr zeitaufwendige Aufgabe sein. In den meisten Fällen werden dafür Computerprogramme eingesetzt.

4.2.2 Ordinalniveau

Da bei auf Ordinalniveau gemessenen Variablen die Differenzen von Messwerten empirisch nicht interpretierbar sind, kann der Produkt-Moment-Korrelationskoeffizient nicht einfach übernommen werden (man hat bei der Berechnung von r Summen und Differenzen zu berechnen). Daher wird auf Ränge der zugehörigen Variablen ausgewichen und die Rangkorrelation eingeführt.

Im Gegensatz zu nominalen Merkmalen, besitzen ordinale eine Ordnungsstruktur, so dass man Aussagen wie „je größer der Wert von X, desto größer der Wert von Y" machen kann. Diesen Vorteil kann man bei der Berechnung und Interpretation nutzen.

In den Sozialwissenschaften trifft man häufig auf Merkmale, die auf dem Ordinal-niveau messbar sind. Um hier Art und Stärke des Zusammenhangs zweier Variab-len zu bestimmen, benutzt man den von Spearman 1904 vorgeschlagenen *Rang-korrelationskoeffizienten* r_s.

Die Berechnung des Spearmanschen Rangkorrelationskoeffizienten basiert auf der Betrachtung der Rangplätze (nicht der eigentlichen Messwerte) und deren Abstän-de.

Bei N Versuchspersonen (Merkmalsträgern) werden die Merkmale $A(x_i)$ und $B(y_i)$ gemessen, z.B. die Mathematik- und Physiknoten von Schülern. Für jede Ver-suchsperson i, jeden Schüler, liegt also ein Messwertpaar (x_i/y_i) vor, welches sein Mathematik- und Physiknote enthält. Nun werden zuerst die Messwerte x_i in Rangplätze transformiert, d. h. die Messwerte x_i werden der Größe nach sortiert (in eine Rangreihe gebracht). In dieser Rangreihe erhält der kleinste Messwert den Rangplatz 1, der zweitkleinste den Rangplatz 2, usw. und der größte Messwert den Rangplatz N. Haben zwei oder mehr Beobachtungen die gleiche Ausprägung des Merkmals X oder Y, so liegt eine sogenannte *Bindung* vor. Treten gleiche Mess-werte auf, werden die dazugehörenden Rangplätze gemittelt und allen Ausprägun-gen wird dann der mittlere Rang zugeordnet. Analog wird mit den Messwerten y_i des zweiten Merkmals B verfahren.

Die Rangplätze des Merkmals A werden mit u_i, die des Merkmals B mit v_i be-zeichnet. Die ursprünglichen Messwertpaare (x_i/y_i) werden also in Rangplatzpaare (u_i/v_i) transformiert.

Beispiel 3:

Von 8 Schülern eines Mathematikkurses werden am Schuljahresende die Abschlussnoten in Mathematik und Physik verglichen.

Schüler	Note in Mathe	Note in Physik
1	2	3
2	4	2
3	3	3
4	1	2
5	5	4
6	3	5
7	2	1
8	4	4

Es wird nun nach dem Grad der Übereinstimmung gefragt: Haben Schüler mit guten Mathematiknoten auch gute Physiknoten? Dazu werden als erstes die Schulnoten des Beispiel 8 in eine Rangreihe gebracht (die Messwerte „Schulnote" werden in Rangplätze transformiert):

Transformation der Mathematiknoten in Rangplätze:

Der Schüler 4 hat in Mathe eine Note 1 und bekommt deshalb den Rangplatz 1 zugeordnet. Die Note zwei kommt zweimal vor (Schüler 1 und 7). Hierfür sind die Ränge 2 und 3 zu vergeben. Alle Schüler mit der Note 2 erhalten deshalb den Rang $\frac{1}{2}(2+3) = 2,5$. Insgesamt erhalten wir schließlich folgende Rangreihe:

Schüler i	4	1	7	3	6	2	8	5
Messwert x_i	1	2	2	3	3	4	4	5
Rangplatz u_i	1	2,5	2,5	4,5	4,5	6,5	6,5	8

Das selbe für die Physiknoten:

Schüler i	7	2	4	1	3	5	8	6
Messwert y_i	1	2	2	3	3	4	4	5
Rangplatz v_i	1	2,5	2,5	4,5	4,5	6,5	6,5	8

Für jeden Schüler existieren nach der Transformation zwei Rang-
platznummern, die nachfolgende Tabelle zeigt:

Schüler	Platz in der Rangreihe Mathe	Platz in der Rangreihe Physik
1	2,5	4,5
2	6,5	2,5
3	4,5	4,5
4	1	2,5
5	8	6,5
6	4,5	8
7	2,5	1
8	6,5	6,5

Die Beobachtungsübereinstimmung wäre nun maximal, wenn jeder Schüler in
beiden Fächern die selbe Rangplatznummer erreicht hätte. Die Differenz beider
Rangplätze wäre gleich null. Für eine solche maximale positive Korrelation fordern wir deshalb:

⇨ Sind alle Rangplatzdifferenzen gleich null, soll $r_s = +1$ sein.

Die Beobachtungsübereinstimmung wäre minimal, wenn beide Rangreihen genau
entgegengesetzt verliefen, wenn also das Gruppenmitglied mit dem kleinsten Rang
in Mathe den größten in Physik erreicht hätte usw. Hier läge eine maximale negative Korrelation vor, deshalb fordern wir:

⇨ Verlaufen die Rangreihen genau entgegengesetzt, soll $r_s = -1$ sein.

⇨ Für „Je grösser, desto grösser auch"-Beziehungen soll r_s positiv, für „Je
   kleiner, desto grösser"-Beziehungen soll r_s negativ werden. Läßt sich bei
   den Rangreihen keine derartige Beziehung zeigen, wenn die Merkmale
   also unkorreliert sind, so soll $r_s = 0$ sein.

Die Berechnungsformel für r_s lässt sich aus dem Produkt-Moment Korrelationskoeffizienten unter folgendem Ansatz herleiten: Die Messwertreihen x_i und y_i werden in Rangreihen u_i und v_i transformiert und mittels r der lineare Zusammenhang
der Ränge ermittelt. Somit erhält man folgende Definition:

Kap.4 Definition 4 - Rangkorrelationskoeffizienten r_s:
Art und Stärke des Zusammenhangs zweier mindestens auf dem Ordinalniveau gemessener Variablen lässt sich durch den Rangkorrelationskoeffizienten

$$r_s = 1 - \frac{6\sum_{i=1}^{N} d_i^2}{N^3 - N} \qquad (4.10)$$

beschreiben. Dabei ist d_i die jeweilige Rangplatzdifferenz ($d_i = u_i - v_i$).

Herleitung:
Bei der Herleitung des Rangkorrelationskoeffizienten gehen wir von der Berechnungsformel für den Korrelationskoeffizienten aus:

$$r = \frac{\sum\limits_{i=1}^{N} x_i y_i - N \cdot \bar{x} \cdot \bar{y}}{\sqrt{\left(\sum\limits_{i=1}^{N} x_i^2 - N \cdot \bar{x}^2\right)\left(\sum\limits_{i=1}^{N} y_i^2 - N \cdot \bar{y}^2\right)}} \qquad (4.11)$$

Die x_i- und y_i- Werte können nun nicht benutzt werden. Deshalb werden die Daten in Ränge transformiert. Wir berechnen die Korrelation zwischen den Rangwerten:

$$r = \frac{\sum\limits_{i=1}^{N} u_i v_i - N \cdot \bar{u} \cdot \bar{v}}{\sqrt{\left(\sum\limits_{i=1}^{N} u_i^2 - N \cdot \bar{u}^2\right)\left(\sum\limits_{i=1}^{N} v_i^2 - N \cdot \bar{v}^2\right)}} \qquad (4.12)$$

Diese Formel kann aber noch vereinfacht werden, weil die Summe der Ränge bei Kenntnis von N geschlossen berechnet werden kann, d.h. ohne Summierung der Einzelwerte:

$$\sum\limits_{i=1}^{N} i = 1 + 2 + 3 + \ldots + N = \frac{N(N+1)}{2} \qquad (4.13)$$

Beweis:
Sei N gerade, dann können die Summanden in zwei Hälften eingeteilt werden, so dass

$$\sum\limits_{i=1}^{N} i = \underbrace{(1+N) + (2+N-1) + \ldots}_{N/2\ mal} = \underbrace{(N+1) + (N+1) + \ldots}_{N/2\ mal} = \frac{N}{2}(N+1) \qquad (4.14)$$

Sei N ungerade. Dann ist N-1 gerade und:

$$\sum\limits_{i=1}^{N} i = N + \sum\limits_{i=1}^{N-1} i = N + \frac{(N-1)N}{2} = \frac{N^2 - N + 2N}{2} = \frac{N^2 + N}{2} = \frac{N(N+1)}{2} \qquad (4.15)$$

Auch die Summe der Quadrate aller Ränge kann geschlossen gelöst werden:

$$\sum\limits_{i=1}^{N} i^2 = \frac{N(N+1)(2N+1)}{6} \qquad (4.16)$$

Mit diesen Vereinfachungen kann die Korrelation der Ränge vereinfacht werden:

$$r = \frac{\displaystyle\sum_{i=1}^{N} u_i v_i - N \cdot \bar{u} \cdot \bar{v}}{\sqrt{\left(\displaystyle\sum_{i=1}^{N} u_i^2 - N \cdot \bar{u}^2\right)\left(\displaystyle\sum_{i=1}^{N} v_i^2 - N \cdot \bar{v}^2\right)}} \tag{4.17}$$

$$\sum_{i=1}^{N} u_i^2 - N \cdot \bar{u}^2 = \frac{N(N+1)(2N+1)}{6} - N\left(\frac{1}{N}\sum_{i=1}^{N} u_i\right)^2$$

$$= \frac{N(N+1)(2N+1)}{6} - \frac{1}{N}\left(\frac{N(N+1)}{2}\right)^2$$

$$= \frac{2N^2(N+1)(2N+1)}{12N} - \frac{3N^2(N+1)^2}{12N}$$

$$= \frac{4N^3(N+1) + 2N^2(N+1) - \left[3N^2(N+1) + 3N^3(N+1)\right]}{12N} \tag{(4.18)}$$

$$= \frac{N^3(N+1) - N^2(N+1)}{12N}$$

$$= \frac{N^2(N+1) - N(N+1)}{12}$$

$$= \frac{N^3 + N^2 - (N^2 + N)}{12}$$

$$= \frac{N^3 - N}{12}$$

Dasselbe Ergebnis erhält man für die Varianz von v_i. Damit ist der Nenner durch einfache Ausdrücke ersetzt. Im Zähler befindet sich die Summe der gemischten Produkte der Ränge, die wir nicht geschlossen summieren können. Wir helfen uns mit einem Trick!

Wir führen die Rangdifferenzen ein:

$$d_i = u_i - v_i \tag{4.19}$$

$$d_i^2 = u_i^2 - 2u_i v_i + v_i^2$$
$$\sum_{i=1}^{N} d_i^2 = \sum_{i=1}^{N} u_i^2 - 2\sum_{i=1}^{N} u_i v_i + \sum_{i=1}^{N} v_i^2 \tag{4.20}$$

Nun erhalten wir nach Umstellung einen Ausdruck für die Summe der gemischten Produkte einen Ausdruck, in dem neben der Summe der quadratischen Differenzen nur noch Ausdrücke auftreten, die wir geschlossen summieren können:

$$\sum_{i=1}^{N} u_i v_i = \frac{\sum_{i=1}^{N} u_i^2 + \sum_{i=1}^{N} v_i^2 - \sum_{i=1}^{N} d_i^2}{2} \qquad (4.21)$$

Mit Hilfe der Umformung für die Varianzterme können wir jetzt die Herleitung beenden:

$$
\begin{aligned}
r_s &= \frac{\sum_{i=1}^{N} x_i y_i - N \cdot \bar{x} \cdot \bar{y}}{\sqrt{\left(\sum_{i=1}^{N} x_i^2 - N \cdot \bar{x}^2\right)\left(\sum_{i=1}^{N} y_i^2 - N \cdot \bar{y}^2\right)}} \\[2em]
&= \frac{\frac{1}{2}\left(\sum_{i=1}^{N} u_i^2 + \sum_{i=1}^{N} v_i^2 - \sum_{i=1}^{N} d_i^2\right) - N\left(\frac{1}{N}\sum_{i=1}^{N} u_i\right) \cdot \left(\frac{1}{N}\sum_{i=1}^{N} v_i\right)}{\sqrt{\frac{1}{12}\left(N^3 - N\right) \cdot \frac{1}{12}\left(N^3 - N\right)}} \\[2em]
&= \frac{\frac{1}{2}\left(\frac{N(N+1)(2N+1)}{6} + \frac{N(N+1)(2N+1)}{6} - \sum_{i=1}^{N} d_i^2\right) - N\left(\frac{1}{N}\frac{N(N+1)}{2}\right) \cdot \left(\frac{1}{N}\frac{N(N+1)}{2}\right)}{\frac{1}{12}\left(N^3 - N\right)} \\[2em]
&= \frac{\frac{N(N+1)(2N+1)}{6} - \frac{1}{2}\sum_{i=1}^{N} d_i^2 - \frac{N(N+1)^2}{4}}{\frac{1}{12}\left(N^3 - N\right)} \\[2em]
&= \frac{\frac{2N^3 + 3N^2 + N}{6} - \frac{1}{2}\sum_{i=1}^{N} d_i^2 - \frac{N^3 + 2N^2 + N}{4}}{\frac{1}{12}\left(N^3 - N\right)} \\[2em]
&= \frac{2\left(2N^3 + 3N^2 + N\right)}{\left(N^3 - N\right)} - \frac{3\left(N^3 + 2N^2 + N\right)}{\left(N^3 - N\right)} - \frac{\frac{1}{2}\sum_{i=1}^{N} d_i^2}{\frac{1}{12}\left(N^3 - N\right)} \qquad (4.22) \\[2em]
&= \frac{N^3 - N}{\left(N^3 - N\right)} - \frac{6\sum_{i=1}^{N} d_i^2}{\left(N^3 - N\right)} \\[2em]
&= 1 - \frac{6\sum_{i=1}^{N} d_i^2}{\left(N^3 - N\right)}
\end{aligned}
$$

Die Formel für den Rangkorrelationskoeffizienten beschreibt also die Korrelation zwischen den Rangzahlen. D. h., dass die Rangkorrelation die Eigenschaften der Korrelation von intervallskalierten Daten besitzt.

Die Eigenschaften von r_s sind:
1. Art des Zusammenhangs:
    a) Für einen positiven Zusammenhang gilt: $r_s > 0$.
    b) Für einen negativen Zusammenhang gilt: $r_s < 0$.
    c) Sind zwei Merkmale unkorreliert, so gilt: $r_s \approx 0$.

2. Stärke des Zusammenhangs:
    a) r_s nimmt nur Werte aus dem Intervall $-1 \leq r_s \leq +1$ an.
    b) Sind die Rangreihen für beide Variablen identisch (maximale positive Korrelation), so ist $r_s = +1$.
    c) Verlaufen die Rangreihen für beide Variablen exakt entgegengesetzt (maximale negative Korrelation), so ist $r_s = -1$.

Bei der Herleitung des Rangkorrelationskoeffizienten sind wir davon ausgegangen, dass in den Summen der Ränge und der Quadrate der Ränge jeder Rang genau einmal auftritt. Problematisch wird die Berechnung des Rangkorrelationskoeffizienten beim Vorhandensein von Bindungen (gleiche Rangplätze mehrerer Merkmalsträger). Daher müssen wir im allgemeinen zwei Fälle unterscheiden:
1. Es liegt keine, oder nur eine geringe Zahl von Bindung vor.
2. Es liegen viele Bindungen vor, z. B. bei den 10 Mathematiknoten tritt 5 mal die Note 3 auf.

Im ersten Fall kann die Berechnung der Rangkorrelation nach der Formel in der Definition angewendet werden. Im zweiten Fall muss der für r_s berechnete Wert korrigiert werden, weil er sonst systematisch zu hoch ausfällt. Ursache dafür ist, dass die Summe der quadratischen Rangplätze bei Existenz vieler Bindungen von der Summe der Quadrate der Rangplätze ohne Bindungen abweicht.

Stellen wir die Schritte zur Berechnung von r_s bei keinen oder wenigen Bindung zusammen:
1. Die N Messwerte des Merkmals A werden in eine Rangreihe transformiert. Stimmen mehrere Messwerte überein, erhalten sie den gemittelten Rangplatz.
2. Analog wird mit den Messwerten des Merkmals B verfahren.
3. Die Summe der Ränge muss für jede Variable gleich $\dfrac{N(N+1)}{2}$ sein.
4. Für jeden Merkmalsträger i wird die Differenz d_i der Ränge gebildet. Die Summe aller N Rangplatzdifferenzen muss null ergeben.
5. Für jeden Merkmalsträger wird das Quadrat d_i^2 gebildet. Die Quadrate d_i^2 werden addiert.
6. $\displaystyle\sum_{i=1}^{N} d_i^2$ und N werden in die Berechnungsformel eingesetzt.

Beispiel 4:

Berechnung für eine geringe Zahl von Bindungen:

$$r_s = 1 - \frac{6\sum\limits_{i=1}^{N} d_i^2}{N^3 - N}$$

Berechnungstabelle:

i	u_i	v_i	d_i	$d_i{}^2$
1	2,5	4,5	-2	4
2	6,5	2,5	4	16
3	4,5	4,5	0	0
4	1	2,5	-1,5	2,3
5	8	6,5	1,5	2,3
6	4,5	8	-3,5	12
7	2,5	1	1,5	2,3
8	6,5	6,5	0	0
			Σ 0	39

$$r_s = 1 - \frac{6\sum\limits_{i=1}^{N} d_i^2}{N^3 - N} = 1 - \frac{6 \cdot 39}{512 - 8} \approx \underline{\underline{0,5357}}$$

Liegt eine größere Zahl von Bindungen vor, das heißt treten zumindest in einer der beiden Rangreihen viele gleiche Rangplätze auf, wird bei der Berechnung von r_s systematisch zu groß ausfallen.

Bei der Herleitung der Formel für die Rangkorrelation wurde die Summe der quadratischen Rangplätze geschlossen gelöst durch:

$$\sum_{i=1}^{N} u_i^2 = \frac{N(N+1)(2N+1)}{6}$$

Dabei wurde angenommen, dass jeder Rangplatz zwischen 1 und N genau einmal eingenommen wird. Beim Vorhandensein von Bindungen ist diese Bedingung nicht erfüllt. Durch die Bildung der Rangplätze bei Bindungen wird die Summe der Rangplätze nicht verändert, gegenüber der Summe der Rangplätze ohne Bindungen. Aber die Summe der quadratischen Rangplätze wird verkleinert. Aus diesem Grund wird die Rangkorrelation bei Vorhandensein von vielen oder langen Bindungen eine andere Berechnungsformel benutzt, die aus der Formel der Rangkorrelation hergeleitet werden kann – unter Berücksichtigung von Bindungen:
Liegen bei der

Rangreihe u mit den Rangplätzen $u_i; i = 1,...,N$ k Bindungen vor mit den Längen $g_i; i = 1,...,k$

und bei der Rangreihe v mit den Rangplätzen $v_i; i = 1,...,N$ l Bindungen mit den Längen $h_j; j = 1,...,l$, dann wird die Rangkorrelation bestimmt durch:

$$r_s(k) = \frac{N^3 - N - \frac{1}{2}(G_s + H_s) - 6\sum_{i=1}^{N} d_i^2}{\sqrt{(N^3 - N - G_s)(N^3 - N - H_s)}}$$ (4.23)

mit den Korrekturtermen

$$G_s = \sum_{i=1}^{k} (g_i^3 - g_i)$$ (4.24)

$$H_s = \sum_{i=1}^{l} (h_i^3 - h_i)$$ (4.25)

Diese Korrektur hat die Folge, dass der Wert des Rangkorrelationskoeffizienten verringert wird. Bei der Anwendung ist darauf zu achten, ob die Rangkorrelation ohne Berücksichtigung von Bindungen, positiv oder stark negativ ausfällt. Ist der Rangkorrelationskoeffizient bei der Berechnung mit Hilfe der Formel ohne Berücksichtigung von Bindungen positiv, so wird die Berechnung nach der Formel mit Berücksichtigung von Bindungen den Wert vermindern. Ist die Rangkorrelation allerdings schon nahe bei -1, so wird die Benutzung der Korrektur den Wert nur noch näher an den Wert maximaler negativer Korrelation annähern. In diesem Fall kann auf die Korrektur verzichtet werden.

Die Benutzung der Korrekturformel ist aber sehr umständlich. Aus diesem Grund wird häufig nicht die exakte Korrekturformel sondern eine Näherungsformel benutzt:

$$r_s^* \approx 1 - \frac{6\sum_{i=1}^{N} d_i^2}{(N^3 - N) - \frac{1}{2}(G_s + H_s)}$$ (4.26)

r_s^* "...fällt immer kleiner aus als $r_s(k)$. Aus diesem Grunde darf die Näherung auch nur bei einem positiven Merkmalszusammenhang angewendet werden, da bei einem negativen Zusammenhang eine stärkere Korrelation, als in Wirklichkeit vorhanden, vorgetäuscht würde.[45]"

Im Beispiel 9 treten bei der Mehrzahl der Messwerte Bindungen auf, so die Note in Mathematik, die Noten 2, 3 und 4. Es ist also nötig eine Möglichkeit zur Korrektur dieser Abweichung zu finden.

---

[45] (Wolf 1974: S. 228)

4.3 Nominalniveau

Bisher haben wir Zusammenhänge bivariater Daten untersucht, die mindestens ordinalskaliert sind. In diesem Kapitel wird dem Leser kurz vorgestellt, wie Zusammenhänge aufgezeigt und klassifiziert werden können, wenn mindestens einer der Merkmale nur nominal skaliert ist. Die Darstellung soll dabei nicht das gesamte Gebiet der Zusammenhangsmaße nominaler Daten abbilden, sondern nur einige häufig verwendete Standardparameter vorführen.

Bei zwei auf dem Nominalniveau gemessenen Variablen kann natürlich ein Zusammenhang existieren. Dieser lässt sich aber nicht durch eine „Grösser-Kleiner-Beziehung" beschreiben. Bei den Daten des Beispiel 6.1 kann eben nicht von mehr oder weniger Geschlecht und mehr oder weniger Studiengang gesprochen werden. Die Zusammenhänge zwischen nominal skalierten Daten werden über Häufigkeiten ausgedrückt. Folgende Aussagen zeigen, welcher Art die Zusammenhänge sind:
„Frauen haben im Mittel kleinere Füße als Männer."
„Die Wahrscheinlichkeit an Grippe zu erkranken sinkt, wenn man sich einer Grippeschutzimpfung unterzieht."
Im Folgenden werden Maßzahlen und Methoden vorgestellt, mit denen Zusammenhänge zwischen nominal skalierten Variablen untersucht werden können. Zusammenhänge dieser Art bezeichnet man als *Assoziationen* oder *Kontingenzen*. Kontingenzen können nicht mit den bisher behandelten Maßen für den Zusammenhang zweier ordinal oder intervallskalierten Variablen verglichen werden. Der Hauptgrund liegt in der Tatsache begründet, dass nominale Daten nur die Gleichheit oder Ungleichheit beschreiben. Es gibt keine Möglichkeit, eine Varianz der Daten zu bestimmen. Deshalb werden Kontingenzen vollkommen anders berechnet als Korrelationen und müssen auch anders interpretiert werden.
Der erste Schritt bei der Bestimmung von Kontingenzen liegt in der Aufstellung der Häufigkeiten der beiden nominal skalierten Variablen in einer Tabelle, die Kontingenztafel genannt wird.

Kontingenztafeln:
Während ordinal skalierte Daten in eine Rangreihe gebracht werden können, um den größten Informationsgehalt in eine statistische Auswertung einzubringen, ist uns diese Möglichkeit bei der Auswertung von nominal skalierten Daten versagt. Der höchste Informationsgehalt besteht bei den nominal skalierten Variablen in der Differenzierung in Gleichheit und Ungleichheit von Ausprägungen. Dies gilt auch für mehrdimensionale Daten. Die Einteilung einer 2-dimensionalen Stichprobe erfolgt am einfachsten mit Hilfe einer Tabelle. Die möglichen Werte der einen Variable werden in der Kopfspalte und die möglichen Realisierungen der anderen Variablen in der Kopfzeile aufgeschrieben. Die so erhaltenen Zellen entsprechen dann allen möglichen Wertekombinationen beider Variablen.
Die Erstellung einer solchen Tabelle kann mit einer Strichliste beginnen:

Beispieldaten Geschlecht und Schuhgröße

Nr.	1	2	3	4	5	6	7	8	9	10	...
Geschl	m	w	w	m	m	w	m	w	w	m	...
Größe	40	40	37	42	43	38	41	39	38	38	...

Diese Daten werden in folgende Tabelle als Strichlist eingetragen:

	Geschl. weibl.	Geschl. männl.
Schuhgröße < 39	I I I ...	I ...
Schuhgröße ≥ 39	I I ...	I I I I ...

Die Anzahl der Fälle für jede Zelle werden zusammengezählt, so dass (bei Fortsetzung der Folge der Datenwerte) folgende Kontingenztafel entsteht:

	Geschl. weibl.	Geschl. männl.	Summe
Schuhgröße < 39	32	17	49
Schuhgröße ≥ 39	22	41	63
Summe	54	58	112

In den Tabellen wurde die intervallskalierte Variable „Schuhgröße" in eine nominal skalierte Variable umgewandelt. Dies bedeutet einen Informationsverlust, der aber in diesem Beispiel zu Einführungszwecken in Kauf genommen werden soll.

Aus der Tabelle ist zu entnehmen, dass die Mehrzahl der männlichen Untersuchten eine Schuhgröße von 39 oder größer aufweisen, während die weiblichen Untersuchten eher eine Schuhgröße kleiner als 39 besitzen. Jetzt ist die Frage zu beantworten, ob diese Tabelle einen Zusammenhang zwischen den Variablen Geschlecht und Schuhgröße aufweist und wie stark dieser ist oder ob die Daten auch durch Zufall entstanden sein könnten.

4.3.1 Tau (Goodman und Kruskal)

Tau τ (nach Goodman und Kruskal) ist ein Maß für die Stärke des Zusammenhanges zweier nominalskalierter Merkmale in einer Kreuztabelle, es darf nicht mit den von Kendall entwickelten Maßen Tau-a, Tau-b, Tau-c für ordinalskalierte Daten verwechselt werden

Die Grundidee basiert auf dem Prädikationsprinzip. Dabei werden Vorhersagen getroffen aufgrund einer Vorhersageregel bzw. einer Prädikationsregel. Sind zwei Merkmale unabhängig, erzeugt die Kenntnis eines Merkmals keine Verbesserung der Vorhersage des anderen Merkmals. Diesen Umstand kann man ausnutzen zur Bestimmung eines Zusammenhanges. Man vergleicht die Fehler der Prädikationsregeln ohne Kenntnis eines (meist als unabhängig deklariertes) Merkmals mit dem Fehler der Prädikationsregel mit Kenntnis des unabhängigen Merkmals. Tritt bei der Vorhersage mit Kenntnis des unabhängigen Merkmals ein reduzierter Fehler auf, können die beiden Merkmale als abhängig betrachtet werden. Gemessen wird dabei die relative Fehlerreduktion (**P**roportional **R**eduction of **E**rrors). Solche Maße werden als PRE-Maße bezeichnet.

Kap. 4 Definition 5:

PRE-Maße sind Meßwerte über die Güte einer Prädikationsregel, die im Verhältnis zu einer anderen meist einfacheren Prädikationsregel gemessen werden:

$$PRE-Ma\beta = \frac{Fehler(REGEL0) - Fehler(REGEL1)}{Fehler(REGEL0)} = 1 - \frac{Fehler(REGEL1)}{Fehler(REGEL0)}$$

Bei unabhängigen Merkmalen ist die Fehlerreduktion gleich Null. Die Umkehrung gilt nicht, denn es ist durchaus möglich, dass einfach nicht die richtige Prädikationsregel gefunden wurde, welche den Vorhersagefehler reduziert.

Bei der Bestimmung von τ sind die Prädikationsregeln genau festgelegt. Dabei ist vorausgesetzt, dass das unabhängige Merkmal in den Spalten notiert ist.

REGEL0 :

Bei der Vorhersage des abhängigen Merkmals werden N (unbekannte) Merkmalsträger den Kategorien des abhängigen Merkmals so zugeordnet, wie in der Kontingenztafel es die Zeilensummen vorschreiben. Die Zuordnung zum unabhängigen Merkmal interessiert dabei nicht.

REGEL1 :

Bei der Vorhersage des abhängigen Merkmals werden N Merkmalsträger nach den Spaltensummen (des unabhängigen Merkmals) eingeteilt, so als wären die Ausprägungen des unabhängigen Merkmals bekannt. Die Zuordnung zu den Ausprägungen des abhängigen Merkmals erfolgt für jede der so entstandenen Probandengruppen nach den Häufigkeiten in jeder Spalte der Kontingenztafel.

Anschließend werden die Fehler bei den Vorhersagen bestimmt und in die Formel für die PRE-Maße eingesetzt. Betrachten wir das Vorgehen ausführlich an unserem Beispiel über die Schuhgrößen:

Dazu wurden neben den absoluten Häufigkeiten noch die prozentualen Häufigkeiten berechnet. Die Besonderheit dabei ist, dass in den Klassen der unabhängigen Variable (hier: das Geschlecht) die prozentualen Häufigkeiten sich auf die Probanden innerhalb der Klasse beziehen:

	Geschl. weibl.	Geschl. männl.	Insgesamt
Schuhgröße < 39	32 **59%**	17 **29%**	49 **44%**
Schuhgröße ≥ 39	22 **41%**	41 **71%**	63 **56%**
Summe	54 **100%**	58 **100%**	112 **100%**

REGEL 0 :

Nach der *REGEL 0 :* beschäftigen wir uns nur mit der Spalte „Insgesamt". Von den 112 jetzt unbekannten Merkmalsträgern ordnen wir willkürlich 49 in die Kategorie „Schuhgröße < 39" und 63 in die

Kategorie „Schuhgröße ≥ 39". Bei jeder dieser Zuordnungen kann es aber passieren, dass wir uns irren:

Ordnen wir einen Probanden in die Kategorie „Schuhgröße < 39", so ist die Wahrscheinlichkeit, dass die Zuordnung richtig ist gerade $\frac{49}{112} \approx 0{,}44 = 44\%$. Das heißt, von unseren ersten 49 Zuordnungen sind 44% richtig zugeordnet, also $44\% \cdot 44\% = 0.44 \cdot 0.44 = 0.1936$

Ebenso erhalten wir für unsere Zuordnungen zur Kategorie „Schuhgröße ≥ 39", dass von den 56% der zugeordneten Merkmalsträger wahrscheinlich nur 56% richtig zugeordnet sind. Dies entspricht $56\% \cdot 56\% = 0.56 \cdot 0.56 = 0.3136$. Insgesamt wurden damit $0.1936 + 0.3136 = 0.5072 = 50.72\%$ aller Merkmalsträger richtig zugeordnet. Also wurden 49.28% aller Merkmalsträger falsch zugeordnet.

REGEL 1:

Weiß man, ob ein Proband männlichen oder weiblichen Geschlechts ist, lässt sich die Trefferquote deutlich verbessern:

Bei den weiblichen Probanden ordne ich
$0.59 \cdot 0.59 + 0.41 \cdot 0.41$

$= 0{,}3481 + 0{,}1681 = 0.5162$

$= 51.62\%$

der Merkmalsträger richtig zu. Das sind 28 Merkmalsträger.

Bei den männlichen Probanden werden:

$0.29 \cdot 0.29 + 0.71 \cdot 0.71 = 0.0841 + 0{,}5041 = 0.5882 = 58.82\%$
der Merkmalsträger richtig zugeordnet. Das sind 34 Probanden.

Insgesamt werden also $28 + 34 = 62$ Merkmalsträger richtig zugeordnet. Dies sind 55.36%. Also werden nur 44.64% der Merkmalsträger falsch zugeordnet.

Berechnung von τ:

Der Prozentwert der Vorhersage verbessert sich um $49.28 - 44.64 = 4.64$. Damit berechnet sich τ nach der Regel für PRE-Maße durch:

$$\tau = \frac{4.64}{49.28} = 0.094$$

Der Wert für τ kann interpretiert werden, dass bei Kenntnis der unabhängigen Variable ein 9% -ig bessere Vorhersage getroffen werden kann, als ohne Kenntnis der unabhängigen Variable. Dieser Wert fällt jedoch unerwartet klein aus. Der

Grund dafür liegt in den schlechten Vorhersageregeln. Es lassen sich Prädikationsregeln finden, die einen wesentlich geringeren Vorhersagefehler besitzen. Dann betrachtet man allerdings ein anderes PRE-Maß. Im folgenden soll noch ein verbessertes PRE-Maß mit genaueren Prädikationsregeln vorgestellt werden.

4.3.2 Lambda

Lambda λ ist ebenfalls ein Maß für die Stärke des Zusammenhanges zweier Merkmale in einer Kreuztabelle. Es handelt sich auch um ein PRE-Maß. Allerdings wird λ durch ein anderes Paar von Prädikationsregeln bestimmt.

REGEL 0:

Ohne Information über die unabhängige Variable werden alle N einzuordnenden Fälle in diejenige Kategorie der abhängigen Variable eingeordnet, welche die höchste Zeilensumme in der Kontingenztafel aufweist.

REGEL 1:

Die N einzuordnenden Merkmalsträger werden in die Klassen der unabhängigen Variable nach den Spaltensummen zugeordnet. Anschließend werden für jede dieser Klassen alle Merkmalsträger der Klasse der abhängigen Variablen zugeordnet, für welche die Zellenhäufigkeit innerhalb der Spalte am größten ist.

Anschließend werden die Fehler bei der Prädikation nach beiden Regeln in die Formel für die Berechnung der PRE-Maße eingesetzt, um λ zu berechnen.

Auch die Bestimmung von λ werden wir ausführlich an unserem Beispiel vorführen:

	Geschl. weibl.	Geschl. männl.	Insgesamt
Schuhgröße < 39	32 59%	17 29%	49 44%
Schuhgröße ≥ 39	22 41%	41 71%	63 56%
Summe	54 100%	58 100%	112 100%

REGEL 0:

Nach dieser Regel interessiert uns nur die Spalte „Insgesamt". Von den 112 einzuordnenden Merkmalsträgern mit unbekannten Eigenschaften ordnen wir jetzt alle der Kategorie „Schuhgröße ≥ 39" zu. Die Wahrscheinlichkeit, dass einer dieser Merkmalsträger richtig eingeordnet ist berechnet sich aus: $p_2 = \dfrac{63}{112} \approx 0.56$, 56% der

Merkmalsträger werden dabei wahrscheinlich richtig zugeordnet, bzw. 44% aller Merkmalsträger falsch[46].

REGEL 1:

Hier teilen wir die Anzahl der Merkmalsträger wieder auf in 54 weibliche und 58 männliche Probanden. Bei den weiblichen Merkmalsträgern ordnen wir alle der Kategrorie „Schuhgröße < 39" zu und erreichen eine Trefferquote von 59%. D.h. für 32 Merkmalsträger ist die Vorhersage im Mittel richtig. Bei den männlichen Probanden ordnen wir alle in die Kategorie „Schuhgröße ≥ 39" und erhalten 41 richtige Zuordnungen. Damit sind $32 + 41 = 73$ Zuordnungen der Merkmalsträger im Mittel richtig. Das sind 65.18%. Damit sind 34.82% aller Zuordnungen falsch.

Berechnung von λ:

$$\lambda = \frac{44 - 34.82}{44} = \frac{9.81}{44} = 0.21$$

Der Wert für λ kann interpretiert werden, dass bei Kenntnis der unabhängigen Variable ein 21%-ig bessere Vorhersage getroffen werden kann, als ohne Kenntnis der unabhängigen Variable. Dieser Wert fällt wesentlich größer aus als τ. Die verbesserten Prädikationsregeln erlauben genauere Aussagen über die Stärke des Zusammenhanges der betrachteten Merkmale.

Bei der Berechnung von λ kann es zu Problemen führen, wenn in jeder Spalte dieselbe Kategorie der abhängigen Variable die größte Zellenhäufigkeit aufweist. In solchen Fällen erhält man für λ überraschend den Wert Null. In diesem Fall kann es helfen, die abhängige und unabhängige Variable zu tauschen. Es gibt auch eine symmetrische Version für den Fall, dass die Betrachtung von abhängiger und unabhängiger Variable sinnlos ist.
PRE-Maße sind immer größer Null und kleiner 1. Sie geben damit nicht die Richtung des Zusammenhanges an, diese muss aus der Kontingenztafel entnommen werden. Es gilt: Je größer das PRE-Maß, desto stärker ist der Zusammenhang zwischen den Merkmalen.

4.3.3 Kontingenzkoeffizient

Der Kontingenzkoeffizient ist eine Maßzahl für die Stärke des Zusammenhangs zwischen zwei nominalskalierten Variablen, wenn (mindestens) eine der beiden

---

[46] Beachte: Der Vorhersagefehler ist hier schon bei Regel 0, also ohne Kenntnis der unabhängigen Variable, kleiner als bei Tau mit Kenntnis der unabhängigen Variable!

Variablen mehr als zwei Ausprägungen hat (bei einer 2x2-Tabelle sollte stattdessen Phi herangezogen werden).

Als Maß für die Abhängigkeit zweier nominal skalierter Variablen wird das Quadrat der Abweichung zwischen den aufgetretenen und erwarteten Zellenhäufigkeiten benutzt. Die erwarteten Zellenhäufigkeiten werden dabei mit Hilfe der unbekannten Randwahrscheinlichkeiten berechnet. Diese werden aus den Randhäufigkeiten geschätzt.

$$\tilde{n}_{i,j} = n\left(p_{i.}\,p_{.j}\right) = n\left(\frac{n_{i.}}{n}\,\frac{n_{.j}}{n}\right) = \frac{n_{i.}n_{.j}}{n} \tag{4.27}$$

Mit Hilfe dieser erwarteten Häufigkeiten wird aus den Differenzen zwischen den erwarteten Häufigkeiten und den beobachteten Häufigkeiten folgende Hilfsgröße berechnet:

$$\chi^2 = \sum_i \sum_j \frac{\left(n_{i,j} - \dfrac{n_{i.}n_{.j}}{n}\right)^2}{\dfrac{n_{i.}n_{.j}}{n}} \tag{4.28}$$

Der Kontingenzkoeffizient wird berechnet durch:

$$C = \sqrt{\frac{\chi^2}{\chi^2 + n}} \tag{4.29}$$

Besteht keinerlei Zusammenhang zwischen den beiden Merkmalen, hat C den Betrag von 0. Problematisch ist, dass das Maximum von C von der Zahl der Ausprägungen der Variablen variiert; C (max) ist i.d.R. kleiner als 1, so dass Vergleiche zwischen mehreren Koeffizienten nur sinnvoll sind, wenn die Tabellengröße jeweils identischist.

Wir zeigen die Berechnung von C an unserem Beispiel:

	Geschl. weibl.	Geschl. männl.	Summe
Schuhgröße < 39	32	17	49
Schuhgröße ≥ 39	22	41	63
Summe	54	58	112

In der Kontingenztabelle werden die beobachteten Zellenhäufigkeiten dargestellt. Um die Berechnung von χ^2 möglichst effektiv zu gestalten, ist es sinnvoll, eine zusätzliche Tabelle anzulegen. Diese enthält dann die erwarteten Zellenhäufigkeiten und wird als Indifferenztabelle bezeichnet:

	Geschl. weibl.	Geschl. männl.	Summe
Schuhgröße < 39	$\dfrac{54}{112} \cdot \dfrac{49}{112} \cdot 112 = 23,6$	$\dfrac{58}{112} \cdot \dfrac{49}{112} \cdot 112 = 25,4$	49
Schuhgröße ≥ 39	$\dfrac{54}{112} \cdot \dfrac{63}{112} \cdot 112 = 30,4$	$\dfrac{58}{112} \cdot \dfrac{63}{112} \cdot 112 = 32,6$	63
Summe	54	58	112

Jetzt können wir die Hilfsgröße χ^2 effektiv berechnen:

$$\chi^2 = \frac{(32-23,6)^2}{23,6} + \frac{(17-25,4)^2}{25,4} + \frac{(22-30,4)^2}{30,4} + \frac{(41-32,6)^2}{32,6}$$

$$= 10,3$$

Mit diesem Ergebnis kann der Kontingenzkoeffizient direkt ausgerechnet werden:

$$C = \sqrt{\frac{10,3}{10,3+112}} = 0,29$$

4.3.4 Phi

Maßzahl für die Stärke des Zusammenhangs zwischen zwei nominalskalierten Variablen bei einer 2x2-Tabelle. (Wenn mindestens eines der beiden Merkmale mehr als zwei Ausprägungen hat, sollte stattdessen der Kontingenzkoeffizient herangezogen werden).

$$\phi = \sqrt{\frac{\chi^2}{n}} \tag{4.30}$$

Phi nimmt nur positive Werte zwischen 0 (kein Zusammenhang) und 1 (perfekter Zusammenhang) an. Die
Richtung des Zusammenhangs wird aus der zugrundeliegenden Kreuztabelle ersichtlich.

In unserem Beispiel berechnet sich ϕ zu:

$$\phi = \sqrt{\frac{10,3}{112}} = 0,30$$

4.3.5 Cramer's V

Maßzahl für die Stärke des Zusammenhangs zwischen zwei nominalskalierten Variablen wenn (mindestens) eine der beiden Variablen mehr als zwei Ausprägungen hat (bei einer 2×2-Tabelle sollte stattdessen Phi herangezogen werden). Die Anzahl der Ausprägungen der Variablen X bezeichnen wir mit k_x, die Anzahl der Ausprägungen der Variablen Y mit k_y. Dann wird Cramer's V berechnet durch:

$$V = \sqrt{\frac{\chi^2}{n \cdot \min\{k_x, k_y\} - 1}} \tag{4.31}$$

In unserem Beispiel wird für V ermittelt:

$$V = \sqrt{\frac{10,3}{112 \cdot 2 - 1}} = 0,21$$

4.4 Interpretation

Die Interpretation von Korrelationen zweier Variabler, die mindestens intervallskaliert sind, richtet sich naturgemäß nach der Definition der Korrelation. Zwei Variablen korrelieren dann, wenn die Abweichungen der Ausprägungen vom Mittelwert für beide Variablen gleichgerichtet ausfallen. D.h. zwei Variablen sind korreliert, wenn die eine Variable positiv vom Mittelwert abweicht, auch die andere Variable positiv vom Mittelwert abweicht bzw. wenn die eine Variable negativ vom Mittelwert abweicht, auch die andere Variable eine negative Abweichung vom Mittelwert aufweist. Dabei spielt auch die Stärke der Abweichung eine große Rolle. Ähnlich der Betrachtungen über den Mittelwert selbst spielen auch hier Ausreißer eine große Rolle. Die Korrelation ist sensibel gegenüber solchen Wertepaaren, die in beiden Variablen Ausreißerwerte darstellen. Dann ist die Abweichung vom Mittelwert in beiden Variablen besonders groß.

Ein wesentlicher Aspekt der Korrelation erscheint in Aussagen der Form „Je größer (kleiner) Variable 1 desto großer (kleiner) Variable 2." Damit werden lineare Zusammenhänge ausgedrückt. Korrelationen können somit keine nichtlinearen Zusammenhänge zwischen den Variablen ausdrücken. Demnach ist die Aussage, dass keine Zusammenhänge zwischen den Variablen bestehen bei verschwindender Korrelation ein Fehler, weil eigentlich nur auf das Fehlen von linearen Zusammenhängen geschlossen werden kann.
Der Betrag des Korrelationskoeffizienten gibt Auskunft über die Stärke des linearen Zusammenhanges der beteiligten Variablen. Dabei bedeutet ein höherer Betrag eine höhere Stärke des Zusammenhanges. Der Korrelationskoeffizient kann kei-

nen größeren Betrag als 1 aufweisen. Die Stärke des Zusammenhangs kann auch als Maß für die Kenntnis der Ausprägung einer Variable bei gegebener Realisierung der anderen Variable. Dieser Aspekt wird bei der Schätzung einer abhängigen Variable bei Kenntnis der abhängigen Variable benutzt (siehe Kapitel zur Regression).

Das Vorzeichen zeigt die Richtung des Zusammenhangs an. Dabei können zwei Fälle auftreten: „je größer Variable 1 desto größer Variable 2"(positives Vorzeichen) und „je größer Variable 1 desto kleiner Variable 2" (negatives Vorzeichen). Die Interpretation von Korrelationen beruht auf der statistischen Überprüfung der Abweichungen zweier Variablen von ihren Mittelwerten. Ist der Betrag der Korrelation hoch, treten Abweichungen vom Mittelwert häufig zusammen (gleichgerichtet bei positiver oder entgegengerichtet bei negativer Korrelation) auf. Es ist unwahrscheinlich, dass hohe Korrelationen zwischen unabhängigen Variablen zufällig auftreten. Deshalb wird bei korrelierten Variablen ein systematischer Zusammenhang zwischen den Variablen vermutet. Wie sicher dieser Zusammenhang angenommen werden kann hängt von der Stärke der Korrelation, aber auch von der Anzahl der untersuchten Wertepaare ab. Im allgemeinen kann die Sicherheit der Existenz eines solchen Zusammenhangs durch die Erhöhung der untersuchten Merkmalsträger verbessern.

Zusammenfassung:
Nachdem Durcharbeiten dieses Kapitels, kennt der Leser die Standardassoziationsparameter für metrisch und einige der Zusammenhangsmaße für nominal skalierte Daten. Neben der Wahl des passenden Parameters zur Bestimmung des linearen Zusammenhangs zweier Merkmale ist der Leser in der Lage, die gewonnenen Ergebnisse zu interpretieren. Weiterhin bilden die hier erlernten Erkenntnisse eine Basis, die mit Hilfe der eher mathematisch orientierten Standardliteratur leicht erweitert werden kann.

5 Die lineare Einfachregression

Zur Beschreibung des linearen Zusammenhanges zweier Variablen dient diese Darstellung der Einfachregression. Dabei lernen Sie die Größe des Bestimmtheitsmaßes als Maß für die Güte einer linearen Regression und der aufgeklärten Varianz kennen. Außerdem wird auf die zentrale Methode der kleinsten Quadrate näher eingegangen, mit der die Regressionsgleichung hergeleitet wird.

Nachdem wir im vorangegangenen Kapitel statistische Parameter für den linearen Zusammenhang zweier Variablen X und Y kennen gelernt haben, wollen wir uns nun den Methoden zur Untersuchung von Regressionsproblemen zuwenden, die in enger theoretischer Verwandtschaft zu den Methoden der Korrelationsrechnung stehen. Auch bei der Regressionsrechung geht es darum, einen statistischen Zusammenhang zwischen numerischen Variablen aufzuzeigen und dessen Art und Stärke zu bestimmen. Unterschiede gibt es hinsichtlich der Stichprobenerhebung, der Grundannahmen und der möglichen Schlussfolgerungen / Vorhersagen.
Wir wollen nun Methoden zur Analyse und Modellierung des Einflusses eines quantitativen Merkmals X auf ein anderes quantitatives Merkmal Y vorstellen.

Die empirische Forschung ist seit einigen Jahren ein wichtiger Bestandteil der Sozialwissenschaften. Die Hauptaufgabe besteht hierbei in der Erfassung und Auswertung von gesellschaftlichen Erscheinungen und Prozessen.
Die Regressionsanalyse gehört zu den häufig angewendeten statistischen Verfahren in den Sozialwissenschaften.
Der Ausdruck Regression kann ganz unterschiedliche Bedeutungen haben, je nachdem in welchem Wissenschaftsgebiet sie angewendet wird. In der Geographie z.B., steht Regression für den langsamen Rückzug des Meeres.
Der Begriff Regression wurde 1885 von Sir Francis Galton (1822- 1911) in die Statistik eingeführt. Er untersuchte die Körpergröße von Vätern und Söhnen und stellte dabei fest, dass zwar im allgemeinen große Väter große Söhne haben, dass aber diese Beziehung durchaus nicht immer gilt. Im Durchschnitt ist die Körpergröße der Söhne etwas geringer als die der Väter, und umgekehrt haben kleinere Väter im Durchschnitt größere Söhne. Diesen „ Rückschlag " auf die durchschnittliche Körpergröße nannte er Regression (engl. law of filial regression). Nach Auffassung Galtons konnte diese Tendenz am besten durch eine Gerade ausgedrückt werden, die mit der heutigen Regressionsgerade identisch ist. Galton war wahrscheinlich auch der erste, der mit Hilfe des sogenannten Streudiagramms seine Untersuchungen auswertete.
Die heute in der Statistik angewendete Regressionsanalyse dient dem Zweck, einen statistischen Zusammenhang zwischen numerischen Variablen aufzudecken. Diesen Zusammenhang kann man sowohl graphisch, aber auch als mathematische Funktion ausdrücken. Bei der graphischen Darstellung muss man eine Kurve finden, die den allgemeinen Trend wiedergibt und für diese dann eine Funktion ermitteln.

Die Anwendung der Regressionsanalyse erfolgt in vielen Wissenschaftsgebieten, unter anderem in der Pädagogik, Psychologie und der Soziologie.

Voraussetzungen:

Voraussetzung ist, wie in den vorangegangenen Kapiteln, dass pro Untersuchungsobjekt (Person, Familie, Betrieb etc.) zwei Merkmale X und Y gleichzeitig beobachtet werden. Diese Merkmale sollen *mindestens intervallskaliert* sein. Wir erhalten dann eine Datenmatrix der bekannten Art:

i	X	Y
1	x_1	y_1
2	x_2	y_2
⋮	⋮	⋮
n	x_n	y_n

Beispiele:

- Anzahl der Ausbildungsjahre (X) und Einkommen (Y)

- Einkommen von Privathaushalten (X) und monatlichen Ausgaben für Miete (Y)

- Arbeitslosenquote (X) und Kriminalitätsrate (Y)

- Alter (X) und Anzahl der sozialen Kontakte (Y)

Eine weitere Voraussetzung für die lineare Regressionsrechnung ist, dass zwischen den beiden Variablen X, Y eine Produkt-Moment-Korrelation besteht, das heißt

$$r_{XY} \neq 0$$

(z. B. X: monatliches Einkommen und Y: monatliche Ausgaben für Miete).

Nun beschreibt r, das haben wir im vorangegangen Kapitel festgestellt, Art und Stärke des linearen Zusammenhangs; die Art jedoch nur sehr grob. Über das Vorzeichen von r erfahren wir lediglich, ob ein negativer oder positiver Zusammenhang vorliegt, also die Richtung. Zu gleichem r können aber durchaus verschiedene Zusammenhänge existieren, was sich durch die Steigung der Geraden zeigt, die durch die ellipsenförmige Punktwolke gelegt wird.

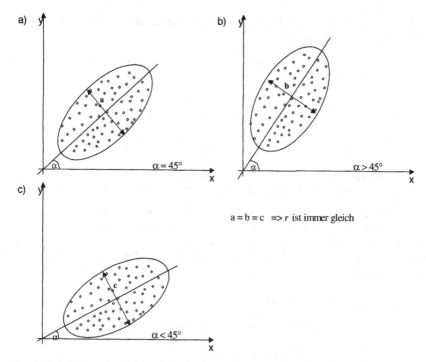

Kap.5 Abbildung 1 - Schematische Darstellung unterschiedlicher positiver Zusammenhänge bei gleichem r

In allen drei Fällen des Kap.5 Abbildung 1 ist r gleich groß, was durch die gleich breiten Ellipsen angedeutet wird. Außerdem liegt ein positiver Zusammenhang gleicher Stärke vor. Trotzdem zeigen sich deutliche Unterschiede:

a)   Der Schnittwinkel der Geraden mit der x-Achse beträgt 45°, das heißt die Steigung m der Geraden ist gleich 1. x und y wachsen gleichmäßig.

b)   Der Schnittwinkel ist größer als 45°, d. h. $m > 1$. y wächst stärker als x.

c)   Der Schnittwinkel ist kleiner als 45°, d. h. $m < 1$. x wächst stärker als y.

Für eine genauere Beschreibung der Art des linearen Zusammenhangs wäre es also vonnöten, die Gleichung der Geraden, die in die ellipsenförmige Punktwolke gelegt wird, zu bestimmen.

5.1 Anpassen von Kurven

Wir haben bereits festgestellt, dass bivariate Verteilungen in den Sozialwissenschaften in der graphischen Darstellung selten die Form einer Gerade bzw. einer nichtlinearen Funktion annehmen, sondern in der Regel Punktwolken bilden.

Will man nun zu einem beliebigen x_i-Wert den dazugehörigen y_i-Wert bestimmen, gerät man in Schwierigkeiten.

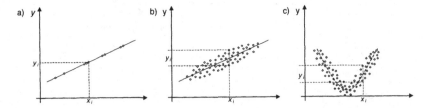

Kap.5 Abbildung 2 - a) funktionaler positiver linearer Zusammenhang, b) positiver linearer Zusammenhang, c) nichtlinearer Zusammenhang

In Abbildung 5.2 a) kann man zu jedem x_i-Wert genau einen dazugehörigen y_i-Wert bestimmen. In b) und c) jedoch existiert zu jedem x_i-Wert ein ganzes Intervall möglicher y_i-Werte. Um trotzdem möglichst genauer Vorhersagen solcher Werte zu ermöglichen, werden wir im folgenden eine Methode kennenlernen, um die Punktwolke an eine Gerade / Kurve anzupassen.

Beispiele für Funktionen:

- $y = mx + n$ (lineare Funktion, Gerade)

- $y = ax^2 + bx + c$ (Parabel)

- $y = ax^3 + bx^2 + cx + d$ (kubische Funktion)

- $y = \dfrac{1}{ax+b}$ oder $\dfrac{1}{y} = ax + b$ (Hyperbel)

- $y = ax^b$ oder $\log y = \log a + (\log b)x$ (Exponentialfunktion)

Wir werden uns hier jedoch nur mit linearen Funktionen, das heißt der Anpassung einer Punktwolke an eine Gerade, befassen. Dafür werden wir die Methode der kleinsten Quadrate kennenlernen.

5.2 Vorhersage bei korrelierten Variablen

Ziel vieler Untersuchungen ist es, Vorhersagen für die Ausprägung von Variablen zu treffen. Eine Möglichkeit der Vorhersage haben wir bereits kennengelernt: das arithmetische Mittel $\bar{y}$, das als Vorhersage des zugehörigen y_i-Wertes für jeden x_i-Wert dienen kann. Diese Vorhersagemethode ist aber freilich nur wenig aussagekräftig.

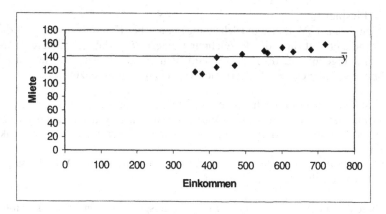

Kap.5 Abbildung 3 - Vorhersage eines y_i**-Wertes für einen** x_i **-Wert mit Hilfe des arithm. Mittels** $\bar{y}$

Beispiel 1:

Die Schüler eines Gymnasiums absolvieren einen Intelligenztest mit den Messwerten x_i. Nun wird untersucht, ob zwischen den Messwerten im Intelligenztest x_i und den Ergebnissen in einem Mathetest y_i ein Zusammenhang besteht. x_i und y_i korrelieren mit $r = 0{,}65$. Ist es möglich, für die einzelnen Schülern allein aufgrund der Intelligenzmessung x_i das Ergebnis im Mathetest y_i vorherzusagen?

Das Problem ist also: Kann man für den Schüler A aufgrund seines Ergebnisses im Intelligenztest x_A das Ergebnis y_A voraussagen, dass er voraussichtlich im Mathetest erreichen wird? Grundsätzlich kann dies natürlich nur möglich sein, wenn r ungleich null ist.

Führen wir aber zuerst einige grundlegende Begriffe ein:
- Die Variable, die zur Vorhersage benutzt wird, nennen wir *unabhängige Variable*.
- Die Variable, die vorhergesagt wird, heißt *abhängige Variable*.

Abhängigkeit oder Unabhängigkeit ist jedoch keine spezifische Eigenschaft von Variablen. Sie hängt einzig von der Fragestellung der Untersuchung ab. So ist Beispiel 1 X (die zu x_i gehörige) unabhängige Variable und y_i die abhängige. Wir hätten aber auch fragen können, ob mit Hilfe des Ergebnisses im Mathetest für einen Schüler B das voraussichtliche Ergebnis im Intelligenztest annähernd vorherzusagen ist. Dann wäre das Ergebnis im Mathetest y_i die unabhängige, das Ergebnis im Intelligenztest x_i die abhängige Variable gewesen.

Wir verwenden zur Kennzeichnung der Variablen folgende Schreibweise:
abhängige Variable / unabhängige Variable

also im Beispiel 1: $\qquad\qquad\qquad\qquad\qquad\qquad y_i \, / \, x_i$
und lesen dies als „Vorhersage (Schätzung) von y_i bei Kenntnis von x_i".Für diesen Problembereich hat sich die Bezeichnung *Regression* (lat. „regredere" zurück-schreiten) eingebürgert. Im Beispiel betrachten wir die Regression der Variablen Ergebnis im Mathetest auf die Variable Ergebnis im Intelligenztest.

Zunächst klären wir nun noch einige Begriffe:
Regression (lat.): Aufteilung einer Variablen in einen systematischen und einen zufälligen Teil zur näherungsweisen Beschreibung einer Variablen als Funktion anderer
Regressionsanalyse: Der Bereich der Statistik, in dem es um die Vorhersage von Messwerten korrelierter Variablen geht.

Wie bereits festgestellt, werden wir uns, ausgehend vom Produkt-Moment-Korrelationskoeffizienten, nur mit der linearen Regression beschäftigen und zur Vorhersage einer Variablen nur eine Variable verwenden. Wir befassen uns mit der linearen Einfachregression.

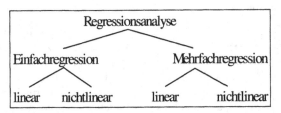

Kap.5 Abbildung 4 - Arten der Regressionsanalyse

Sind die Variablen korreliert, wie im Beispiel 1, dann enthält bei jedem Schüler der Messwert x_i (Intelligenztest) ein gewisses Maß an Informationen über den für ihn zu erwartenden Messwert y_i (Mathetest). Kap.5 Abbildung 5 verdeutlicht, dass für den Schüler *i* mit einem x_i-Wert von 80 im Mathetest ein Ergebnis zwischen y = 80 und y = 90 zu erwarten ist.

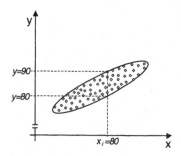

Kap.5 Abbildung 5 - Darstellung der Vorhersagemöglichkeiten des zu einem x_i-Wert gehörenden y_i-Wertes

Der Intervall möglicher Ergebnisse y_i wird kleiner, je größer $|r|$ wird. Denn je größer der Betrag von r, desto schmaler wird die Ellipse, desto mehr Informationen erhalten wir also mit den x_i-Werten über die y_i-Werte. Ist schließlich $|r| = 1$, besteht eine linearer funktionale Abhängigkeit zwischen den Variablen – alle Punkte liegen auf einer Geraden – und wir sind mit den x_i-Werten vollständig über die y_i-Werte informiert. Denn mit Hilfe der Geradengleichung können wir zu jedem x-Wert genau einen y-Wert berechnen.

- Als Vorhersagewert legen wir nun fest: Zu einem x_i-Wert wird der y_i-Wert vorhergesagt, der senkrecht über x_i auf einer Geraden liegt, die die Richtung der ellipsenförmigen Punktwolke kennzeichnet.
- Diese Gerade nennen wir *Regressionsgerade* für die Regression der Variablen Y (abhängige) auf die Variable X (unabhängige) und bezeichnen sie mit $G_{y/x}$.
- Den zu einem x_i-Wert mit Hilfe der Geraden $G_{y/x}$ vorhergesagten Wert der Variablen Y bezeichnen wir mit $\tilde{y}_i$ (lies: „y-i-Schlange")
- Den Unterschied zwischen vorhergesagtem $\tilde{y}_i$-Wert und dem wirklich zu x_i gehörendem y_i-Wert nennen wir „Fehler der Vorhersage e_i"

Kap.5 Definition 1:
Der Fehler der Vorhersage ist definiert als

$$e_i = \left| \tilde{y}_i - y_i \right| \tag{5.1}$$

Als Fehler der Vorhersage betrachten wir die vertikalen Abstände der wirklichen Messwertpaare $(x_i \,/\, y_i)$ von der Regressionsgeraden $G_{y/x}$.

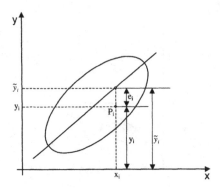

Kap.5 Abbildung 6 - Bestimmen des zu einem x_i-Wert vorhergesagten y_i-Wertes

5.3 Methode der kleinsten Quadrate

Grundlegende Frage der linearen Einfachregression ist: Welche Gerade beschreibt die Punktwolke optimal? Wir suchen also eine ideale Gerade zur Beschreibung der Punktwolke. Eine Möglichkeit ist es, den Abstand aller Messwertpaare zur Gerade zu bestimmen und deren Summe zu minimieren.

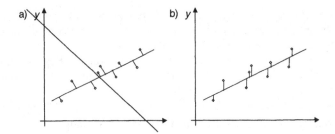

Kap.5 Abbildung 7 - Abstand der Punkte von der linearen Funktion

Die Definition für den Abstand des Punktes von der linearen Funktion haben wir bereits kennengelernt; es ist der Fehler der Vorhersage e_i.

Beispiel 2:

In einer Stichprobe vom Umfang $N = 10$ werden die beiden Variablen X und Y auf dem Intervallniveau gemessen. Man erhält die folgenden Ergebnisse:

Nummer	1	2	3	4	5	6	7	8	9	10
X (x_i)	2,0	3,0	4,0	6,0	4,5	5,0	2,5	6,5	4,0	3,5
Y (y_i)	2,0	4,0	2,5	5,5	3,0	4,0	2,0	4,0	3,0	3,0

Es soll die Regressionsgerade $G_{y/x}$ bestimmt werden.

Als ersten Schritt übertragen wir die zehn Messwertpaare als Punkte in ein Koordinatensystem.

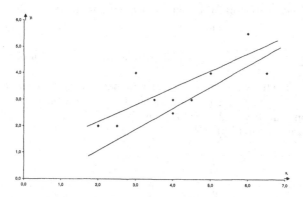

Kap.5 Abbildung 8 - Punktdiagramm für die Daten des Beispiel 2 mit zwei möglichen Geraden

Nun wird bereits deutlich, dass das Problem darin besteht, die für die Punktwolke ideale Gerade zu finden. Ist eine der beiden nach Augenmaß eingezeichneten Geraden die richtige? Wir müssen also Kriterien festlegen zur Berechnung von Regressionsgeraden.

Ein Mögliches Verfahren haben wir am Beginn dieses Abschnitts bereits angedeutet: das *Prinzip der kleinsten quadratischen Abweichungen*. Kurz gesagt geht es darum, die Gerade so zu bestimmen, dass die Summe aller quadratischen Abweichungen der Messwertpaare von ihr minimal wird. Dieses Prinzip lässt sich verallgemeinern:

Kap.5 Definition 2:
Prinzip der kleinsten quadratischen Abweichungen :
Eine Funktionskurve $\tilde{y}_i = f(x_i)$ beschreibt dann die Punktwolke optimal, wenn

$$\sum_{i=1}^{N} e_i^2 = \sum_{i=1}^{N} (\tilde{y}_i - y_i)^2 \qquad (5.2)$$

minimal wird.

5.3.1 Berechnung der Regressionsgeraden $G_{y/x}$:

Die Anpassung der Messwertpaare (x_i, y_i) soll an eine lineare Funktion $\tilde{y}_i = f(x_i) = mx_i + n$ erfolgen. Dabei werden die Parameter m und n mit der Methode der kleinsten Quadrate so bestimmt, dass die Funktion $g(m,n) := \sum_{i=1}^{N} (mx_i + n - y_i)^2$ in Abhängigkeit von m und n minimal wird. Die Analysis für Funktionen mehrerer Veränderlicher liefert als notwendige Voraussetzungen für die Existenz eines Minimums das Verschwinden der partiellen Ableitungen von g nach m und n. Führt man die Rechnung durch, so erhält man die gesuchten Parameter in (5.5) und (5.6).

Es ergibt sich:

$$m = b_{y/x} = \frac{s_{xy}}{s_x^2} \qquad (5.3)$$

als Steigung der Regressionsgeraden:

Die Steigung einer Regressionsgeraden wird als *Regressionskoeffizient b* bezeichnet; wenn es sich um eine Regression von *y* auf *x* handelt: $b_{y/x}$
Es ergibt sich als Definition der Gerade der Regression von y_i auf x_i, wobei y_i die abhängige Variable ist, die vorhergesagt werden soll und x_i die unabhängige Variable ist:

Kap.5 Definition 3 - Definition der Gleichung der Regressionsgeraden $G_{y/x}$:
Die Gerade mit der Gleichung

$$G_{y/x}: \tilde{y} = b_{y/x} x + \bar{y} - b_{y/x}\bar{x} \qquad \text{bzw.} \qquad (5.4)$$

$$G_{y/x}: (\tilde{y} - \bar{y}) = b_{y/x}(x - \bar{x}) \qquad (5.5)$$

und mit der Steigung

$$m = b_{y/x} = \frac{s_{xy}}{s_x^2}$$ (5.5)

und dem absoluten Glied

$$n = \bar{y} - b_{y/x}\bar{x} = \bar{y} - \frac{s_{xy}}{s_x^2}$$ (5.6)

wird als Regressionsgerade definiert.

5.3.2 Berechnung der Regressionsgeraden $G_{x/y}$:

Analog wird verfahren, wenn die y_i-Werte zur Vorhersage der x_i-Werte verwendet werden sollen. Dann ist Y die unabhängige Variable und X die abhängige. Berechnet werden muss nun die Regressionsgerade $G_{x/y}$. Es wird analog die Summe der horizontalen Abstände zwischen x_i und den vorhergesagten $\tilde{x}_i$-Werten minimiert.

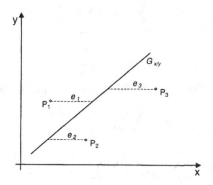

Kap.5 Abbildung 9 - Prinzip der kleinsten quadratischen Abweichungen bei der Regression von x_i auf y_i

Kap.5 Definition 4:
Für die Regression von x_i auf y_i (x_i als abhängige, vorhergesagte Variable) ergibt sich folgende Gradengleichung:

$$G_{x/y} : (\tilde{x} - \bar{x}) = b_{x/y}(y - \bar{y})$$ (5.7)

mit

$$b_{x/y} = \frac{s_{xy}}{s_y^2} .$$ (5.8)

Im Gegensatz zu $G_{y/x}$ stellt bei $G_{x/y}$ der Regressionskoeffizient $b_{x/y}$ nicht mehr die Steigung der Geraden dar.

Kap.5 Definition 5:
Für die Steigung gilt:

$$m = \frac{1}{b_{x/y}} = \frac{s_y^2}{s_{xy}} \tag{5.9}$$

Zur Berechnung der Regressionskoeffizienten können die folgenden Formeln verwendet werden:

$$b_{y/x} = \frac{s_{xy}}{s_x^2} = \frac{N \cdot \sum\limits_{i=1}^{N} x_i y_i - \sum\limits_{i=1}^{N} x_i \cdot \sum\limits_{i=1}^{N} y_i}{N \cdot \sum\limits_{i=1}^{N} x_i^2 - \left(\sum\limits_{i=1}^{N} x_i\right)^2} \quad \text{bzw.} \tag{5.10}$$

$$b_{x/y} = \frac{s_{xy}}{s_y^2} = \frac{N \cdot \sum\limits_{i=1}^{N} x_i y_i - \sum\limits_{i=1}^{N} x_i \cdot \sum\limits_{i=1}^{N} y_i}{N \cdot \sum\limits_{i=1}^{N} y_i^2 - \left(\sum\limits_{i=1}^{N} y_i\right)^2} \tag{5.11}$$

Wenn eine bivariate Häufigkeitstabelle zugrunde liegt, gehen die Formeln über in:

$$b_{y/x} = \frac{N \cdot \sum\limits_{i=1}^{m}\sum\limits_{j=1}^{n} f_{ij} x_i y_j - \sum\limits_{i=1}^{m}\sum\limits_{j=1}^{n} f_{ij} x_i \cdot \sum\limits_{i=1}^{m}\sum\limits_{j=1}^{n} f_{ij} y_j}{N \cdot \sum\limits_{i=1}^{m}\sum\limits_{j=1}^{n} f_{ij} x_i^2 - \left(\sum\limits_{i=1}^{m}\sum\limits_{j=1}^{n} f_{ij} x_i\right)^2} \quad \text{bzw.} \tag{5.12}$$

$$b_{x/y} = \frac{N \cdot \sum\limits_{i=1}^{m}\sum\limits_{j=1}^{n} f_{ij} x_i y_j - \sum\limits_{i=1}^{m}\sum\limits_{j=1}^{n} f_{ij} x_i \cdot \sum\limits_{i=1}^{m}\sum\limits_{j=1}^{n} f_{ij} y_j}{N \cdot \sum\limits_{i=1}^{m}\sum\limits_{j=1}^{n} f_{ij} y_j^2 - \left(\sum\limits_{i=1}^{m}\sum\limits_{j=1}^{n} f_{ij} y_j\right)^2} \tag{5.13}$$

Die beiden Regressionsgeraden $G_{y/x}$ und $G_{x/y}$ schneiden sich immer im Punkt $P(\bar{x}; \bar{y})$.

Im Unterschied zu einem funktionalen Zusammenhang kann bei einem korrelativen Zusammenhang nicht einfach aus einer Regressionsgeraden die andere berechnet werden. Zwischen den Geraden $G_{y/x}$ und $G_{x/y}$ besteht keine einfache algebraische Beziehung.

Bei einem funktionalen Zusammenhang kann von y_i eindeutig auf x_i geschlossen werden und umgekehrt. Die beiden Regressionsgeraden fallen dann in eine Gerade zusammen.

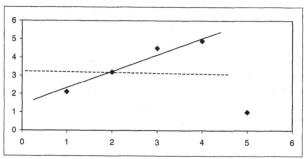

x_i	1	2	3	4	5
y_i	2,1	3,2	4,5	4,9	1,0

5.4 Regressionskoeffizient, Korrelationskoeffizient und Varianz

Zuerst wollen wir einige leicht herzuleitende algebraische Beziehungen aufzeigen.

Zwischen den Regressionskoeffizienten $b_{y/x} = \dfrac{s_{xy}}{s_x^2}$ und $b_{x/y} = \dfrac{s_{xy}}{s_y^2}$ und dem

Korrelationskoeffizienten $r = \dfrac{s_{xy}}{s_x \cdot s_y}$ zweier linear voneinander abhängiger Variablen X und Y lassen sich leicht solche Beziehungen herstellen.

$$b_{y/x} = \frac{s_{xy}}{s_x^2} = \frac{s_{xy}}{s_x \cdot s_x} \cdot \frac{s_y}{s_y} = \frac{s_{xy}}{s_x \cdot s_y} \cdot \frac{s_y}{s_x} = r \cdot \frac{s_y}{s_x}$$

Zwischen den Regressionskoeffizienten und dem Korrelationskoeffizienten gelten:

$$b_{y/x} = r \cdot \frac{s_y}{s_x} \qquad \text{und analog} \tag{5.14}$$

$$b_{x/y} = r \cdot \frac{s_x}{s_y} \tag{5.15}$$

Aus Formel (5.14) und Formel (5.15) ergibt sich für den Fall $s_y = s_x$ (die Standardabweichungen beider Variablen sind gleich): $r = b_{y/x} = b_{x/y}$.
Allgemein ergibt sich:

$$b_{y/x} \cdot b_{x/y} = \frac{s_{xy}}{s_x^2} \cdot \frac{s_{xy}}{s_y^2} = \frac{s_{xy}^2}{s_x^2 \cdot s_y^2} = \left(\frac{s_{xy}}{s_x \cdot s_y}\right)^2 = r^2$$

$$r^2 = b_{y/x} \cdot b_{x/y}$$

Der Korrelationskoeffizient ist also gleich dem geometrischen Mittel der beiden Regressionskoeffizienten:

$$r = \sqrt{b_{y/x} \cdot b_{x/y}} \qquad (5.16)$$

5.5 Der Korrelationskoeffizient als Maß für die Güte der Regression

Wir betrachten nun wieder die Regression einer Variablen Y auf eine Variable X mit der Regressionsgeraden $G_{y/x}$. Unsere vorangegangenen Überlegungen gingen von der Annahme aus, dass die unabhängige Variable X ein gewisses Maß an Information über die abhängige Variable Y enthält. Wir wollen diese Annahme nun präzisieren.

Die y_i-Werte streuen mit einer Gesamtvarianz von s_y^2. Diese Gesamtvarianz setzt sich aus zwei Komponenten zusammen.

1.   Komponente: Varianz auf der Regressionsgeraden $s_{\tilde{y}}^2$

Bei korrelierten Variablen X und Y lässt sich ein Teil der Gesamtvarianz s_y^2 der y_i-Werte durch die Varianz der x_i-Werte erklären; einfach ausgedrückt: weil die x_i-Werte sich verändern, verändern sich auch die y_i-Werte. Für z. B. $r > 0$ wissen wir, dass mit steigenden x_i-Werten auch die y_i-Werte zunehmen. Man sagt auch: „Ursache" für diesen Varianzanteil der Messwerte y_i ist die lineare Regression und nennt diesen Varianzanteil „Varianz auf der Regressionsgeraden" $s_{\tilde{y}}^2$.

Für einen funktionalen Zusammenhang ($|r| = 1$), d. h. wenn alle Messwerte auf der Regressionsgeraden liegen, wäre dieser Varianzanteil maximal – $s_{\tilde{y}}^2 = s_y^2$.

2. Komponente: Varianz um die Regressionsgerade $s_{y/x}^2$

Ist $|r| < 1$, liegen nicht alle Messwerte auf der Regressionsgeraden. Sie streuen in Form einer Punktwolke um die Gerade. Man sagt, „Ursache" dieser Variation ist die Abweichung von der Regression und da auch diese Einfluss auf die Gesamtvarianz s_y^2 der y_i-Werte nimmt, nennt man diesen Varianzanteil „Varianz um die Regressionsgerade" $s_{y/x}^2$ oder auch s_e^2.

Kurz: Die erste Komponente entspricht der Vorhersage eines Y-Wertes, also eines $\tilde{y}_i$-Wertes zu einem x_i-Wert, die zweite Komponente dem Fehler e_i, den wir dabei begehen.

5.5.1 Die Varianz um die Regressionsgerade $s_{y/x}^2$

Die Varianz um die Regressionsgerade entspricht dem Fehler e_i bei der Vorhersage des y_i-Wertes. $s_{y/x}^2$ ist durch die Summe der quadratischen vertikalen Abstände e_i der Meßwertpunkte $(x_i \, / \, y_i)$ von der Regressionsgeraden $G_{y/x}$ bestimmt. Dies führt zu folgender Definition:

Kap.5 Definition 8:

$$s_{y/x}^2 = s_e^2 = \frac{1}{N-1}\sum_{i=1}^{N} e_i^2 = \frac{1}{N-1}\sum_{i=1}^{N}(y_i - \tilde{y}_i)^2 \qquad (5.17)$$

Ist $s_{y/x}^2$ klein, so sind die vertikalen Abstände e_i der Messwertpunkte von der Regressionsgeraden klein; die Punktwolke ist schmal und die Korrelation der beiden Variablen groß. Ist hingegen $s_{y/x}^2$ groß, so sind die e_i groß und r damit klein.

Extremfälle:

1. $s_{y/x}^2 = 0$

    In diesem Fall liegen allen Punkte auf der Regressionsgeraden. $|r| = 1$. In diesem Fall ist eine *sichere* Vorhersage der Y-Werte aufgrund der x_i-Werte mit Hilfe der Geradengleichung möglich.

2. $s_{y/x}^2 = s_y^2$

    ➤ In diesem Fall ist die Varianz der y_i um die Regressionsgerade gleich der Gesamtvarianz der y_i – größer kann $s_{y/x}^2$ nicht werden. Damit ist es nicht möglich, mit Kenntnis der x_i-Werte die y_i sicherer vorherzusagen, als dies ohne Kenntnis der x_i der Fall wäre

Stellen wir nun noch den Anteil $s_{y/x}^2$ an der Gesamtvarianz s_y^2 mit Hilfe von r dar:

$$s_{y/x}^2 = s_y^2\left(1 - r^2\right) \qquad (5.18)$$

Formel (5.18) belegt die Ergebnisse der beiden oben diskutierten Spezialfälle:

$$r = 0 \leftrightarrow s_{y/x}^2 = s_y^2$$
$$|r| = 1 \leftrightarrow s_{y/x}^2 = 0$$

Mit wachsendem r^2 wird der Varianzanteil um die Regressionsgerade immer kleiner. Bildlich: die Punkte streuen immer weniger um die Regressionsgerade. Es ist eine immer sicherer werdende Aussage über die Y-Werte aufgrund von x_i-Werten möglich.

Formel (5.18) kann auch folgendermaßen interpretiert werden:

$$s_{y/x} = s_e = s_y \cdot \sqrt{1 - r^2} \qquad (5.19)$$

Wir bezeichnen s_e als *Standardschätzfehler*, weil es zeigt, wie die Standardabweichung bzw. die bei der Vorhersage begangen Fehler mit wachsendem $|r|$ immer kleiner werden.

Ist $r = 0$, so ist $s_e = s_y$ bzw. s_e ist gleich 100% von s_y. Ist z. B. $r = 0{,}6$, so beträgt $s_e = s_y \cdot \sqrt{1 - 0{,}6^2} = 0{,}8 \cdot s_y$. Bei einer Korrelation von $r = 0{,}6$ beträgt s_e somit noch 80% von s_y.

Betrachten wir nun nicht den Wert von s_e an sich, sondern seine *prozentuale Verminderung in Abhängigkeit von r, bezogen auf r = 0.*

$$\text{Prozentuale Verminderung von } s_e = \left(100 - 100 \cdot \sqrt{1 - r^2}\right)\% \qquad (5.20)$$

So zeigt sich, dass eine deutliche Verminderung von s_e und damit eine deutliche Erhöhung der Genauigkeit der Vorhersage erst bei größeren Werten von $|r|$ eintritt. Kap.5 Abbildung 10 stellt diesen Sachverhalt graphisch dar. So wird z.B. erst bei $r = 0{,}9$ s_e um 56% seines Wertes verringert, den es bei $r = 0$ hätte – nämlich

$$\left(100 - 100 \cdot \sqrt{1 - 0{,}9^2}\right)\% = 56\% \,.$$

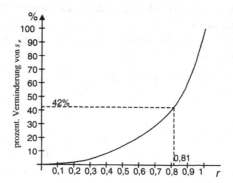

Kap.5 Abbildung 10 - Prozentuale Verminderung von s_e in Abhängigkeit von $|r|$ bezogen auf $r = 0$

Die bisherigen Überlegungen lassen erkennen, warum die Größe

$$U = 1 - r^2 \qquad (5.21)$$

auch als *Unbestimmtheitsmaß* bezeichnet wird. Je größer U ist, um so mehr streuen die Punkte um die Regressionsgerade und um so weniger scharf ist diese bestimmt.

Beispiel 3:

Die beiden Variablen X (mit $\bar{x} = 10$ und $s_x^2 = 25$) und Y (mit $\bar{y} = 15$ und $s_y^2 = 30$) korrelieren mit $r_{xy} = 0{,}80$.

Schritt: Berechnung der Regressionsgeraden $G_{y/x}$:

Aus s_x^2, s_y^2 und r wird $b_{y/x}$ berechnet:

$$b_{y/x} = r \frac{s_y}{s_x} = 0{,}80 \cdot \sqrt{\frac{30}{25}} \approx 0{,}88$$

$$G_{y/x} : (\tilde{y} - 15) = 0{,}88 \cdot (x - 10)$$

Schritt: Berechnung der Varianz um die Regressionsgerade und deren Anteils an der Gesamtvarianz:

$$s_{y/x}^2 = s_y^2 (1 - r^2) = 30 \cdot (1 - 0{,}8^2) = 30 \cdot \underline{0{,}36} = \underline{\underline{10{,}8}}$$

Die Varianz um die Regressionsgerade beträgt 10,8. Das entspricht einem Anteil von 36% an der Gesamtvarianz der y-Werte. Dieser Anteil kann aus der Berechnung abgelesen oder über eine Verhältnisgleichung bestimmt werden:

$$\frac{a}{s_{y/x}^2} = \frac{100}{s_y^2} \rightarrow a = \frac{100 \cdot 10,8}{30} = \underline{\underline{36\%}}$$

Schritt: Unbestimmtheitsmaß:

Das Unbestimmtheitsmaß $U = 1 - r^2$ haben wir bereits bestimmt als den Anteil der Varianz um die Regressionsgerade an der Gesamtvarianz der y-Werte.

$\underline{U = 0,36}$

Schritt: Berechnung des Standardschätzfehlers und dessen Anteils an der Standardabweichung der y-Werte:

$$s_{y/x} = s_e = \sqrt{s_{y/x}^2} = s_y \cdot \sqrt{1 - r^2} = \sqrt{10,8} \approx 3,2863$$

Dies entspricht einem Anteil von $a = \dfrac{100 \cdot 3,2863}{\sqrt{30}} = \underline{\underline{60\%}}$ der Standardabweichung der y-Werte.

Schritt: prozentuale Verminderung von s_e in Abhängigkeit von r, bezogen auf $r = 0$:

$$\left(100 - 100 \cdot \sqrt{1 - r^2}\right)\% = \underline{\underline{40\%}} .$$

5.5.2 Die Varianz auf der Regressionsgeraden $s_{\hat{y}}^2$

Die *Varianz auf der Regressionsgeraden* entspricht dem Teil der Gesamtvarianz der y-Werte s_y^2, der aufgrund der Korrelation zwischen X und Y durch die Varianz der x-Werte verursacht wird.

Kap.5 Definition 10:

Die Varianz auf der Regressionsgeraden $s_{\hat{y}}^2$ ist definiert als:

$$s_{\hat{y}}^2 = s_y^2 \cdot r^2 . \tag{5.22}$$

Der Anteil der Varianz auf der Regressionsgeraden an der Gesamtvarianz der y-Werte steigt also mit zunehmendem r. Für $|r| = 1$ gilt: $s_{\hat{y}}^2 = s_y^2$, das heißt: alle Messwertpunkte liegen auf der Geraden; die Varianz der y-Werte lässt sich vollständig auf die Varianz der x-Werte zurückführen.

Kap.5 Definition 11:

Analog dem Unbestimmtheitsmaß können wir nun das sogenannte *Bestimmtheitsmaß* oder auch *Determinationskoeffizient* berechnen:

$$B = r^2 \tag{5.23}$$

Das Quadrat des Korrelationskoeffizienten, das Bestimmtheitsmaß B, ist gleich dem Anteil der Varianz auf der Regressionsgeraden an der Gesamtvarianz der y-Werte. Oder: Das Bestimmtheitsmaß ist gleich dem Anteil der durch die Regression verursachten (aufgeklärten) Varianz an der Gesamtvarianz. Je größer B ist, um so weniger streuen die Punkte um die Regressionsgerade und um so schärfer ist diese bestimmt.

Kap.5 Definition 12:

Die Gesamtvarianz der y-Werte lässt sich nun durch $s_{\hat{y}}^2$ und $s_{y/x}^2$ ausdrücken. Sie setzt sich additiv aus diesen beiden Komponenten zusammen:

$$s_y^2 = s_{\hat{y}}^2 + s_{y/x}^2. \tag{5.24}$$

Damit gilt für die Anteile U und B:

$$U + B = 1 \tag{5.25}$$

Beispiel 4:

Berechnen wir zu den Daten des Beispiel ?? nun noch die Varianz auf der Regressionsgeraden und das Bestimmtheitsmaß:

$$s_{\hat{y}}^2 = s_y^2 \cdot r^2 = 30 \cdot 0{,}8^2 = 30 \cdot \underline{0{,}64} = \underline{\underline{19{,}2}}$$

$$B = r^2 = \underline{\underline{0{,}64}}$$

Die Varianz auf der Regressionsgeraden beträgt also 19,2. Dies entspricht einem Anteil von $a = \dfrac{100 \cdot 19{,}2}{30} = 64\%$ an der Gesamtvarianz der y-Werte, das heißt 64% der Gesamtvarianz der y-Werte können auf die Varianz der x-Werte zurückgeführt werden.

5.6 Berechnung zweier Beispielaufgaben

5.6.1 Beispiel 1

In Japan werden in gewissen Abständen Statistiken zur Bevölkerung erstellt. Im hier angeführten Beispiel soll nun eine Regressionsanalyse für die Variablen „Bevölkerung in Millionen (X) „ und „ Erwerbstätige in Millionen (Y) „ durchgeführt werden. Die Daten sind entnommen aus „Zahlen zur wirtschaftlichen Entwicklung der Bundesrepublik Deutschland 1996; Institut der Deutschen Wirtschaft Köln".

Die Bevölkerung ist hierbei die unabhängige Variable X und die Erwerbstätigen präsentieren die abhängige Variable Y. In der folgenden Tabelle sind alle für die Berechnung notwendigen Daten dargestellt:

Jahr	Bevölkerung in Millionen (X)	Erwerbstätige in Millionen (Y)	X^2	Y^2	X Y
1970	103,7	50,94	10753,69	2594,88	5282,48
1980	116,8	55,36	13642,24	3064,73	6466,05
1985	120,8	58,07	14592,64	3372,12	7014,86
1990	123,5	62,49	15252,25	3905	7717,51
1992	124,3	64,36	15450,49	4142,21	7999,95
1993	124,7	64,51	15550,09	4161,54	8044,4
1994	125,1	64,56	15650,01	4167,99	8076,46
Summe	838,9	420,29	100891,41	25408,47	50601,71

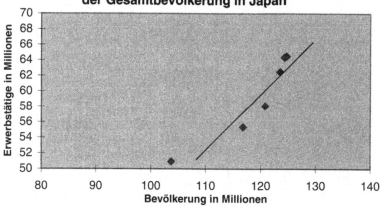

Abhängigkeit der Zahl der Erwerbsstätigen von der Gesamtbevölkerung in Japan

Kap.5 Abbildung 11

Die gegeben Daten sind im Streudiagramm dargestellt, sowie die von Hand eingezeichnete Regressionsgerade.

Vorgegebene Daten:

$$X_i = 838,90$$
$$Y_i = 420,29$$
$$X^2 = 100891,41$$
$$Y^2 = 25408,47$$
$$XY = 50601,71$$
$$N = 7$$

Berechnungen zur Ermittlung der Regressionsgerade

Mittelwert:

$$\overline{X} = \frac{1}{N} \sum_{i=1}^{N} X_i \qquad\qquad \overline{Y} = \frac{1}{N} \sum_{i=1}^{N} Y_i$$

$$\overline{X} = \frac{1}{7} \cdot 838,9 \qquad\qquad \overline{Y} = \frac{1}{7} \cdot 420,29$$

$$\overline{X} = \underline{\underline{119,842}} \qquad\qquad \overline{Y} = \underline{\underline{60,04}}$$

Kovarianz:

$$S_{XY} = \frac{1}{N-1} \cdot \sum_{i=1}^{N} \left(X_i - \overline{X} \right) \cdot \left(Y_i - \overline{Y} \right)$$

$$S_{XY} = \frac{1}{6} \cdot \left(50601,71 - \frac{838,9 \cdot 420,29}{7} \right)$$

$$S_{XY} = \underline{\underline{38,826}}$$

$$S_X^2 = \frac{1}{N-1} \cdot \sum_{i=1}^{N} \left(X_i - \overline{Y} \right)^2$$

$$S_Y^2 = \frac{1}{N-1} \cdot \sum_{i=1}^{N} \left(Y_i - \overline{Y} \right)^2$$

$$S_X^2 = \frac{1}{6} \cdot \left(100891,41 - \frac{1}{7} \cdot 838,9^2 \right)$$

$$S_Y^2 = \frac{1}{6} \cdot \left(25408,47 - \frac{1}{7} \cdot 420,29^2 \right)$$

$$S_X^2 = \frac{1}{6} \cdot 355,27$$

$$S_Y^2 = \frac{1}{6} \cdot 173,666$$

$$S_X^2 = \sqrt{59,211667} = \underline{\underline{7,659}}$$

$$S_Y^2 = \sqrt{28,944333} = \underline{\underline{5,38}}$$

Produkt- Moment- Korrelationskoeffizient:

$$r = \frac{S_{XY}}{S_X \cdot S_Y} \quad r = \frac{38,826}{7,695 \cdot 5,38}$$

$$r = \underline{\underline{0,938}}$$

<u>Bestimmtheitsmaß:</u> $B = r^2 = 0,938^2 = \underline{\underline{0,8798}}$

<u>Gleichung der Regressionsgeraden:</u>

Es besteht ein starker positiver linearer
Zusammenhang zwischen den zwei Variablen, weil r = > 0 ist.

$$G_{Y/X} : \left(\tilde{Y} - \overline{Y} \right) = b_{Y/X} \cdot \left(X - \overline{X} \right) \; mit \; b_{Y/X} = \frac{S_{XY}}{S_X^2}$$

$$b_{Y/X} = \frac{S_{XY}}{S_X^2} = \frac{38,826}{59,211667} = \underline{\underline{0,656}} \; (\, b \,)$$

$$b_{Y/X} = m \quad (Y = mX + n)$$
$$\overline{Y} = m\overline{X} + n \qquad 60,04 = 0.656 \cdot 119,842 + n$$
$$n = 60,04 - \left(0,656 \cdot 119,842 \right) = \underline{\underline{-18,576}} \; (\, a \,)$$

$$G_{Y/X} = \tilde{Y} = \underline{\underline{0,656 X - 18,576}}$$

$$G_{X/Y} : \left(\tilde{X} - \overline{X} \right) = b_{X/Y} \cdot \left(Y - \overline{Y} \right) \, mit \, b_{X/Y} = \frac{S_{XY}}{S_X^2}$$

$$b_{X/Y} = \frac{S_{XY}}{S_Y^2} = \frac{38,826}{28,944333} = \underline{\underline{1,341}} \quad (\, b \,)$$

$$G_{X/Y} = \tilde{X} = \underline{\underline{1,341X - 18,576}}$$

Andere Variante zur Berechnung der Geraden:

Man ermittelt die Werte für die Gerade, bei der die Abweichungen der einzelnen Messwerte am geringsten sind. Bei der Regressionsanalyse gilt das Kriterium: „ Die Summe der quadrierten Abweichungen ist ein Minimum „. Die Funktion für eine konkrete Gerade wird also dadurch bestimmt, dass man je einen konkreten Wert ermittelt für:
a = Schnittpunkt mit der Y- Achse und
b = Steigung der Geraden.

$$a = \frac{\sum Y \sum X^2 - \sum X \sum XY}{N \sum X^2 - \left(\sum X \right)^2}$$

$$a = \frac{(420,29 \cdot 100891,41) - (838,9 \cdot 50601,71)}{(7 \cdot 100891,41) - (838,9)^2} = \underline{\underline{-18,548}}$$

$$b = \frac{N \sum XY - \sum X \sum Y}{N \sum X^2 - \left(\sum X \right)^2}$$

$$a = \frac{(7 \cdot 50601,71) - (838,9 \cdot 420,29)}{(7 \cdot 100891,4) - (838,9)^2} = \underline{\underline{0,656}}$$

$$Y = \underline{\underline{-0,185 + 0,656X}}$$

nach der allgemeinen Gradengleichung: $Y = a + b \cdot X$

5.6.2 Beispiel 2

Untersucht wurden das monatliche Einkommen in DM (X) und die monatlichen Ausgaben für Kosmetik in DM (Y) von 20 fiktiven Personen. Die folgende Tabelle gibt alle notwendigen Daten an. Im Streudiagramm sind die vorhandenen Daten für X und Y graphisch dargestellt und die Regressionsgerade eingezeichnet.

Fall	Monatliches Einkommen in 100 DM (X)	Monatliche Ausgaben für Kosmetik in 100 DM (Y)	X^2	Y^2	XY
1	26	1	676	1	26
2	28	1	784	1	28
3	45	1,5	2025	2,25	67,5
4	39	1,3	1521	1,69	50,07
5	57	2	3249	4	114
6	71	3	5041	9	213
7	48	1,7	2304	2,89	81,6
8	32	1,1	1024	1,21	35,2
9	41	1,6	1681	2,56	65,6
10	51	1,8	2601	3,24	91,8
Summe	438	16	20906	28,84	772,77

Abhängigkeit der monatlichen Ausgaben für Kosmetik vom Einkommen

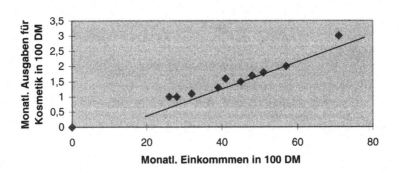

Kap.5 Abbildung 12

<u>Vorgegebene Daten:</u>

$$
\begin{aligned}
X_i &= 438 \\
Y_i &= 16 \\
X^2 &= 20906 \\
Y^2 &= 28{,}84 \\
XY &= 772{,}77 \\
N &= 10
\end{aligned}
$$

<u>Berechnung zur Ermittlung der Regressiongeraden</u>

<u>Mittelwert:</u>

$$\overline{X} = \frac{1}{N} \sum_{i=1}^{N} X_i \qquad\qquad \overline{Y} = \frac{1}{N} \sum_{i=1}^{N} Y_i$$

$$\overline{X} = \frac{1}{10} \cdot 438 \qquad\qquad \overline{Y} = \frac{1}{10} \cdot 16$$

$$\overline{X} = \underline{\underline{43{,}8}} \qquad\qquad \overline{Y} = \underline{\underline{1{,}6}}$$

<u>Kovarianz:</u>

$$S_{XY} = \frac{1}{N-1} \cdot \sum_{i=1}^{N} (X_i - \overline{X}) \cdot (Y_i - \overline{Y})$$

$$S_{XY} = \frac{1}{9} \cdot \left(772{,}77 - \frac{438 \cdot 16}{10} \right)$$

$$S_{XY} = \underline{\underline{7{,}997}}$$

$$S_x^{\,2} = \frac{1}{N-1} \cdot \sum_{i=1}^{N} \left(X_i - \overline{Y} \right)^2$$

$$S_Y^{\,2} = \frac{1}{N-1} \cdot \sum_{i=1}^{N} \left(Y_i - \overline{Y} \right)^2$$

$$S_x^{\,2} = \frac{1}{9} \cdot \left(20906 - \frac{1}{10} \cdot 438^2 \right)$$

$$S_Y^{\,2} = \frac{1}{9} \cdot \left(28{,}84 - \frac{1}{10} \cdot 16^2 \right)$$

$$S_x^{\,2} = \frac{1}{9} \cdot 1721{,}6$$

$$S_Y^{\,2} = \frac{1}{9} \cdot 3{,}24$$

$$S_x^{\,2} = \sqrt{191{,}28889} = \underline{\underline{13{,}83}}$$

$$S_Y^{\,2} = \sqrt{0{,}36} = \underline{\underline{0{,}6}}$$

Produkt- Moment- Korrelationskoeffizient:

$$r = \frac{S_{XY}}{S_X \cdot S_Y}$$

$$r = \frac{7,997}{13,83 \cdot 0,6}$$

$$r = \underline{\underline{0,964}}$$

Es besteht ein starker positiver linearer Zusammenhang zwischen den zwei Variablen, weil $r = > 0$ ist.

Bestimmtheitsmaß: $B = r^2 = 0,964^2 = 0,929$

Gleichung der Regressionsgeraden:

$$G_{Y/X} : \left(\tilde{Y} - \overline{Y} \right) = b_{Y/X} \cdot \left(X - \overline{X} \right) \text{ mit } b_{Y/X} = \frac{S_{XY}}{S_X^2}$$

$$b_{Y/X} = \frac{S_{XY}}{S_X^2} = \frac{7,997}{191,28889} = \underline{\underline{0,042}} \ (b)$$

$$b_{Y/X} = m \quad (Y = mX + n)$$

$$\overline{Y} = m\overline{X} + n \qquad 1,6 = 0,042 \cdot 43,8 + n$$

$$n = 1,6 - \left(0,042 \cdot 43,8 \right) = \underline{\underline{-0,24}} \ (a)$$

$$\underline{\underline{G_{Y/X} = \tilde{Y} = 0,042X - 0,24}}$$

$$G_{X/Y} : \left(\tilde{X} - \overline{X} \right) = b_{X/Y} \cdot \left(Y - \overline{Y} \right) \text{ mit } b_{X/Y} = \frac{S_{XY}}{S_X^2}$$

$$b_{X/Y} = \frac{S_{XY}}{S_Y^2} = \frac{7,997}{0,36} = \underline{\underline{22,241}} \ (b)$$

$$\underline{\underline{G_{X/Y} = \tilde{X} = 22,214X - 0,24}}$$

Andere Variante zur Berechnung der Geraden:

a = Schnittpunkt mit der Y- Achse
b = Steigung der Geraden

$$a = \frac{\sum Y \sum X^2 - \sum X \sum XY}{N \sum X^2 - \left(\sum X \right)^2}$$

$$a = \frac{(16 \cdot 20906) - (438 \cdot 772,77)}{(10 \cdot 20906) - (438)^2} = \underline{\underline{-0,23}}$$

$$b = \frac{N \sum XY - \sum X \sum Y}{N \sum X^2 - \left(\sum X\right)^2}$$

$$a = \frac{(10 \cdot 772,77) - (438 \cdot 16)}{(10 \cdot 20906) - (438)^2} = \underline{\underline{0,042}}$$

$$Y = \underline{\underline{-0,23 + 0,042 X}}$$

nach der allgemeinen Gradengleichung: $Y = a + b \cdot X$

Zusammenfassung: In diesem Kapitel lernten Sie Verfahren zur Berechnung von Regressionsgleichungen zur Darstellung linearer funktionaler Zusammenhänge zweier Variablen kennen. Dabei wurde bekannt, dass r^2 als Maß für die durch die Regression aufgeklärte Varianz zu interpretieren ist. Wir gingen näher darauf ein, dass die Methode der kleinsten Quadrate eine Berechnungsweise zur Herleitung von Regressionsgleichungen darstellt. Ausserdem sind wir in der Lage, mittels berechneter Regressionsgeraden Vorhersagen einer abhängigen Variablen zu treffen, falls der Wert einer unabhängigen gegeben ist.

Literaturverzeichnis

[1]   Atteslander, P. (1975): Methoden der empirischen Sozialforschung. Sammlung Göschen, 4., überarb. Aufl., Walter de Gruyter & Co. Berlin

[2]   Bamberg, G./ Baur, F. (1993): Statistik. München, Wien: Oldenbourg

[3]   Benninghaus, H. (1994): Einführung in die sozialwissenschaftliche Datenanalyse. 3. Auflage München; Wien; Oldenburg

[4]   Bohley, P. (1989): Einführendes Lehrbuch für Wirtschafts- und Sozialwissenschaftler München, Wien: Oldenbourg

[5]   Bortz, J./Döring, N. (1995): Forschungsmethoden und Evaluation. 2., vollst. überarb. und aktualisierte Aufl.. Berlin u.a.: Springer,.

[6]   Clauß, G./Finze, F.-R./Partzsch, L. (1995): Statistik für Soziologen, Pädagogen, Psychologen und Mediziner. Band 1. Grundlagen. 2., überarb. und erw. Auflage. Frankfurt/Main: Harri Deutsch

[7]   Eckstein, P.P. (1998): Repetitorium Statistik. 2. Aufl. Wiesbaden: Gabler

[8]   Erhard, U./ Fischbach, R./ Weiler, H./ Kehrle, K. (1989): Praktisches Lehrbuch Statistik. 3. Aufl. Landsberg am Lech: verlag moderne Industrie.

[9]   Esser/Hill/Schnell.(1993): Grundlagen der empirischen Sozialforschung. München, Wien: Oldenburg

[10]   Ferschl, F. (1978): Deskriptive Statistik. Würzburg, Wien: Physica- Verlag

[11]   Franz, D. (1991): Statistik: eine Einführung in die Wahrscheinlichkeitsrechnung, Qualitätskontrolle und Zuverlässigkeit für Techniker und Ingenieure. Heidelberg: Hüthig

[12]   Friedrichs, J. (1980): Methoden der empirischen Sozialforschung. Westdeutscher Verlag GmbH, Opladen

[13]   Gudjons, H. (1995): Pädagogisches Grundwissen: Überblick - Kompendium - Sudienbuch, 4., überarb. Aufl., Klinkhardt, Bad Heilbrunn

[14]   Hafner, R. (1989): Wahrscheinlichkeitsrechnung und Statistik. Wien; New York: Springer

[15]   Hartung, J. (1989): Statistik. Lehr- und Handbuch der angewandten Statistik. München, Wien: Oldenbourg

[16]   Keel, A. (1997): Statistik I: Beschreibende Statistik. 13. Aufl. Verlag Wilhelm Surbir St. Gallen

[17]   Krämer, W. (1997). So lügt man mit Statistik. Campus Verlag: Frankfurt/Main

[18]   Krengel, U. (1990): Einführung in die Wahrscheinlichkeitstheorie und Statistik. Vieweg Verlag Braunschweig

[19]   Kromrey, H. (1995): Empirische Sozialforschung. Opladen

[20]   Patzelt, W.J. (1985): Einführung in die sozialwissenschaftliche Statistik. München, Wien: Oldenbourg

[21]   Phillips, J.L. (1997): Statistisch gesehen: Grundlegende Ideen der Statistik leicht erklärt. Basel, Boston, Berlin: Birkhäuser

[23]   Pospeschill, M. (1996): Praktische Statistik: Eine Einführung mit Anwendungsbeispielen. Weinheim: Psychologie Verlags Union

[24]   Schöffel, C. (1997): Deskriptive Statistik. Dresden: Dresden Univ. Press

[25]   Stevens, S. S. (1946): On the Theory of Scales of Measurement. In: Science 103, S. 677-680

[26]   Urban, K. (1990): Statistik: Einführung in die statistische Methodenlehre für Wirtschafts- und Sozialwissenschaftler. 2. Aufl. München, Wien: Oldenbourg

[27]   Wolfram, S.(1992). Mathematica. Addison-Wesley Publishing Company.

[28]   Wolf, W. (1974): Statistik : Eine Einführung für Sozialwissenschaftler. Bd. 1: Deskriptive Statistik, Grundlagen der Wahrscheinlichkeitsrechnung und Statistik. Weinheim : Beltz

Weiterführende Literatur

[1]   Assenmacher, W. (1998): Deskriptive Statistik. 2. verb. Aufl. Berlin;
        Heidelberg; New York: Springer

[2]   Bomsdorf, E. (1988): Deskriptive Statistik. 4. Aufl. Bergisch Gladbach,
        Köln: Eul

[3]   Bosch, K. (1990): Statistik für nichtstatistiker: Zufall oder Wahrschein-
        lichkeit München, Wien: Oldenbourg

[4]   Buttler & Stroh (1992): Einführung in die Statistik. Hamburg

[5]   Ebner, C. (1992): Statistik für Soziologen, Pädagogen, Psychologen und
        Mediziner. Band Grundlagen. 7. Auflage. Verlag Harri Deutsch, Thun
        und Frankfurt am Main

[6]   Fetzer, V.(1973): Einführung in die Grundlagen der mathematischen
        Statistik. Heidelberg: Hüthig

[7]   Hackl, P./ Katzenbeisser, W./ Panny, W. (1990): Statistik: Lehrbuch mit
        Übungsaufgaben. 8. Aufl. München, Wien: Oldenbourg

[8]   Hafner, R. (1992): Statistik für Sozial- und Wirtschaftswissenschaftler.
        Wien: Springer

[9]   Hafner, R. (1989): Wahrscheinlichkeitsrechnung und Statistik. Wien,
        New York: Springer

[10]   Jarausch, K. H. (1985): Quantitative Methoden in der Geschichtswissen-
        schaft Darmstadt.

[12]   Kellerer, M. (1960): Statistik im modernen Wirtschafts- und Sozialleben.
        Reinbek: Rowohlt

[13]   Lienert, G. A. & Von Eye, A. (1994): Erziehungswissenschaftliche
        Statistik. Eine elementare Einführung für pädagogische Berufe.
        Weinheim; Basel: Beltz

[14]   Nickel, H. (1989): Mathematik für Ingenieur- und Fachschulen Leipzig

[15]   Pinnekamp, H. J. & Siegmann, F.(1990): Deskriptive Statistik: Einführung in die statistische Methodenlehre. 2. Auflage. München, Wien: Oldenbourg

[16]   Röhr, Lohse, Ludwig (1983): Statistik für Soziologen, Pädagogen,Psychologen und MedizineBand 2. Statistische Verfahren.Verlag Harri Deutsch, Thun und Frankfurt am Main.

[17]   Sachs, L. (1992): Angewandte Statistik. Anwendung statistischer Methoden Berlin

[18]   Stelzl, I. (1982): Fehler und Fallen der Statistik. Für Psychologen,Pädagogen, Sozialwissenschaftler. Verlag Hans Huber.Bern, Stuttgart, Wien

[19]   Storm, R (1995): Wahrscheinlichkeitsrechnung, mathematische Statistik und satistische Qualitätskontrolle. Leipzig

[20]   Tarnai, C. (1987): Einführung in die Grundlagen der Statistik. Münster

[21]   Tiede, M. (1987): Statistik: Regressions- und Korrelationsanalyse. München: Oldenbourg

[22]   Uebe, G. & Schäfer M. (1991): Einführung in die Statistik für Wirtschaftswissenschaftler. München, Wien: Oldenbourg

Anhang 1 Probeklausuren:

Probeklausuren Quantitative Methoden 1

TECHNISCHE UNIVERSITÄT DRESDEN
Fakultät Erziehungswissenschaften

Institut Allgemeine Erziehungswissenschaft
Wissenschaftstheorie und Forschungsmethoden
Dr. phil. Dipl.-Inform. Shahram Azizighanbari
01062 Dresden

Besucheranschrift: Weberplatz 5/Zi. 239a, 01217 Dresden
e-mail: Shahram.Aziziganbari@mailbox.tu-dresden.de

19.05.1998

<u>Klausur – Quantitative Methoden der Erziehungswissenschaft I</u>

<u>Komplexaufgabe</u>

Zu Versuchszwecken untersucht man in einem Gymnasium Abiturnoten von 53 Abiturienten eines Jahrganges. Folgende Verteilung für die Mathematiknoten möge sich ergeben haben.

Note	1	2	3	4	5	6	
Häufigkeit	5	9	12	16	10	1	N=53

A

Auf welchem Meßniveau sind diese Werte aufgenommen? Wie sind sie skaliert? Sind sie stetig oder diskret?   (0.5)

Berechnen Sie relative Häufigkeit und relative Summenhäufigkeit dieser Verteilung und stellen Sie diese graphisch dar!

Graph   (0.5)

Ermitteln Sie Modalwert, Median und arithmetisches Mittel dieser Verteilung!

(4)

Die Mathematiknoten wurden auch für die einzelnen Kurse ausgewertet. Es soll hier um den Vergleich des Grund- und des Leistungskurses Mathematik gehen. Folgende Werte zeigten sich dabei.

Note	1	2	3	4	5	6
Grundkurs		1	3	11	9	1
Leistungskurs	5	8	9	5	1	

B

Berechnen Sie hierzu die Gesamtvarianz, die systematische Varianz und die Fehlervarianz.

(3)

Interpretieren Sie Ihre Ergebnisse!

(2)

Um weitere Zusammenhänge erkennen zu können, verglich man die Mathematiknoten mit denen der Physik.

Note	1	2	3	4	5	6
Mathe	5	9	12	16	10	1
Physik	5	11	12	17	7	1

C

Berechnen Sie für die nun bivariable Verteilung die Kovarianz und die Produkt-Moment-Korrelation!

(3)

Interpretieren Sie die Ergebnisse Ihrer Korrelationsberechnung!

(2)

Gesamtpunkte 15

Gesamtüberblick

Sie haben sich in der Veranstaltung "Quantitative Methoden der empirischen Sozialforschung – Teil I" mit den verschiedenen Meßniveaus und ihren Parametern beschäftigt.

1. Benennen Sie nun zu den einzelnen Meßniveaus:
jeweils zwei Beispiele,
die möglichen empirischen Aussagen und
die jeweiligen optimalen Stichprobenparameter der Lage, der Streuung und der Korrelation (Lokalisations- und Dispersionsparameter, Parameter des linearen Zusammenhangs)
Stellen Sie Ihr Wissen in einer Tabelle dar!

2. Definieren Sie die genannten Parameter, legen Sie dabei besonderes Augenmerk auf die Bedeutung resp. die Aussagen der Stichprobenparameter

Punkte: Messniveau + Beispiele + Aussage = 1 Punkt / min. 2 = 0,5
Benennen der Stichprobenparameter je 0,5, Definition + Aussage je Stichprobenparameter 0,5 (außer Kontingenz- und Rangkorrelationskoeffizient, dafür je 1 Zusatzpunkt möglich) = **15 Punkte + 2 Zusatzpunkte**

Die Klausur umfasst 30 Punkte, mit 16 ist sie bestanden

Viel Erfolg!

Formelsammlung:

$$F_i = \frac{f_i}{N} \qquad\qquad H_i = \frac{\sum_{i=1}^{k} f_i}{N} \qquad Med = 3{,}5 + \left(\frac{\frac{53}{2} - 26}{16}\right)\cdot 1$$

Gesamtvarianz:

$$s^2 = \frac{1}{N-1}\left[\sum_{i=1}^{k} f_i x_i^2 - \frac{1}{N}\cdot\left(\sum_{i=1}^{k} f_i x_i\right)^2\right]$$

Fehlervarianz:

$$s^2 = \frac{1}{N-1}\left[\sum_{i=1}^{N} f_i x_i^2 - \frac{1}{N}\cdot\left(\sum_{i=1}^{N} f_i x_i\right)^2\right]$$

Systematische Varianz:

$$s^2 = \frac{1}{k-1}\cdot\sum_{j=1}^{k}\left(\bar{x}_j - \bar{x}\right)^2$$

Varianzen:

$$s^2 = \frac{1}{N-1}\cdot\sum_{i=1}^{N}\left(x_i - \bar{x}\right)^2$$

Kovarianz:

$$s_{xy} = \frac{1}{N-1}\cdot\sum_{i=1}^{N}\left(x_i - \bar{x}\right)\cdot\left(y_i - \bar{y}\right)$$

Produkt-Moment-Korrelation:

$$r = \frac{\sum_{i=1}^{N}\left(x_i - \bar{x}\right)\cdot\left(y_i - \bar{y}\right)}{\sqrt{\sum_{i=1}^{N}\left(x_i - \bar{x}\right)^2 \cdot \sum_{i=1}^{N}\left(y_i - \bar{y}\right)^2}}$$

TECHNISCHE UNIVERSITÄT DRESDEN
Fakultät Erziehungswissenschaften

Institut Allgemeine Erziehungswissenschaft
Wissenschaftstheorie und Forschungsmethoden
Dr. phil. Dipl.-Inform. Shahram Azizighanbari
01062 Dresden

Besucheranschrift: Weberplatz 5/Zi. 239a, 01217 Dresden
e-mail: Shahram.Aziziganbari@mailbox.tu-dresden.de

26.01.2000

Klausur – Quantitative Methoden der Erziehungswissenschaft I

Aufgabe 1: (5. Punkte)

Bei einem internationalen Leichtathletikwettbewerb werden u.a. folgende Daten der Zehnkämpfer für eine spätere Auswertung aufgezeichnet:
(1) Nationalität des Sportlers
(2) erreichte Gesamtpunktzahl des Sportlers
(3) Zufriedenheit des Sportlers mit seiner Platzierung (sehr zufrieden, zufrieden, eher unzufrieden, sehr unzufrieden)
(4) Geburtsjahr des Sportlers
Ordnen Sie diesen Merkmalen die entsprechenden Messniveaus zu!

Aufgabe 2: (5. Punkte)

In einem Haus wohnen zehn Personen mit folgenden Monatseinkommen in DM (X).

Person	1	2	3	4	5	6	7	8	9	10
X	2600	2500	2500	3000	2700	2500	2900	2500	2800	2500

Eine weitere Person zieht in das Haus ein, deren Monatseinkommen 100000 DM beträgt. Welche Auswirkungen ergeben sich dadurch auf den Modus, den Median und das arithmetische Mittel der Monatseinkommen aller Bewohner des Hauses? Begründen Sie diese!

Aufgabe 3: (6.Punkte)

In einem kunststoffverarbeitenden Betrieb findet eine Vielzahl gleichartiger Ventile Verwendung. Da sie einem besonders hohen Verschleiß ausgesetzt sind, führen sie häufig zum Maschinenstillstand. Im Zuge der Planung einer kostenminimalen präventiven Instandhaltungsstrategie wurden folgende Ventillebensdauern (in Betriebsstunden) erhoben:

Lebensdauer	Klassen-häufigkeit
0 bis unter 100	2
100 bis unter 200	5
200 bis unter 300	6
300 bis unter 400	8
400 bis unter 500	6
500 bis unter 600	3

a) Zeichnen Sie ein Histogramm und die Summenhäufigkeitsfunktion!

b) Berechnen Sie den Median, den Quartilabstand, Varianz und Standardabweichung!

Aufgabe 4: (5. Punkte)

Ein Therapeut will ermitteln, welche Therapieform für seine Patienten den meisten Erfolg verspricht. Deshalb behandelt er 80 Patienten in 7 Gruppen mit verschiedenen Methoden und bewertet den Erfolg mit Noten von 1 bis 5. Die Ergebnisse zeigt die folgende Tabelle.

Note \ Gruppe	Gruppe A	Gruppe B	Gruppe C	Gruppe D	Gruppe E	Gruppe F	Gruppe G	Σ
1	1	1	0	0	0	0	0	2
2	3	2	1	0	0	1	1	8
3	1	4	2	2	3	5	1	18
4	0	3	8	8	11	4	1	35
5	0	1	5	9	0	2	0	17

Berechnen Sie die Gesamtvarianz und die systematische Varianz!

Aufgabe 5: (4.Punkte)

An 15 Personen wurden die Punktwerte in zwei Tests zur Erfassung von Geographiekenntnissen erhoben.

Berechnen Sie den Produkt-Moment-Korrelationskoeffizienten!

Person	Test X	Test Y		Person	Test X	Test Y
1	34	141		9	37	154
2	30	125		10	39	166
3	39	145		11	32	137
4	40	159		12	28	126
5	28	110		13	33	118
6	29	139		14	35	132
7	33	150		15	36	160
8	36	146				

Aufgabe 6: (10.Punkte)

Definieren Sie die folgenden Begriffe: Grundgesamtheit, Prozentrang, Dispersionsparameter, bivariable Häufigkeitsverteilung.
Was geben systematische Varianz und Fehlervarianz an?

Es sind 45 Punkte erreichbar, 23Punkte sind nötig, um zu bestehen

Viel Erfolg!

Formelsammlung

$$\bar{x} = \frac{1}{N} \cdot \sum_{i=1}^{N} x_i \qquad s^2 = \frac{1}{N-1} \cdot \left[\sum_{i=1}^{N} x_i^2 - \frac{1}{N} \cdot \left(\sum_{i=1}^{N} x_i \right)^2 \right]$$

$$Mdn = x_{ku} + \left(\frac{\frac{N}{2} - F_{k-1}}{f_k} \right) \cdot b$$

$$s_{syst}^2 = \frac{1}{k-1} \cdot \sum_{i=1}^{k} \left(\bar{x}_i - \bar{x} \right)^2 \qquad r = \frac{\sum_{i=1}^{N} (x_i - \bar{x}) \cdot (y_i - \bar{y})}{\sqrt{\sum_{i=1}^{N} (x_i - \bar{x})^2 \cdot \sum_{i=1}^{N} (y_i - \bar{y})^2}}$$

TECHNISCHE UNIVERSITÄT DRESDEN
Fakultät Erziehungswissenschaften

Institut Allgemeine Erziehungswissenschaft
Wissenschaftstheorie und Forschungsmethoden
Dr. phil. Dipl.-Inform. Shahram Azizighanbari
01062 Dresden

Besucheranschrift: Weberplatz 5/Zi. 239a, 01217 Dresden
e-mail: Shahram.Aziziganbari@mailbox.tu-dresden.de

31.01.2001

Klausur – Quantitative Methoden der Erziehungswissenschaft I

Teil 1 Definitionen (23 Punkte)

Wie gelangt man in der empirischen Sozialforschung zu abgesicherten Er-
kenntnissen?   (3 Punkte)

Nennen Sie alle Ihnen bekannten Möglichkeiten der grafischen Darstellung von
monovariablen Häufigkeitsverteilungen.   (1 Punkt)

Was versteht man unter Randverteilungen einer zweidimensionalen Tabelle?
                                                                  (1 Punkt)
Was versteht man unter Kovarianz?   (1 Punkt)

Die Variablen A und B sind auf verschiedenen Messniveaus gemessen. Geben
Sie den jeweils optimalen Parameter an, der den Zusammenhang der beiden
Variablen beschreibt.   (3 Punkte)

Variable A / Variable B	Verhältnis, Intervall	Ordinal	Nominal
Verhältnis, Intervall			
Ordinal			
Nominal			

Erklären Sie mit eigenen Worten kurz die Begriffe Median, Modalwert und Varianz!   (3 Punkte)

Wozu dienen Dispersionsparameter?   (1 Punkt)

Geben Sie die optimalen und möglichen Dispersionsparameter in Abhängigkeit vom Messniveau der Daten an!   (3 Punkte)

Wozu und warum benutzen wir die Sheppardschen Korrektur?   (2 Punkte)

Welche Aussage trifft die systematische Varianz?   (1 Punkt)

Was versteht man unter folgenden Begriffe?   (3 Punkte)
Grundgesamtheit G: , Stichprobe: und Stichprobenumfang ?

Für zwei Variablen X und Y wurde ein Produkt-Moment-Korrelationskoeffizient von $r_{XY} = -0,98$ berechnet. Welche Aussage lässt sich aufgrund dieses Ergebnisses treffen?

(1 Punkt)

Teil 2 Berechnungen (23 Punkte)

In einem großen Unternehmen der Wohnungswirtschaft sollte der Krankenstand näher analysiert werden. Dazu wurden die Krankenstände (geordnet nach Dauer des Arbeitsausfalls) über ein ganzes Jahr betrachtet. Es ergab sich:

Dauer (Tage)	1-10	11-20	21-30	31-40	41-50
Personen	7	22	47	19	8

Veranschaulichen Sie die Verteilung auf geeignete Weise grafisch.
Berechnen Sie das arithmetische Mittel, den Modus und den Median der Verteilung.
Welche Meßniveaus setzt die Berechnung der Parameter aus Aufgabe b) voraus?

(7 Punkte)

Bei der Analyse der Arbeitszufriedenheit wurde ein standardisierter Test eingesetzt, der folgende Daten ergab:

Angestellter	1	2	3	4	5	6	7	8
Punkte	51	43	54	47	49	61	55	57

Bestimmen Sie die Spannweite, die Varianz und Standardabweichung der Verteilung.

(4 Punkte)

Mittels einer Untersuchung sollte die Frage beantwortet werden, ob es zwischen drei Gruppen von Studenten hinsichtlich der Gesamtzahl der gelösten Aufgaben Unterschiede gibt, wenn nachfolgende Hilfen zur Verfügung standen:
Gruppe 1: es wurde der Lösungsweg theoretisch erklärt,

Gruppe 2: es wurden sowohl Beispielaufgaben vorgerechnet als auch der Lösungsweg theoretisch erklärt

Gruppe 3: es wurden Beispielaufgaben vorgerechnet.

Gruppe 1	Gruppe 2	Gruppe 3
10	12	16
13	15	14
12	13	17
14	17	11
9	18	12
	21	

Unterscheiden sich die Durchschnittsergebnisse der drei Gruppen?

Die Varianz aller Messwerte beträgt rund 10,13. Analysieren Sie diese Inhomogenität danach, ob die unterschiedlichen Hilfestellungen systematisch zu unterschiedlichen Ergebnissen führen oder andere Faktoren Einfluss auf die Ergebnisse haben. Benutzen Sie dazu die Methode der Summen der Abweichungsquadrate.   (10 Punkte)

Zusatzaufgabe:

Zeigen Sie:

$$\sum_{i=1}^{N}(x_i - \bar{x})(y_i - \bar{y}) = \sum_{i=1}^{N} x_i y_i - N\bar{x}\bar{y}$$

(2 Punkte)

Es sind 45 Punkte erreichbar, bei 23 Punkten haben Sie bestanden

Viel Erfolg!

Formelsammlung

$$\bar{x} = \frac{1}{N} \cdot \sum_{i=1}^{N} x_i = \frac{1}{N} \cdot \sum_{i=1}^{K} f_i \cdot x_{mi}$$

$$Mdn = x_{ku} + \left(\frac{\frac{N}{2} - F_{k-1}}{f_k} \right) \cdot b$$

$$s^2 = \frac{1}{N-1} \cdot \sum_{i=1}^{N} (x_i - \bar{x})^2$$

$$SQG = \sum_{j=1}^{k} \sum_{i=1}^{N_j} \left(x_{ij} - \bar{x} \right)^2$$

$$SQI = \sum_{j=1}^{k} \sum_{i=1}^{N_j} \left(x_{ij} - \bar{x}_j \right)^2$$

$$SQZ = \sum_{j=1}^{k} N_j \left(\bar{x}_j - \bar{x} \right)^2$$

Probeklausuren Quantitative Methoden 2

TECHNISCHE UNIVERSITÄT DRESDEN
Fakultät Erziehungswissenschaften

Institut Allgemeine Erziehungswissenschaft
Wissenschaftstheorie und Forschungsmethoden
Dr. phil. Dipl.-Inform. Shahram Azizighanbari
01062 Dresden

Besucheranschrift: Weberplatz 5/Zi. 239a, 01217 Dresden
e-mail: Shahram.Aziziganbari@mailbox.tu-dresden.de

20.07.1999

Klausur – Quantitative Methoden der Erziehungswissenschaft II

Teil 1: Definitionen (15 Punkte)

Definieren Sie kurz die folgenden Begriffe oder stellen Sie die Zusammenhänge kurz dar.

> Lineare Einfachregression
> Funktionaler Zusammenhang
> Varianz auf und um die Regressionsgerade
> Zustandekommen der Regressionsgerade (Achtung, keine Herleitung!)
> *(6 Punkte)*

1. Wie würden Sie das Wesen der Regression erklären? *(1 Punkt)*
2. Wie funktioniert die Methode der kleinsten Quadrate? *(1 Punkt)*
3. Was stellen Sie sich unter folgenden Begriffen vor?
   > bivariable Verteilung
   > Varianz auf und um die Regressionsgerade
   > *(5 Punkte)*
4. Was haben Deskription, Modellierung, Prognose & Kontrolle mit Systemen zu tun? *(2 Punkte)*

Teil 2: Berechnung (25 Punkte)

In einem Kaufhauskonzern mit 10 Filialen *i* sollen die Auswirkungen von Werbeausgaben *X* auf den Umsatz *Y* untersucht werden.

i	1	2	3	4	5	6	7	8	9	10
xi	1,5	2,0	3,5	2,5	0,5	4,5	4,0	5,5	7,5	8,5
yi	2,0	3,0	6,0	5,0	1,0	6,0	5,0	11,0	14,0	17,0

(Die Einheit der Merkmale X und Y entspricht einem nicht näher angegebenen Geldwert.)

1. Zeichnen Sie ein Streudiagramm für die Höhe der Werbeausgaben X und den Umsatz Y. Was können Sie aus dem Diagramm in Bezug auf den Zusammenhang der Variablen vermuten?

    (2 Punkte)

2. Welche Voraussetzung müssen die Daten erfüllen, damit Sie einen Produkt-Moment-Korrelationskoeffizienten berechnen können?

    (1 Punkt)

3. Berechnen Sie den Produkt-Moment-Korrelationskoeffizienten r und interpretieren Sie Ihr Ergebnis.   *(7 Punkte)*

4. Bestimmen Sie eine geeignete Regressionsgerade und zeichnen Sie sie ins Streudiagramm ein.   *(3 Punkte)*

5. In welchem Punkt schneiden sich zwei Regressionsgeraden $G_{y/x}$ und $G_{x/y}$?

    (1 Punkt)

6. Für welche Regressionsgerade haben Sie sich bei Aufgabe 4 entschieden und warum? Ist es sinnvoll, auch die andere Regressionsgerade zu bestimmen?

    (2 Punkte)

7. Welchen Umsatz prognostizieren Sie zu Werbeausgaben in Höhe von $x_{11} = 6$
    a)   ohne Regressionsgerade,
    b)   mit Regressionsgerade?   *(2 Punkte)*

8. Berechnen Sie zu x_7, x_8, x_9 und x_{10} die Approximationen (Vorhersagen) und Residuen (Fehler der Vorhersagen).   *(2 Punkte)*

9. Entscheiden und begründen Sie, ob eine Vorhersage des Umsatzes zu Werbeausgaben in Höhe von $x_{12} = 20$ sinnvoll ist? Treffen Sie diese gegebenenfalls.

    (1 Punkt)

10. Berechnen Sie die Varianz auf der Regressionsgeraden und die Varianz um die Regressionsgerade. Geben Sie das Bestimmtheitsmaß an und interpretieren Sie Ihre Ergebnisse.   *(4 Punkte)*

Formelsammlung

$$r = \frac{s_{xy}}{s_x \cdot s_y}$$

$$s_{xy} = \frac{1}{N-1} \sum_{i=1}^{N} (x_i - \bar{x})(y_i - \bar{y})$$

$$s_x^2 = \frac{1}{N-1} \sum_{i=1}^{N} (x_i - \bar{x})^2$$

$$s_y^2 = \frac{1}{N-1}\sum_{i=1}^{N}(y_i - \bar{y})^2$$

$$G_{y/x} : (\tilde{y} - \bar{y}) = b_{y/x}(x - \bar{x}) \quad \text{mit } b_{y/x} = \frac{s_{xy}}{s_x^2}$$

$$G_{x/y} : (\tilde{x} - \bar{x}) = b_{x/y}(y - \bar{y}) \quad \text{mit } b_{x/y} = \frac{s_{xy}}{s_y^2}$$

$$s_{\tilde{y}}^2 = s_y^2 \cdot r^2$$

$$s_{y/x}^2 = s_y^2(1 - r^2)$$

$$B = r^2$$

Um die Klausur zu bestehen, benötigen Sie 21 Punkte.
Viel Erfolg!

TECHNISCHE UNIVERSITÄT DRESDEN
Fakultät Erziehungswissenschaften

Institut Allgemeine Erziehungswissenschaft
Wissenschaftstheorie und Forschungsmethoden
Dr. phil. Dipl.-Inform. Shahram Azizighanbari
01062 Dresden

<u>Besucheranschrift</u>: Weberplatz 5/Zi. 239a, 01217 Dresden
e-mail: Shahram.Aziziganbari@mailbox.tu-dresden.de

11.07.2000

<u>**Klausur – Quantitative Methoden der Erziehungswissenschaft II**</u>

Aufgabe 1   (13 Punkte)

Um den Verlauf einer Schizophrenie eines Jugendlichen nachzeichnen zu können, wurde die Intensität der Krankheit jährlich über einen Fragebogen ermittelt. Dieser Faktor (Variable Y) wurde aus mehreren Items errechnet und ist intervallskaliert. In der Abbildung ist der Verlauf einer Schizophrenie eines Jugendlichen über die Zeit (Variable X) abgetragen.

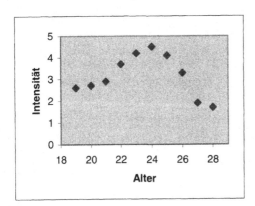

Alter (x_i)	Intensität (y_i)
19	2,6
20	2,7
21	2,9
22	3,7
23	4,2
24	4,5
25	4,1
26	3,3
27	1,9
28	1,7

a) Welche Aussage trifft allgemein der Produkt-Moment-Korrelationskoeffizient r_{XY}?   *(1 Punkt)*

b) Für verschiedene Zeiträume wurde r_{XY} berechnet. Ordnen Sie mit Hilfe des abgebildeten Streuungsdiagramms den vorgegebenen Zeitabschnitten jeweils einen der vorgegebenen Werte für r_{XY} zu. Beachten Sie, dass bei der Intervallangabe $X=19...24$ alle Wertepaare $(x_i|y_i)$ einschließlich $x_i = 19$ und einschließlich $x_i = 24$ in die Berechnung von r_{XY} einbezogen wurden.

b_1) X=19...24,

b_2) X=19...28,
b_3) X=24...28,
b_4) X=23...24.

Wählen Sie aus den folgenden Werten je genau einen möglichen Wert für r_{XY} der Aufgaben b_1) bis b_4) aus:
–0,194; 1,234; –1,001; 1; –0,975; –1; 0,45; 0,972 .   *(2 punkte)*

Hinweis: Zur Lösung dieser Aufgabe ist keine Rechnung notwendig!

c) Geben Sie an, ob die Bestimmung einer Regressionsgeraden für das Intervall von 19 bis 28 Jahren sinnvoll ist. Begründen Sie Ihre Antwort kurz.
                                                                (1 Punkt)

Hinweis: Vergleichen Sie dazu ggf. die den Intervallen zugeordneten Korrelationskoeffizenten aus Aufgabe b!

d) Was versteht man unter der „Methode der kleinsten Quadrate"?   *(1 Punkt)*

e) Berechnen Sie für die Jahre 19 bis einschließlich 24 eine Regressionsgerade, mit der der zeitliche Verlauf der Krankheit annähernd beschrieben werden kann.   *(5 Punkte)*

f) Berechnen und interpretieren Sie das Bestimmtheitsmaß für den Korrelationskoeffizenten aus Aufgabe b_1).   *(1 Punkt)*

g) Entscheiden Sie, ob mit der in Aufgabe f) ermittelten Regressionsgerade eine Vorhersage der Krankheitsintensität zu einem Alter von 21,7 und 27,2 Jahren sinnvoll ist. Begründen Sie Ihre jeweilige Entscheidung und berechnen Sie ggf. die Vorhersage.   *(2 Punkte)*

Aufgabe 2   (6 Punkte)

Um den Zusammenhang von Musikalität und handwerklicher Begabtheit festzustellen, wurde eine Untersuchung mit 60 Personen durchgeführt. Die Variable X entspricht der Musikalität auf einer Skala von 1 bis 3 (1 = wenig musikalisch, ... , 3 = sehr musikalisch) und die Variable Y der handwerklichen Begabtheit (1 = wenig begabt, ... , 3 = sehr begabt).

yi / xi	1	2	3
1	4	4	13
2	3	11	4
3	15	2	4

a) Transformieren Sie die beiden Variablen in Ränge. Dabei soll der Variablen x_i der Rang u_i und der Variablen y_i der Rang v_i zugeordnet werden. Erweitern Sie dazu obige bivariate Häufigkeitstabelle.   *(2 Punkte)*

b) Überprüfen Sie durch Rechnung, ob $G_s = 24762$ gilt. Die Größe G_s bezieht sich dabei auf die Bindungen der Variablen X.   *(1 Punkt)*

c) Entscheiden Sie, ob $H_s = 0$, $H_s = 24294,25$ oder $H_s = 24294$ gilt. Die Größe H_s bezieht sich auf die Bindungen der Variablen Y.   *(1 Punkt)*

d) Berechnen und interpretieren Sie die Größe $r_s(k)$.

Es gilt $\sum_{i=1}^{N} f_i d_i^2 = 46936,5$ sowie G_s und H_s entsprechend Aufgabe 2b) und

2c).   *(Punkte2)*

Zusatzaufgabe (+2 Punkte)

Beweisen Sie folgende Aussage:
    Gilt $B = r^2 = 1$, also $r = 1$ oder $r = -1$, so sind die beiden Regressionsgeraden G_{YIX} und G_{XIY} identisch.

Aufgabe 3: Definitionen und Begriffe   (14 Punkte)

a) Durch welche drei Eigenschaften ist ein System charakterisiert?   *(1)*

b) Geben Sie eine kurze Beschreibung folgender Begriffe:
                    - Zeitreihe   *(1)*
                    - Zustandsgröße   *(1)*
                    - Deterministisches stochastisches System   *(2)*
                    - Zeitinvariantes System   *(1)*

c) Welche Aufgabe und Ziele haben die folgenden Verfahren:
                    - Faktorenanalyse   *(1)*
                    - Clusteranalyse   *(1)*
                    - MANOVA   *(1)*
                    - Diskriminanzanalyse   *(1)*

d) Beschreiben Sie kurz das Wesen der Regression?   *(1)*

Es sind maximal 30 Punkt zu erreichen; bestanden ist die Klausur mit 16 Punkten.

Formelsammlung

$$\bar{x} = \frac{1}{N} \sum_{i=1}^{N} x_i$$

$$s_{xy} = \frac{1}{N-1} \sum_{i=1}^{N} (x_i - \bar{x}) \cdot (y_i - \bar{y})$$

$$s_x^2 = \frac{1}{N-1} \sum_{i=1}^{N} (x_i - \bar{x})^2$$

$$s_y^2 = \frac{1}{N-1} \sum_{i=1}^{N} (y_i - \bar{y})^2$$

$$r_{xy} = \frac{s_{xy}}{\sqrt{s_x^2 \cdot s_y^2}} = \frac{\sum_{i=1}^{N} (x_i - \bar{x}) \cdot (y_i - \bar{y})}{\sqrt{\sum_{i=1}^{N} (x_i - \bar{x})^2 \cdot \sum_{i=1}^{N} (y_i - \bar{y})^2}} =$$

$$\frac{\sum_{i=1}^{N} x_i \cdot y_i - N \cdot \bar{x} \cdot \bar{y}}{\sqrt{\left(\sum_{i=1}^{N} x_i^2 - N \cdot \bar{x}^2 \right) \cdot \left(\sum_{i=1}^{N} y_i^2 - N \cdot \bar{y}^2 \right)}}$$

$$B = r_{xy}^2 = \frac{s_{xy}^2}{s_x^2 \cdot s_y^2}$$

TECHNISCHE UNIVERSITÄT DRESDEN
Fakultät Erziehungswissenschaften

Institut Allgemeine Erziehungswissenschaft
Wissenschaftstheorie und Forschungsmethoden
Dr. phil. Dipl.-Inform. Shahram Azizighanbari
01062 Dresden

Besucheranschrift: Weberplatz 5/Zi. 239a, 01217 Dresden
e-mail: Shahram.Aziziganbari@mailbox.tu-dresden.de

10.07.2001

Klausur – Quantitative Methoden der Erziehungswissenschaft II

Teil 1: Definitionen (23 Punkte)

a) Durch welche drei Eigenschaften ist ein System charakterisiert?

(1)

b) Was versteht man unter einem systemerklärenden Modell?

(1)

c) Geben Sie eine kurze Beschreibung folgender Begriffe:

Zeitreihe	(1)
Zustandsgröße	(1)
Deterministisches ,stochastisches System	(2)
Zeitkontiuerlich - Zeitdiskret	(1)

d) Welche Hauptanwendungsbereiche der Zeitreihenanalyse gibt es?

(2)

e) Warum interessiert sich die Wissenschaft für das Verhalten dynamischer
Systeme? (2)

f) Definieren Sie kurz die folgenden Begriffe oder stellen Sie die Zusammen-
hänge kurz dar. (7)
zeitinvariantes System
Lineare Einfachregression
Funktionaler Zusammenhang
Varianz auf und um die Regressionsgrade
Zustandekommen der Regressionsgerade (Achtung, keine Herleitung !)
Zustandekommen der Regressionsgerade (Achtung, keine Herleitung !)
Zustandekommen der Regressionsgerade (Achtung, keine Herleitung !)
Nennen Sie die Anwendungen der dynamischer Simulationsmodelle
Was versteht man unter exogen getrieben und stochastisch?

g) Nennen Sie die Aufgaben von:

Wissenschaft
Empirischen Forschung
Empirischen Sozialforschung

(2)

h) Unterscheiden Sie zuwischen wissenschaftliche und nichtwissenschaftliche
   Forschung.   (1)

i) Unterscheiden Sie zuwischen wissenschaftliche Erkenntnisse und Alltags-
   wissen.   (1)

j) Was versteht man unter Kovarianz?   (1)

Teil 2: Berechnungen   (27 Punkte)

Aufgabe 1: (6 Punkte):

Bei einer Untersuchung sollte die Frage beantwortet werden, ob manisch-
depressives Verhalten (speziell in den manischen Phasen) und schizophrenes Verhalten gehäuft miteinander auftreten. Nach einer entsprechenden Untersuchung
lag folgende Häufigkeitstabelle vor, in die schon einige Hilfsgrößen eingearbeitet
sind:

Bewertung		manisch-depressiv sehr selten 1	sel- ten 2	mit- tel 3	oft 4	sehr oft 5	f_i	u_i	h_i	$\Sigma(h_i3-h_i)$
ge- ring	1	4	2	-	-	-	6	3,5	6	210
mittel	2	-	2	2	1	-	5	9	5	120
stark	3	-	1	-	3	2	6	14,5	6	210
f_j		4	5	2	4	2	$\Sigma=17$			540
v_j		2,5	7	10,5	13,5	16,5				
g_j		4	5	2	4	2				
$\Sigma(g_j3-g_j)$		60	120	14	60	14	268			

(schizophren)

Dabei sind:
f_i ... Häufigkeit des Merkmals schizophren
f_j ... Häufigkeit des Merkmals manisch-depressiv
u_i und v_j ... gemittelte Rangplätze
h_i und g_j ... Länge der Bindungen

Setzen Sie die Berechnung fort und ermitteln Sie den Rangkorrelationskoeffizienten mit und ohne Korrektur und interpretieren Sie Ihre Ergebnisse.

Aufgabe 2: (21 Punkte)

Aus der Stellungnahme des Wissenschaftsrates zum Verhältnis von Hochschul-
ausbildung und Beschäftigungssystem lässt sich eine Statistik der Anzahl arbeits-
loser Sozialpädagogen Y (in tausend) in den Jahren 1991 bis 1997 entnehmen. Wir
betrachten das Jahr als Variable X mit den Ausprägungen 1, 2, 3, ... 7.

xi	1	2	3	4	5	6	7
yi	3,8	3,8	4,3	4,4	4,5	4,3	4,8

1. Zeichnen Sie ein Streuungsdiagramm für das Jahr X und die Arbeitslosenzahl
    von Sozialpädagogen Y. Was können Sie aus dem Diagramm in bezug auf den
    Zusammenhang der Variablen vermuten?
    (2 Punkte)

2. Berechnen Sie für die bivariable Verteilung von Jahr X und Anzahl arbeitslo-
    ser Sozialpädagogen Y die Produkt-Moment-Korrelation. Interpretieren Sie
    Ihr Ergebnis.   *(4 Punkte)*

3. In welchem Punkt schneiden sich zwei Regressionsgeraden $G_{y/x}$ und $G_{x/y}$?
    (1 Punkt)

4. Bestimmen Sie eine geeignete Regressionsgerade und zeichnen Sie sie ins
    Streudiagramm ein.   *(3 Punkte)*

5. Für welche Regressionsgerade haben Sie sich entschieden und warum? Ist es
    sinnvoll, auch die andere Regressionsgerade zu bestimmen?
    (2 Punkte)

6. Welche Arbeitslosenzahl prognostizieren Sie für die Jahre 2, 3 und 4 mit
    Hilfe der Regressionsgerade? Berechnen Sie die Fehler der Vorhersagen.
    (3 Punkte)

7. Welche Arbeitslosenzahl könnten Sie ohne Kenntnis der Regressionsgerade
    zu einem beliebigen Jahr prognostizieren?
    (1 Punkt)

8. Entscheiden und begründen Sie, ob eine Vorhersage der Arbeitslosenzahl für
    das Jahr 20 sinnvoll ist.   *(1 Punkt)*

9. Erklären Sie die Varianz der Y-Werte $s_y^2 = 0,1324$ (gerundet) mit Hilfe der
    Varianz auf der Regressionsgeraden und der Varianz um die Regressionsge-
    rade. Geben Sie das Bestimmtheitsmaß an und interpretieren Sie Ihre Ergeb-
    nisse.   *(4 Punkte)*

Zusatzaufgabe:

Gegeben seien N Messwertpaare (x_i, y_i) und es wird die Regressionsgerade
$G_{Y/X}$: y=ax+b bestimmt. Dabei wird a=0 berechnet. Ermitteln Sie unter dieser
Voraussetzung das Bestimmtheitsmaß B (Begründung!).
Zeigen Sie außerdem: Gilt B ≠ 0, so folgt a ≠ 0.
(3 Punkte)

insgesamt sind 50 Punkte erreichbar, bei mind. 25 haben Sie bestanden

"Wer gar zuviel bedenkt, wird wenig leisten." (Friedrich Schiller)

Viel Erfolg!

Formelsammlung

$$r_s = 1 - \frac{6 \cdot \sum_{i=1}^{N} d_i^2 \cdot f_{ij}}{N^3 - N} \quad \text{mit } d_i \text{ ... Rangplatzdifferenz}$$

$$r_s(k) = \frac{N^3 - N - \frac{1}{2}(G_s + H_s) - 6 \cdot \sum_{i=1}^{N} d_i^2 \cdot f_{ij}}{\sqrt{(N^3 - N - G_s) \cdot (N^3 - N - H_s)}}$$

mit $G_s = \Sigma \, (g_j^3 - g_j)$ und $H_s = \Sigma \, (h_i^3 - h_i)$

$$r = \frac{N \cdot \sum_{i=1}^{N} x_i y_i - \sum_{i=1}^{N} x_i \cdot \sum_{i=1}^{N} y_i}{\sqrt{\left[N \cdot \sum_{i=1}^{N} x_i^2 - \left(\sum_{i=1}^{N} x_i \right)^2 \right] \cdot \left[N \cdot \sum_{i=1}^{N} y_i^2 - \left(\sum_{i=1}^{N} y_i \right)^2 \right]}}$$

$$G_{y/x} : (\tilde{y} - \bar{y}) = b_{y/x} \cdot (x - \bar{x}) \text{ mit } b_{y/x} = \frac{s_{xy}}{s_x^2} = \frac{N \cdot \sum_{i=1}^{N} x_i y_i - \sum_{i=1}^{N} x_i \cdot \sum_{i=1}^{N} y_i}{N \cdot \sum_{i=1}^{N} x_i^2 - \left(\sum_{i=1}^{N} x_i \right)^2}$$

$$s_{y/x}^2 = s_y^2 \cdot (1 - r^2)$$

$$s_{\tilde{y}}^2 = s_y^2 \cdot r^2$$

Anhang 2 Lösungen zu den Probeklausuren

Lösungen zu Probeklausuren Quantitative Methoden 1

Lösungen zur Klausur Quantitativen Methoden I [1998]:

A

ordinal - ordinal - diskret

$$(0,5)$$

$$F_i = \frac{f_i}{N} \qquad\qquad H_i = \frac{\sum_{i=1}^{k} f_i}{N} \quad \text{(siehe Tabelle)1 (Graph 0,5)}$$

$$\bar{x} = \frac{\sum_{i=1}^{N} x_i \cdot f_i}{N} \qquad\qquad x_{\mathrm{mod}} = 4$$

$$\frac{1}{2}(N+1) \text{ ist eine ganze Zahl (27) } \rightarrow x_{med} = x_{\left[\frac{1}{2}(N+1)\right]}$$

$x_{med} = x_{27} = 4$ dies entspricht der ersten Ziffer 4, jedoch tritt die Note 4 genau 16 mal auf; so verteilen sich diese 16 Werte gleichmäßig über den Intervall 4, also von 3,5 bis 4,5 , das heißt, die Intervallbreite ist 1.

$$Med = 3,5 + \left(\frac{\frac{53}{2} - 26}{16} \right) \cdot 1$$

$$x_{med} = 3,53 \qquad\qquad\qquad \text{(3 Punkte)}$$

Note	1	2	3	4	5	6	Summe		
f_i	5	9	12	16	10	1	$N =$ 53	$\bar{X} =$	3,38
F_i	0,09	0,17	0,23	0,30	0,19	0,02	1,00		
H_i	0,09	0,26	0,49	0,79	0,98	1,00			

B

Note	1	2	3	4	5	6	Summe	Durchschnitt
Grundkurs		1	3	11	9	1	25	4,24
$f_i \cdot x_i$		2	9	44	45	6	106	
$f_i \cdot x_i^2$		4	27	176	225	36	468	
Leistungskurs	5	8	9	5	1		28	2,61
$f_i \cdot x_i$	5	16	27	20	5		73	
$f_i \cdot x_i^2$	5	32	81	80	25		223	
Gesamt	5	9	12	16	10	1	53	3,38
$f_i \cdot x_i$	5	18	36	64	50	6	179	
$f_i \cdot x_i^2$	5	36	108	256	250	36	691	

Gesamtvarianz:

$$s^2 = \frac{1}{N-1}\left[\sum_{i=1}^{k} f_i x_i^2 - \frac{1}{N}\cdot\left(\sum_{i=1}^{k} f_i x_i\right)^2\right]$$

$$s^2 = \frac{1}{52}\left[691 - \frac{1}{53}\cdot(179)^2\right] = 1,66 \rightarrow s = 1,29 \qquad \text{(1 Punkt)}$$

Fehlervarianz:

$$s^2 = \frac{1}{N-1}\left[\sum_{i=1}^{N} f_i x_i^2 - \frac{1}{N}\cdot\left(\sum_{i=1}^{N} f_i x_i\right)^2\right]$$

Grundkurs: $\qquad s^2 = \frac{1}{24}\left[468 - \frac{1}{25}\cdot(106)^2\right] = 0,77 \rightarrow s = 0,88$

$\qquad\qquad\qquad\qquad\qquad\qquad\qquad\qquad\qquad$ (0,5 Punkt)

Leistungskurs: $\qquad s^2 = \frac{1}{27}\left[223 - \frac{1}{28}\cdot(73)^2\right] = 1,21 \rightarrow s = 1,1$

$\qquad\qquad\qquad\qquad\qquad\qquad\qquad\qquad\qquad$ (0,5 Punkt)

Systematische Varianz:

$$s^2 = \frac{1}{k-1}\cdot\sum_{j=1}^{k}\left(\bar{x}_j - \bar{x}\right)^2 \quad (4,24\text{-}3,38)^2 + (2,61\text{-}3,38)^2 = 1,33$$

$$s^2 = \frac{1}{2-1}\cdot 1,33 = 1,33 \rightarrow s = 1,15 \qquad \text{(1 Punkt)}$$

$\qquad\qquad\qquad\qquad\qquad\qquad$ Interpretation: $\qquad\qquad$ (2 Punkte)

C

Note	1	2	3	4	5	6	Summe	Durchschnitt
Mathe	5	9	12	16	10	1	53	3,38
Abweichung	-11,9	-12,42	-4,56	9,92	16,2	2,62	0	
quadr. Abw.	141,61	154,2564	20,7936	98,4064	262,44	6,8644	684	
Physik	5	11	12	17	7	1	53	3,25
Abweichung	-11,25	-13,75	-3	12,75	12,25	2,75	0	
quadr. Abw.	126,5625	189,0625	9	162,5625	150,0625	7,5625	645	
Abw. Ma*Ph	133,875	170,775	13,68	126,48	198,45	7,205	650	

Kovarianz:
$$s_{xy} = \frac{1}{N-1} \cdot \sum_{i=1}^{N} (x_i - \bar{x}) \cdot (y_i - \bar{y})$$

$$s_{xy} = \frac{1}{52} 650 = 12,5 \qquad \text{(1 Punkt)}$$

Varianzen:
$$s^2 = \frac{1}{N-1} \cdot \sum_{i=1}^{N} (x_i - \bar{x})^2$$

$$\underline{s_x^2 = 13,15} \qquad \text{(0,5 Punkt)}$$

$$\underline{s_y^2 = 12,40}$$

(0,5 Punkt)

Produkt-Moment-Korrelation:

$$r = \frac{s_{xy}}{\sqrt{s_x^2 \cdot s_x^2}} = \frac{12,5}{\sqrt{13,15 \cdot 12,4}} = \underline{\underline{0,98}}$$

(1 Punkt)

(Interpretation 2 Punkte)

<u>Gesamtpunkte 15</u>

<u>Die Klausur umfaßt 30 Punkte, mit 16 ist sie bestanden!</u>

Meßniveau	Beispiel	Empirische Aussage	Lokalisati- ons- parameter/ Lage	Dispersi- ons- parameter/ Streuung	Korrelation/ Zusammen- hang
Nominal (Ausprä- gung nur nach dem Namen unter- scheidbar)	Automarken Geschlecht Schulform Fächer	Gleichheit und Un- gleichheit	Modus	Häufig- keits- verteilung	(Kontingenz- koeffizient)
Ordinal (Aus- prägungen vergleich- bar <,>,=,≠)	Schulnoten Soziale Schichtung	Gleichheit und Un- gleichheit Ordnung	Median	Quarti- labstand	Rang- korrelations- koeffizient
Intervall	Celsiustemp. Skala Intelligenz- punktwerte Leistungs- punktwerte	Gleichheit und Un- gleichheit Ordnung Gleichheit von Differen-	Arithmeti- scher Mittel- wert	Standar- dab- weichung	Produkt- Moment- Korrelations- koeffizient
Verhältnis	Gewicht Körpergröße Alter Kinderzahl einer Fami- lie Reaktions- zeit	Gleichheit und Un- gleichheit Ordnung Gleichheit von Diffe- renzen Gleichheit von Quo- tienten	Geometri- scher Mittel- wert	Variations- koeffizient	Produkt- Moment- Korrelations- koeffizient

Punkte: Meßniveau + Beispiele + Aussage = 1 Punkt / min. 2 = 0,5
Benennen der Stichprobenparameter je 0,5, Definition + Aussage je Stichproben-
parameter 0,5 (außer Kontingenz- und Rangkorrelationskoeffizient, dafür je 1
Zusatzpunkt möglich) = 15 Punkte + 2 Zusatzpunkte

Lösungen zur Klausur Quantitativen Methoden I [2000]:

Aufgabe 1:

Merkmal (1) ist nominalskaliert, (2) verhältnis-, (3) ordinal- und (4) intervall-skaliert.

Aufgabe 2:

a) vor dem Zuzug der elften Person:

$$\bar{x} = \frac{1}{N} \cdot \sum_{i=1}^{N} x_i = \frac{1}{10} \cdot 26500 = 2650$$

$$Mod = 2500$$

$$\frac{1}{2}(N+1) = \frac{11}{2} = 5,5 \text{ keine ganze Zahl ist, gilt :}$$

$$Mdn = \frac{x_{[k]} + x_{[k+1]}}{2} = \frac{2500 + 2600}{2} = 2550$$

b) nach dem Zuzug der elften Person:

$$\bar{x} = \frac{1}{11} \cdot 126500 = 11500$$

$$Mod = 2500$$

$$Med = 2600$$

Der Zuzug der elften Person wirkt sich also in der Weise aus, dass der Modus der Monatseinkommen unverändert bleibt, der Median geringfügig größer und das arithmetische Mittel stark vergrößert wird, da das Monatseinkommen 100000 DM einen Ausreißerwert darstellt und das arithmetische Mittel sehr empfindlich gegen solche ist, Median und Modus jedoch nicht.

Aufgabe 3:

Klassen-grenzen	Klassen-mitte	absolute Klassen-häufigkeit	prozentuale Klassen-häufigkeit	absolute Summen-häufigkeit	relative Summen-häufigkeit	$f_i \cdot x_{mi}$	$f_i \cdot x_{mi}^2$	
	x_{mi}	f_i		F_i	H_i			
0 - 100	50	2	6,67	2	0,06	100	5000	
100 - 200	150	5	16,67	7	0,23	750	112500	
200 - 300	250	6	20	13	0,43	1500	375000	Q
300 - 400	350	8	26,67	21	0,7	2800	980000	Median
400 - 500	450	6	20	27	0,9	2700	1215000	Q
500 - 600	550	3	10	30	1	1650	907500	
		30				9500	3595000	

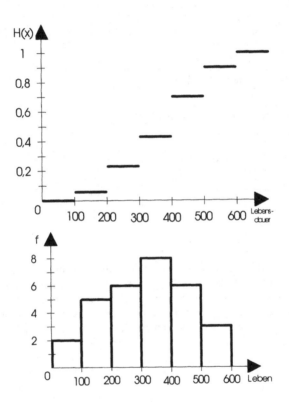

b) Median und Quartilabstand:

$$Mdn = x_{ku} + \left(\frac{\frac{N}{2} - F_{k-1}}{f_k} \right) \cdot b$$

$$Mdn = 300 + \left(\frac{15 - 13}{8} \right) \cdot 100$$

$$\underline{\underline{Mdn = 325}}$$

$$Q_1 = 200 + \left(\frac{7,5 - 7}{6} \right) \cdot 100 = 208,33$$

$$Q_3 = 400 + \left(\frac{22,5 - 21}{6} \right) \cdot 100 = 425$$

$$QA = Q_3 - Q_1 = \underline{\underline{216,67}}$$

Varianz und Standardabweichung:

$$s^2 = \frac{1}{N-1} \cdot \left(\sum_{i=1}^{k} f_i \cdot x_i^2 - \frac{1}{N} \cdot \left(\sum_{i=1}^{k} f_i \cdot x_i \right)^2 \right) \approx 20229,88 \quad s \approx 142,23$$

Aufgabe 4:

a) Gesamtvarianz:

$$s^2 = \frac{1}{N-1} \cdot \left[\sum_{i=1}^{k} f_i \cdot x_i^2 - \frac{1}{N} \cdot \left(\sum_{i=1}^{k} f_i \cdot x_i \right)^2 \right]$$

Note	f_i	$f_i \cdot x_i$	$f_i \cdot x_i^2$
1	2	2	2
2	8	16	32
3	18	54	162
4	35	140	560
5	17	85	425
		297	1181

$$s^2 = \frac{1}{79} \cdot \left(1181 - \frac{297^2}{80} \right) \approx 0,992$$

b) systematische Varianz:

$$\bar{x} = \frac{297}{80} = 3,7125$$

x_i	f_{Ai}	f_{Bi}	f_{Ci}	f_{Di}	f_{Ei}	f_{Fi}	f_{Gi}	Σ
1	1	1	0	0	0	0	0	2
2	3	2	1	0	0	1	1	8
3	1	4	2	2	3	5	1	18
4	0	3	8	8	11	4	1	35
5	0	1	5	9	0	2	0	17
	5	11	16	19	14	12	3	

$\overline{x}_j$	$\overline{x}_j - \overline{x}$	$\left(\overline{x}_j - \overline{x}\right)^2$
2	-1,7125	2,9327
3,0909	-0,6216	0,3864
4,0625	0,35	0,1225
4,3684	0,6559	0,4302
3,7857	0,0732	0,0054
3,5833	-0,1292	0,0167
3	-0,7125	0,5077
		4,4016

$$s_{sys}^2 = \frac{1}{k-1} \cdot \sum_{i=1}^{k} \left(\overline{x}_j - \overline{x}\right)^2 = \frac{1}{7-1} \cdot 4,4016 \approx 0,73$$

Aufgabe 5:

$$r = \frac{N \cdot \sum_{i=1}^{N} x_i \cdot y_i - \sum_{i=1}^{N} x_i \cdot \sum_{i=1}^{N} y_i}{\sqrt{\left[N \cdot \sum_{i=1}^{N} x_i^2 - \left(\sum_{i=1}^{N} x_i\right)^2\right] \cdot \left[N \cdot \sum_{i=1}^{N} y_i^2 - \left(\sum_{i=1}^{N} y_i\right)^2\right]}}$$

Person	x_i	y_i	x_i^2	y_i^2	$x_i \cdot y_i$
1	34	141	1156	19881	4794
2	30	125	900	15625	3750
3	39	145	1521	21025	5655
4	40	159	1600	25281	6360
5	28	110	784	12100	3080
6	29	139	841	19321	4031
7	33	150	1089	22500	4950
8	36	146	1296	21316	5256
9	37	154	1369	23716	5698
10	39	166	1521	27556	6474
11	32	137	1024	18769	4384
12	28	126	784	15876	3528
13	33	118	1089	13924	3894
14	35	132	1225	17424	4620
15	36	160	1296	25600	5760
	509	2108	17495	299914	72234

$$r = 0,777$$

Aufgabe 6:

Als <u>Grundgesamtheit</u> wird die Menge G aller Merkmalsträger oder Einheiten bezeichnet, auf die sich die Untersuchungsergebnisse beziehen sollen.

Der <u>Prozentrang</u> P einer Stichprobe von Messwerten ist der Punkt der Messskala, unterhalb dessen P% und oberhalb dessen (100-P)% der Messwerte der Stichprobe liegen.

Als <u>Dispersionsparameter</u> werden solche Parameter bezeichnet, die welche Ausbreitung der Messwerte einer Stichprobe längs der Messwertachse kennzeichnen (Streuungsparameter).

<u>Bivariable Häufigkeitsverteilungen</u> liegen dann vor, wenn für jedes Element einer Stichprobe zwei Variablen A und B gemessen werden.

Die <u>systematische Varianz</u> gibt die Unterschiede zwischen mehreren Teilstichproben einer Gesamtstichprobe an.

Die <u>Fehlervarianz</u> gibt die Varianz innerhalb der Teilstichprobe an.

Lösungen zur Klausur Quantitativen Methoden I [2001]:

Rechenaufgabe 1:
a)

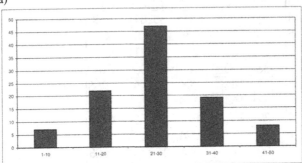

bzw. entsprechend als Histogramm

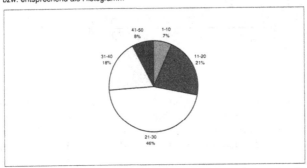

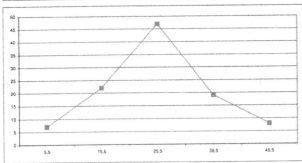

(Polygon weniger geeignet)   *1 Punkt*

b)

Dauer (Tage)	1-10	11-20	21-30	31-40	41-50	
exakte Klassengrenzen	0,5-10,5	10,5-20,5	20,5-30,5	30,5-40,5	40,5-50,5	
Klassenmitte	5,5	15,5	25,5	35,5	45,5	
absolute Häufigkeit	7	22	47	19	8	
Summenhäufigkeit	7	29	76	95	103	
	38,5	341	1198,5	674,5	364	2616,5

$$\overline{x} = \frac{1}{N} \cdot \sum_{i=1}^{N} f_i \cdot x_{mi}$$

$$\underline{\underline{\text{Mod} = 25,5}} \qquad \qquad \textit{1 Punkt}$$

$$\overline{x} = \frac{2616,5}{103} \approx \underline{\underline{25,40}}$$

2 Punkte

Median: $\dfrac{N}{2} = \dfrac{103}{2} = 51,5$ ⇨ der Median liegt in der 3. Klasse

$$Mdn = x_{ku} + \left(\frac{\dfrac{N}{2} - F_{k-1}}{f_k} \right) \cdot b$$

$$Mdn = 20,5 + \left(\frac{51,5 - 29}{47} \right) \cdot 10$$

2 Punkte

$$Mdn \approx 25,29$$

c)   Modus   Nominalniveau
         Median   Ordinalniveau
         arith. Mittel   Invervallniveau   *1 Punkt*

Rechenaufgabe 2:
Spannweite:

$x_{min} = 43$ $x_{max} = 61$ $\underline{\underline{\text{Spannweite} = 18}}$ *1 Punkt*

$$\overline{x} = \frac{1}{N} \cdot \sum_{i=1}^{N} f_i \cdot x_{mi}$$

$$\overline{x} = \frac{417}{8} \approx \underline{\underline{52,125}}$$

$$s^2 = \frac{1}{N-1} \cdot \sum_{i=1}^{N} \left(x_i - \overline{x} \right)^2$$

Angestellter	1	2	3	4	5	6	8	
Punkte	51	43	54	47	49	61	57	417
$x_i - \overline{x}$	-1,125	-9,125	1,875	-5,125	-3,125	8,875	4,875	0
$^{-2}$	1,265625	83,265625	3,515625	26,265625	9,765625	78,76563	23,7656	234,875

1 Punkt

$$s^2 = \frac{1}{7} \cdot 234,875 \approx \underline{\underline{33,55}}$$

2 Punkte

$$\underline{\underline{s \approx 5,79}}$$

Rechenaufgabe 3:

$$SQG = \sum_{j=1}^{k} \sum_{i=1}^{N_j} \left(x_{ij} - \bar{x} \right)^2$$

$$SQI = \sum_{j=1}^{k} \sum_{i=1}^{N_j} \left(x_{ij} - \bar{x}_j \right)^2$$

$$SQZ = \sum_{j=1}^{k} N_j \left(\bar{x}_j - \bar{x} \right)^2$$

alle Studenten	$x_i - \bar{x}$	$(x_i - \bar{x})^2$
10	-4	16
13	-1	1
12	-2	4
14	0	0
9	-5	25
12	-2	4
15	1	1
13	-1	1
17	3	9
18	4	16
21	7	49
16	2	4
14	0	0
17	3	9
11	-3	9
12	-2	4
224	0	152
14		

$$\bar{x} = 14$$

$$SQG \approx 152$$

2 Punkte

Gruppe 1	$x_i - \bar{x}$	$(x_i - \bar{x})^2$
10	-1,6	2,56
13	1,4	1,96
12	0,4	0,16
14	2,4	5,76
9	-2,6	6,76
58	0	17,20
11,6		

Gruppe 2		
12	-4	16
15	-1	1
13	-3	9
17	1	1
18	2	4
21	5	25
96	0	56
16		

Gruppe 3		
16	2	4
14	0	0
17	3	9
11	-3	9
12	-2	4
70	0	26
14		

$$\bar{x}_1 = 11,6$$

$$\bar{x}_2 = 16$$

$$\bar{x}_3 = 14$$

$$SQI = 17,2 + 56 + 26 = 99,2$$

4 Punkte

$\bar{x}$	N		$(\bar{x}_j - \bar{x})^2$	$N(\bar{x}_j - \bar{x})^2$
11,6	5	-2,4	5,76	28,8
16	6	2	4	24
14	5	0	0	0
				52,8

$$SQZ = 52,8$$

2 Punkte

Im Durchschnitt aller Studenten wurden 14 Aufgaben gelöst. In Gruppe 1, der welcher Lösungsweg theoretisch erklärt wurde, jedoch nur 11,6, in Gruppe 3, der Beispielaufgaben vorgerechnet wurden schon 14 und in Gruppe 2, die beide Hilfen bekam, sogar 16 Aufgaben gelöst.

1 Punkt

SQZ – für die Varianz zwischen den Gruppen – macht nur ca. 1/3 der Summe der gesamten Abweichungsquadrate SQG aus; SQI – für die Varianzen innerhalb der Gruppen – jedoch fast 2/3. Dies bedeutet, die zur Verfügung stehenden Hilfen führen teilweise zu unterschiedlichen Ergebnissen, es scheint aber andere Faktoren, deren Einfluss auf die Ergebnisse größer ist.

1 Punkt

Definitionen:

Was versteht man unter Randverteilungen einer zweidimensionalen Tabelle?
(1)
Werden alle Zeilensummen gebildet-(rechte Rand der Tab.), so erhält man die eindimensionale Häufigkeitsverteilung für das Merkmal A: werden alle Spaltensummen gebildet, die die Häufigkeitsverteilung für Merkmals B sind. Die Verteilungen der Zeilen, bze. Spaltensummen werden auch die Randverteilunegn einer zweidimensionalne Tabelle gennant.

Was versteht man unter Kovarianz? (1)
Die Kovarianz kennzeichnet der Art eines Mekmalsuzammenhangs., wenn zwei Merkmale gemeinsam varieieren, wenn sie kovariieren.

Vervollständigen Sie die folgende Tabelle: (3)

Variable A Variable B	Verhältnis, Intervall	Ordinal	Nominal
Verhältnis, Intervall	Produkt-Moment-Korrelations-Koeffizient r	Rangkrrelations-Koeffizient rs	Kontingenz-Koeffizient CC
Ordinal	Rangkrrelations-Koeffizient rs	Rangkrrelations-Koeffizient rs	Kontingenz-Koeffizient CC
Nominal	Kontingenz-Koeffizient CC	Kontingenz-Koeffizient CC	Kontingenz-Koeffizient CC

Wozu dienen Dispersionsparameter? (1)

Benennen Sie die Optimale und mögliche Dispersionsparameter in Abhängigkeit vom Messniveau der Daten!! (3)

Wozu und warum benutzen wir die Sheppardschen Korrektur? (2)
Bei unimodalen, symmetrischen Häufigkeitsverteilungen ist die Varianz der in Klassen eingeteilten Stichprobe s_k^2 immer größer als die Varianz s^2 der nicht in Klassen eingeteilten Stichprobe. Die Zunahme ist um so größer, je geringer die Zahl der Klassen ist. Diese zu hohe Varianz kann durch die Sheppardsche Korrektur ausgeglichen werden.

Was macht die systematische Varianz? (1)
Die systematische Varianz gibt die Unterschiede zwischen den Gruppen wieder.

Was versteht man unter folgenden Begriffe? (3)
Grundgesamtheit G: , Stichprobe: und Stichprobenumfang ?

Die Menge G bezeichnet alle Einheiten, auf die das Experiment oder die Untersuchung zutreffen soll.
Die Stichprobe S ist die Menge der ausgewählten Einheiten aus G.

1.3.Stichprobenumfang: Er wird mit N oder n bezeichnet und ist der Umfang aller ausgewählten Einheiten der Untersuchung

Lösungen zu Probeklausuren Quantitative Methoden 2

Lösungen zur Klausur 1999

Teil 1: Definitionen (15 Punkte)

Überprüfen Sie ob es sich bei den folgenden Beispielen um Systeme handelt.

Ein Mensch

Ein Tutorium/ Seminar

Eine Raucherecke   3 Punkte

Kriterien für ein System: Systemzweck, Konstellation von Einzelelementen, Systemintegrität & Systemidentität, Systemgrenze ➜

Mensch ist ein System (Leben, div. Organe, Herzentnahme = tödlich, Haut = Grenze)

Seminar ist ein System (Lernen, div. Teilnehmer, Keine Teilnehmer ..., Seminarraum)

Raucherecke ist kein System (Rauchen, Raucher und Utensilien, keine Raucher ..., Keine Grenzen!!)

Warum verwendet man dynamische Systemmodelle?

                                                                    1 Punkt

Durch Berücksichtigung der Dynamik erhofft man realistischere Modelle zu erhalten.

Sicherer durch Abgrenzung zum Originalsystem

ökonomischer durch geringeren finanziellen und zeitlichen Aufwand

Wie würden Sie das Wesen der Regression erklären?

                                                                    1 Punkt

Erklärung von n Variablen mit Hilfe n-1 bekannter Variablen, wobei der min. bivariablen Verteilung eine Funktion unterstellt wird, deren Parameter zum Beispiel mit der Methode der kleinsten Quadrate bestimmt werden; Methode der Modellierung zur Prognose

Wie funktioniert die Methode der kleinsten Quadrate?

                                                                    1 Punkt

Methode zum Beispiel zur Parameterschätzung, bei der die Parameter so berechnet werden, dass die Summe der quadrierten Differenz eines jeden Wertes y_i und einer angenommenen/ unterstellten Funktion $\tilde{y}$ ein Minimum annimmt.

$$\sum (y_i - \tilde{y})^2 \xrightarrow{\ !\ } Min.$$

Was stellen Sie sich unter folgenden Begriffen vor?

Zeitreihe vs. bivariable Verteilung
stochastisch vs. exogen getrieben
Varianz auf und um die Regressionsgerade
Zustandsgrößen
autonom vs. deterministisch   5 Punkte
  Was haben Deskription, Modellierung, Prognose & Kontrolle mit Systemen zu
tun?
                                                                2 Punkte

*Diese Anwendungsbereiche der Zeitreihenanalyse treten bei der Untersuchung
von Systemen auf, da Systemzustände meist über die Zeit betrachtet werden,
d.h. Systemzustände als Zeitreihe*

Nennen Sie die Schritte zur Entwicklung eines Modellkonzepts!   2 Punkte
Definition der Problemstellung und des Systemzwecks
Systemabgrenzung und Definition der Systemgrenzen
Systemkonzept und Wortmodell
Entwicklung der Wirkungsstruktur
Qualitative Analyse der Wirkungsstruktur

Teil 2: Berechnung (25 Punkte)

1.

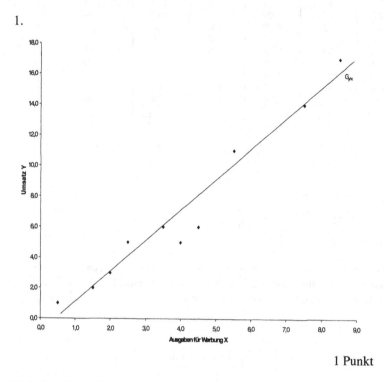

1 Punkt

Zwischen den Variablen X (Ausgaben für Werbung) und Y (Umsatz) scheint ein starker positiver linearer Zusammenhang zu bestehen, d. h. mit wachsendem X nimmt auch Y zu.

1 Punkt

2. Die Daten müssen mindestens auf dem Intervallskalenniveau gemessen sein.

1 Punkt

3.

$$r = \frac{s_{xy}}{s_x \cdot s_y}$$

$$s_{xy} = \frac{1}{N-1} \sum_{i=1}^{N} (x_i - \bar{x})(y_i - \bar{y})$$

$$s_x^2 = \frac{1}{N-1} \sum_{i=1}^{N} (x_i - \bar{x})^2$$

$$s_y^2 = \frac{1}{N-1} \sum_{i=1}^{N} (y_i - \bar{y})^2$$

xi	yi	xi - x(quer)	(xi - xquer)²	yi - y(quer)	(yi - yquer)²	(xi - xquer)*(yi - yquer)
1,5	2,0	-2,5	6,25	-5,0	25,0	12,5
2,0	3,0	-2,0	4,00	-4,0	16,0	8,0
3,5	6,0	-0,5	0,25	-1,0	1,0	0,5
2,5	5,0	-1,5	2,25	-2,0	4,0	3,0
0,5	1,0	-3,5	12,25	-6,0	36,0	21,0
4,5	6,0	0,5	0,25	-1,0	1,0	-0,5
4,0	5,0	0,0	0,00	-2,0	4,0	0,0
5,5	11,0	1,5	2,25	4,0	16,0	6,0
7,5	14,0	3,5	12,25	7,0	49,0	24,5
8,5	17,0	4,5	20,25	10,0	100,0	45,0
40,0	70,0	0,0	60,00	0,0	252,0	120,0
x(quer)=4	y(quer)=7					

je 1 Punkt für die Mittelwerte, 1 für 60, 1 für 252, 1 für 120

$$r = \frac{\sum_{i=1}^{N}(x_i - \bar{x})(y_i - \bar{y})}{\sqrt{\sum_{i=1}^{N}(x_i - \bar{x})^2 \cdot \sum_{i=1}^{N}(y_i - \bar{y})^2}} = \frac{120}{\sqrt{60 \cdot 252}} \approx \underline{\underline{0,9759}}$$ 1 Punkt

Zwischen den Variablen „Ausgaben für Werbung" und „Umsatz" besteht ein starker positiver Zusammenhang. Das heißt: Je mehr eine Filiale für Werbung ausgibt, umso größer ist in der Regel ihr Umsatz.   1 Punkt

4.

$$G_{y/x} : (\tilde{y} - \bar{y}) = b_{y/x}(x - \bar{x}) \quad \text{mit } b_{y/x} = \frac{s_{xy}}{s_x^2}$$

$$b_{y/x} = \frac{120}{60} = 2$$

1 Punkt

$$G_{y/x} : (\tilde{y} - 7) = 2 \cdot (x - 4)$$

1 Punkt

$$\underline{\underline{\tilde{y} = 2x - 1}}$$

(Zeichnung siehe 1.)   1 Punkt

5. Zwei Regressionsgeraden schneiden sich im Punkt $S(\bar{x}; \bar{y})$.   1 Punkt

6. Man berechnet hier $G_{y/x}$, da x die unabhängige und y die abhängige Variable ist, d.h. es wird der Zusammenhang untersucht, wie sich die Umsatzzahlen ändern, wenn die Ausgaben für Werbung erhöht werden. Es wäre möglich $G_{x/y}$ zu berechnen, da es sich um einen funktionalen Zusammenhang handelt. Es ist durchaus vorstellbar, daß sich mit steigenden Umsatzzahlen auch wieder die Ausgaben für Werbung erhöhen.

2 Punkte

7. a) Eine recht ungenaue Vorhersage ohne Regressionsgerade ist für alle Werte x_i die Angabe des Mittelwertes, hier: $\tilde{y}_{11} = \bar{y} = 7$.   1 Punkt

b) Die Vorhersage für $x_{11} = 6$ treffen wir durch Einsetzen in die Gradengleichung:

$$\tilde{y}_{11} = 11.$$

                                                                            1 Punkt

8.

xi	yi	$\tilde{y}_i$	$e_i = \tilde{y}_i - y_i$
4,0	5,0	7,0	2,0
5,5	11,0	10,0	-1,0
7,5	14,0	14,0	0
8,5	17,0	16,0	-1,0

                                                                            2 Punkte

9. Eine Vorhersage zu $x_{12} = 20$ ist nicht sinnvoll, da Regressionsgeraden nur über Bereiche interpretiert werden können, über die die Messwerte streuen. Dies ist hier der Intervall $0,5 \leq x \leq 8,5$.

                                                                            1 Punkt

10. Varianz auf der Regressionsgeraden $s_{\tilde{y}}^2$:

$$s_{\tilde{y}}^2 = s_y^2 \cdot r^2$$

$$s_{\tilde{y}}^2 = \frac{1}{9} \cdot 252 \cdot 0,9759^2 \approx 26,66$$ 1 Punkt

Varianz um die Regressionsgerade $s_{y/x}^2$:

$$s_{y/x}^2 = s_y^2 \left(1 - r^2\right)$$

$$s_{y/x}^2 = \frac{1}{9} \cdot 252 \cdot \left(1 - 0,9759^2\right) \approx 1,33$$

                                                                            1 Punkt

Bestimmtheitsmaß B = r²:
$$B \approx 0,9523$$ 1 Punkt

95% der Varianz der y-Werte werden durch die Varianz der x-Werte verursacht. Die Varianz der y-Werte beträgt 28. Davon sind 26,66 Varianz auf der Regressionsgeraden und 1,33 Varianz um die Regressionsgerade.

                                                                            1 Punkt

Lösung zur Klausur 2000

Lösungen Aufgabe 1

a) Parameter für linearen Zusammenhang der intervallskalierten Variablen X und Y   (1)

b) b_1) X=19...24 $r_{XY} = 0{,}972$ b_2) X=19...28
$r_{XY} = -0{,}194$
b_3) X=24...28 $r_{XY} = -0{,}975$ b_4) X=23...24
$r_{XY} = 1$
jeweils ein halbe Punkt pro Teilaufgabe   (2)

c) $B = r^2 = 0{,}972^2 = 0{,}944784 \approx 0{,}94$. Das bedeutet, dass in Intervall von 19 bis 24 Jahren 94% der Varianz der Variablen Y durch die Varianz der Variablen X erklärt werden kann.

d) nicht sinnvoll, da $r_{XY} = -0{,}194$ (1)

e) Die Methode der kleinsten Quadrate ist ein in der Ausgleichs- und Fehlerrechnung verwendetes Prinzip zur Ermittlung des wahrscheinlichsten Wertes einer Beobachtungsgröße, für die sich bei vielfach wiederholten Messungen nur mit zufälligen Fehlern behaftete Messwerte ergeben. Der wahrscheinlichste Wert (beste Näherungswert) $[x_w]$ einer normalverteilten Messwertreihe $[x_i]$ ist der Wert, dessen Summe aller quadrierten Abweichungen von Messwert und diesem Näherungswert ein Minimum einnimmt.

$$\sum_{i=1}^{N} (x_i - x_w)^2 \xrightarrow{\;!\;} Minimum$$

entweder verbale oder formale Erklärung: (1P)

f) $\bar{x} = 21{,}5$ (½)

$\bar{y} = 3{,}433$ (½)

$s_x^2 = 3{,}5$ (1)

$s_y^2 = 0{,}662$ (-)

$s_{xy} = 1{,}48$ (1)

$b_{y/x} = 0{,}423$ (1)

$G_{y|x}$: y = 0,423x − 5,658   (1)

g) Für x = 21,7 ist eine Vorhersage sinnvoll, für x = 27,2 nicht, da 21,7 innerhalb und 27,2 außerhalb des Wertebereiches der Variablen X liegt, der zur Berechnung der Regressionsgeraden verwendet wurde.   (1)
Vorhersagewert für x = 21,7: y = 3,52   (1)
Vorhersagewert für x = 27,2   (-)

Lösungen Aufgabe 2

a)
(2)

yi / xi	1	2	3	Ränge	vi
1	4	4	13	1-21	11
2	3	11	4	22-39	30,5
3	15	2	4	40-60	50

Ränge 1-22 23-39 40-60

ui   11,5   31   50

b) $G_s = 22^3 - 22 + 17^3 - 17 + 21^3 - 21 = 24762$ (1)

c) Da Bindungen auftreten, muss H_s größer als Null sein. Weiterhin sind für H_s nur ganzzahlige Werte möglich, da bei der Berechnung ganzzahlige Werte miteinander multipliziert oder addiert werden. Folglich ist $H_s = 24294$. (1)

d)
$$r_S = \frac{60^3 - 60 - \frac{1}{2} \cdot (24762 + 24294) - 6 \cdot 46936,5}{\sqrt{(60^3 - 60 - 24762) \cdot (60^3 - 60 - 24294)}} =$$

(1,5)

$$\frac{-90207}{191411,857} = -0,471$$

Folglich: je musikalischer, desto handwerklich unbegabter   (½)

Lösungen Aufgabe 3 Definitionen und Begriffe

a)   - Das Objekt erfüllt eine bestimmte Funktion/ Zweck.
- Das Objekt besteht aus einer bestimmten Konstellation von System-
elementen
-    Das Objekt verliert seine Systemidentität, wenn die Systemintegrität
zerstört ist.   bei allen: (1)

b) *Zeitreihe*: zeitlich geordnete Folge von Beobachtungen einer oder mehrerer
Merkmale; Ziel der Analyse von Zeitreihe ist nicht der Vergleich von Zu-
stände, sondern die Darstellung und Erklärung von Abläufen zwischen Zu-
ständen – eben Prozessen   (1)
Zustandsgröße: (1)
Deterministisches versus stochastisches System: (2)
Zeitinvariantes System: (1)

c) Ziel der *Faktorenanalyse* ist es, Variablen (Merkmale) gemäß ihrer korrelativen Beziehungen in voneinander unabhängige Gruppen zu klassifizieren.
Während man bei der *Varianzanalyse* testet, ob eine vorgegebene nominal-
skalierte unabhängige Variablen Gruppen definiert, die sich in einer gegebenen abhängigen Variablen unterscheiden, versucht man bei einer *Cluste-
ranalyse* in einer (oder auch mehreren) vorgegebenen abhängigen Variab-
le(n) eine nominalskalierte Variable zu erzeugen, die die Gruppen in den
abhängigen Variablen optimal voneinander trennen.
Clusteranalysen sind also "umgedrehte" Varianzanalysen. Sie werden mit
dem Ziel benutzt, aus einer grossen Informationsmenge die Kategorien
herauszufiltern, die die Information "im wesentlichen" repräsentiert. Die
Clusteranalysen gehören zur Gruppe der Methoden des maschinellen Ler-
nens (machine learning methods). Hier unterscheidet man zwischen super-
vised learning, bei dem der Computer aus intervall-skalierten Variablen eine nominal-skalierte Variable erzeugen soll unter Kenntnis der Ausprägungen der nominal-skalierten Variablen und unsupervised learning, das sind
die Methoden, die auch dann funktionieren, wenn man keine Kenntnis über
die Ausprägungen der zu erzeugenden Variablen hat. Die Clusteranalysen
gehören zu den unsupervised learning Methoden: Sie können natürlich
auch dann eingesetzt werden, wenn man Kenntnis von der zu erzeugenden
Variablen hat.
Ziel der multivariaten Varianzanalyse (*MANOVA*) ist es, Effekte von Faktoren und deren Interaktion auf mehreren abhängigen Variablen statistisch
abzusichern. Hierbei werden die abhängigen Variablen so miteinander
kombiniert, daß sie die gegebenen Faktorstufen möglichst gut voneinander
trennen. Der Signifikanztest berücksichtigt diesen Optimierungsprozeß
durch die Erhöhung der Freiheitsgrade in der aufgeklärten Varianz.
Ziel der *Diskriminanzanalyse* ist es, Variablen (oder Merkmale) linear so
miteinander zu kombinieren, daß sie gegebene unabhängige Gruppen möglichst gut voneinander trennen. Es gibt zwar auch Diskriminanzanalysen
mit nicht-linearen Kombinationen von Variablen, diese haben aber so gut
wie keine Bedeutung bei der Anwendung in der Praxis.

Lösungen zur Klausur 2001

Aufgabe 1:

Tabelle 2:

Rangklasse schizophren	Rangklasse manisch	Rang schiz. ui	Rang man. vj	di	di²	fij	di*fij	di²*fij
1	1	3,5	2,5	1	1	4	4	4
1	2	3,5	7	-3,5	12,25	2	-7	24,5
1	3	3,5	10,5	-7	49	0	0	0
1	4	3,5	13,5	-10	100	0	0	0
1	5	3,5	16,5	-13	169	0	0	0
2	1	9	2,5	6,5	42,25	0	0	0
2	2	9	7	2	4	2	4	8
2	3	9	10,5	-1,5	2,25	2	-3	4,5
2	4	9	13,5	-4,5	20,25	1	-4,5	20,25
2	5	9	16,5	-7,5	56,25	0	0	0
3	1	14,5	2,5	12	144	0	0	0
3	2	14,5	7	7,5	56,25	1	7,5	56,25
3	3	14,5	10,5	4	16	0	0	0
3	4	14,5	13,5	1	1	3	3	3
3	5	14,5	16,5	-2	4	2	-4	8
							0	128,5

[3 Punkte]

$$r_s = 1 - \frac{6 \cdot \sum_{i=1}^{N} d_i^2 \cdot f_{ij}}{N^3 - N} = 1 - \frac{6 \cdot 128,5}{17^3 - 17} \approx \underline{\underline{0,8425}}$$

[1 Punkt]

$$r_s(k) = \frac{N^3 - N - \frac{1}{2}(G_s + H_s) - 6 \cdot \sum_{i=1}^{N} d_i^2 \cdot f_{ij}}{\sqrt{(N^3 - N - G_s) \cdot (N^3 - N - H_s)}} =$$

$$\frac{17^3 - 17 - \frac{1}{2}(268 + 540) - 6 \cdot 128,5}{\sqrt{(17^3 - 17 - 268) \cdot (17^3 - 17 - 540)}} = \frac{3721}{4489,94} \approx \underline{\underline{0,8287}}$$

[2 Punkte]

Aufgabe 2:

1.

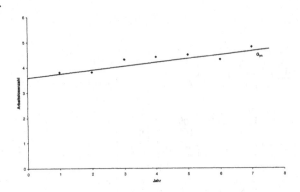

[1 Punkt]

Es scheint ein starker positiver Zusammenhang zwischen den Variablen Jahr und Arbeitslosenzahl zu existieren, weil die Messwertpunkte sich fast einer Geraden mit positiver Steigung annähern.

[1 Punkt]

2.

x_i	y_i	$x_i{}^*y_i$	x_i^2	y_i^2
1	3,8	3,8	1	14,44
2	3,8	7,6	4	14,44
3	4,3	12,9	9	18,49
4	4,4	17,6	16	19,36
5	4,5	22,5	25	20,25
6	4,3	25,8	36	18,49
7	4,8	33,6	49	23,04
28	29,9	123,8	140	128,51
4	4,27			

[1 Punkt]

$$\bar{x} = \frac{1}{N} \cdot \sum_{i=1}^{N} x_i = \frac{28}{7} = 4$$

[1 Punkt]

$$\bar{y} = \frac{1}{N} \cdot \sum_{i=1}^{N} y_i = \frac{29,9}{7} \approx 4,27$$

$$r = \frac{N \cdot \sum_{i=1}^{N} x_i y_i - \sum_{i=1}^{N} x_i \cdot \sum_{i=1}^{N} y_i}{\sqrt{\left[N \cdot \sum_{i=1}^{N} x_i^2 - \left(\sum_{i=1}^{N} x_i \right)^2 \right] \left[N \cdot \sum_{i=1}^{N} y_i^2 - \left(\sum_{i=1}^{N} y_i \right)^2 \right]}}$$

$$= \frac{7 \cdot 123,8 - 28 \cdot 29,9}{\sqrt{\left[7 \cdot 140 - 28^2 \right] \cdot \left[7 \cdot 128,51 - 29,9^2 \right]}} = \frac{29,4}{\sqrt{1089,76}} \approx \underline{\underline{0,8906}}$$

[1 Punkt]

Der Produkt-Moment-Korrelationskoeffizient ist rund 0,9, d.h. es besteht ein starker positiver Zusammenhang zwischen X und Y. Das bedeutet, mit zunehmenden Jahren nimmt im allgemeinen die Arbeitslosenzahl zu.

[1 Punkt]

3. Die Regressionsgeraden $G_{y/x}$ und $G_{x/y}$ schneiden sich immer im Punkt $P(\bar{x}; \bar{y})$.

[1 Punkt]

4. $G_{y/x} : (\tilde{y} - \bar{y}) = b_{y/x} \cdot (x - \bar{x})$

$$b_{y/x} = \frac{s_{xy}}{s_x^2} = \frac{N \cdot \sum_{i=1}^{N} x_i y_i - \sum_{i=1}^{N} x_i \cdot \sum_{i=1}^{N} y_i}{N \cdot \sum_{i=1}^{N} x_i^2 - \left(\sum_{i=1}^{N} x_i\right)^2} = \frac{7 \cdot 123,8 - 28 \cdot 29,9}{7 \cdot 140 - 28^2} =$$

$$\frac{29,4}{196} = 0,15$$

[1 Punkt]

$G_{y/x} : (\tilde{y} - 4,27) = 0,15 \cdot (x - 4)$

$\tilde{y} = 0,15x + 3,67$

[1 Punkt]

Einzeichnen im Diagramm

[1 Punkt]

5. $G_{y/x}$, weil die abhängige Variable die Arbeitslosenzahl Y ist. Es macht keinen Sinn, das Jahr X als abhängig von der Arbeitslosenzahl Y zu betrachten.

[2 Punkte]

6.

[3 Punkte]

xi	yi	$\tilde{y}$	ei
2	3,8	3,97	0,17
3	4,3	4,12	-0,18
4	4,4	4,27	-0,13

7. Den Mittelwert der Arbeitslosenzahlen $\bar{y} = 4,27$

[1 Punkt]

8. Dies ist vermutlich nicht sinnvoll, da Regressionsgeraden nur über Datenintervalle interpretiert werden sollten, über die sie ermittelt wurden, also in diesem Fall $1 \leq x \leq 7$.

[1 Punkt]

9.
Varianz der Y-Werte (gegeben):

$$s_y^2 = \frac{1}{N-1} \cdot \left[\sum_{i=1}^{N} y_i^2 - \frac{1}{N} \cdot \left(\sum_{i=1}^{N} y_i \right)^2 \right]$$

$$= \frac{1}{6} \cdot \left(128{,}51 - \frac{1}{7} \cdot 29{,}9^2 \right) \approx 0{,}1324$$

Varianz um die Regressionsgerade: $s_{y/x}^2 = s_y^2 \cdot \left(1 - r^2 \right) = 0{,}0274$ *[1 Punkt]*

Varianz auf der Regressionsgeraden: $s_{\hat{y}}^2 = s_y^2 \cdot r^2 = 0{,}1050$ *[1 Punkt]*

Bestimmtheitsmaß: B = r² = 0,7932 (gerundet)   *[1 Punkt]*
+ Interpretation   *[1 Punkt]*

Die lineare Einfach-Regression ist der Bereich der Statistik, der sich mit der möglichen Vorhersage von Zuständen bei Kenntnis bestimmter Variablen beschäftigt (Bedingung: Zusammenhang min. zweier Variablen, Existieren von un- und abhängiger Variabel). Spezieller, mit der Vorhersage einer abhängigen Variabel (Einfach) bei Kenntnis einer unabhängigen Variabel in einem linearen Zusammenhang.

Der funktionale Zusammenhang ist gleichbedeutend mit einer eineindeutigen Abbildung einer Punktmenge X auf eine Punktmenge Y. D.h., zu jedem beliebigen x-Wert existiert genau ein y-Wert und umgekehrt. Die jeweiligen, zur Bestimmung notwendigen Funktionsgleichungen lassen sich bei einem funktionalen Zusammenhang problemlos ineinander überführen.

Existiert ein funktionaler Zusammenhang zwischen Variabeln, so bringt dies eine Varianz mit sich. Diese Gesamtvarianz lässt sich bei der linearen Einfach-Regression in zwei Komponenten teilen.

Die Varianz auf der Regressionsgerade beschreibt den Teil der Gesamtvarianz, der bei der Vorhersage einer Variabel y auf die Varianz der Variable x zurückzuführen ist. Dieser Teil ist gleich dem Bestimmtheitsmaß B und gibt zudem die zu erwartende Genauigkeit der Vorhersage an. Dem gegenüber existiert ein Unbestimmtheitsmaß, das gleichbedeutend mit der *Varianz um die Regressionsgerade* ist, also dem Teil der Gesamtvarianz, der durch die Fehlervarianz resp. durch den bei der Herleitung der Regressionsgerade einkalkulierten Fehler *e* erklärt werden kann.

Eine Regressionsgerade soll zur eventuellen Vorhersage bestimmter Daten dienen, und dabei die Punktwolke (Daten) optimal beschreiben. Dazu verwendet man bei deren Herleitung (*Zustandekommen der Regressionsgerade*) die Methode der kleinsten Quadrate. D.h., dass die Summe der quadrierten, einkalkulierten Fehler e ($e_i = \tilde{y} - y_i$, Differenz vorhergesagter und realer Wert) ein Minimalwert werde.

Index